高等院校信息技术系列教材

嵌入式系统原理及应用

——基于Cortex-A8处理器内核

（微课版）

王蕊　曹振丽　姜佩贺　盛任　主编

清華大學出版社
北京

内容简介

本书首先从读者身边的嵌入式系统引入嵌入式系统的定义、应用、特点，从处理器和操作系统两个不同的角度回顾嵌入式系统的发展过程，并展望未来的发展趋势。然后从嵌入式系统组成的基础知识出发，介绍嵌入式系统从设计到开发中可能面临的问题和方法，列举了开发环境和开发工具。接下来，详细介绍 ARM 系列的微处理器技术，并以基于 ARM Cortex-A8 内核的 S5PV210 处理器芯片为载体，介绍嵌入式系统的硬件接口和编程方法，包括 GPIO 接口、异常和中断、脉宽调制定时器、看门狗定时器、实时时钟、内存控制器、ADC 和触摸屏复用接口的原理及应用编程，以及存储系统管理、启动过程和重定位的原理及相关程序。本书选取当前针对 ARM 处理器常用的集成开发工具 RVDS 介绍编程实例。

本书结构合理、内容翔实，原理讲解和芯片手册结合，希望能够引导学生掌握嵌入式系统的相关理论知识，同时培养学生具有查阅芯片说明和手册的能力。本书中的知识点结合编程实例，并在每章后留有练习题。

本书可作为高等院校计算机、物联网、电子信息、集成电路及电气自动化等专业本科生"嵌入式系统原理及应用""嵌入式系统体系结构 ""嵌入式系统设计与开发"等课程的教材或参考书，也可作为嵌入式系统硬件接口原理应用和开发人员的工具书。

图书在版编目(CIP)数据

嵌入式系统原理及应用：基于 Cortex-A8 处理器内核：微课版/王蕊等主编. —北京：清华大学出版社，2023.9
高等院校信息技术系列教材
ISBN 978-7-302-64025-7

Ⅰ. ①嵌… Ⅱ. ①王… Ⅲ. ①微处理器－系统设计－高等学校－教材 Ⅳ. ①TP332.021

中国国家版本馆 CIP 数据核字(2023)第 126357 号

责任编辑：白立军 常建丽
封面设计：常雪影
责任校对：徐俊伟
责任印制：沈 露

出版发行：清华大学出版社
网 址：http://www.tup.com.cn，http://www.wqbook.com
地 址：北京清华大学学研大厦 A 座 **邮 编**：100084
社 总 机：010-83470000 **邮 购**：010-62786544
投稿与读者服务：010-62776969，c-service@tup.tsinghua.edu.cn
质量反馈：010-62772015，zhiliang@tup.tsinghua.edu.cn
课件下载：http://www.tup.com.cn，010-83470236
印 装 者：三河市龙大印装有限公司
经 销：全国新华书店
开 本：185mm×260mm **印 张**：18.75 **字 数**：444 千字
版 次：2023 年 10 月第 1 版 **印 次**：2023 年 10 月第1 次印刷
定 价：59.00 元

产品编号：090265-01

前言 Foreword

近几年，随着物联网技术的发展，嵌入式设备由于联网功能而发展日新月异，智能手机、智能游戏机，以及智能家电和智能穿戴设备，都已成了生活日用品，嵌入式系统应用需求越来越广泛，嵌入式系统设计和开发越来越受关注。

当前，嵌入式系统的多样性除了底层处理器硬件结构的差异，即便是嵌入式操作系统，也有很多不同的选择，因此在这之上的应用开发更是层出不穷。

嵌入式系统课程是众多高等院校物联网、电子信息、计算机应用等专业的必修课程。和嵌入式系统相关的课程包括硬件原理，也包括嵌入式操作系统。在有限的课时中如何能够更加系统地介绍与嵌入式系统相关的知识，既是专业建设过程中不断改进的目标，又是作者在讲授课程时思考的问题。

作为这个领域的初学者或高等院校学生，如何学习嵌入式系统，尤其是在软硬件种类纷繁复杂的情况下可以一步一步地入门嵌入式系统十分重要。本书编写的初衷是帮助那些经验并不丰富的初学者，因此更加偏重硬件接口部分的原理和应用，对基础原理知识以及硬件接口的配置和使用步骤介绍得更加详细，对嵌入式操作系统只进行概括性介绍。

同时，“嵌入式原理及应用”课程与“单片机原理及应用”课程的侧重点还是有所不同的，因此本书在选择嵌入式处理器类型时，瞄准了基于 ARM Cortex-A8 内核的 S5PV210 处理器芯片，ARM Cortex-A8 处理器是第一款基于 ARMv7 架构的应用处理器，有出色的功能，并且市面上有为数较多的 210 系列硬件开发板类型，价格相对适中，方便初学者在开始学习 ARM 应用处理器时，能够结合硬件芯片进行实际操作，编程练习。

组织

本书内容共分为 3 部分。

第一部分为第 1、2 章，主要介绍嵌入式系统的基本知识。了解这部分知识,能够对嵌入式系统的整体结构形成印象,进而对嵌入式系统的设计和开发过程形成较清晰的思路,还可对嵌入式系统开发环境和工具,尤其是针对ARM处理器的开发工具有所了解和掌握。

第二部分为第3、4章,主要介绍ARM处理器技术,从处理器体系结构探究处理器内部原理,并以Cortex-A8内核的处理器为例,介绍寄存器组织、数据类型、寻址方式以及指令集等编程模型,除ARM指令集和Thumb指令集外,还包括伪指令和伪代码。掌握这些和ARM汇编程序规范,可以结合C语言程序进行处理器应用实例开发。

第三部分为第5~10章,介绍不同功能的硬件接口和相关应用编程,包括硬件接口的原理、相关寄存器的功能配置、引脚接线电路以及编程实例。在第7章异常和中断以及第9章存储管理中还将处理器启动和运行管理过程中的知识串联在其中。其中的编程实例适合初学者在使用这些接口功能时进行查阅和练习。

使用

嵌入式系统原理及应用学习必须结合实践,本书推荐博创Cortex-A8教学平台,或其他S5PV210开发板教学平台作为硬件,RVDS 4.0作为软件开发工具进行训练。

重点熟悉第3章中ARM Cortex-A8的编程模型,对寄存器组织的命名规则、存储数据类型和重要的协处理器等知识应重点掌握;掌握第4章的寻址方式、ARM指令的基本格式、指令的作用以及伪指令和伪操作,清楚汇编程序规范,以及开发时编译和链接过程中的各种文件格式。掌握第5~10章中各种接口结构图的模块功能,可以查阅寄存器功能列表,在编程过程中对寄存器进行配置,最终实现操控开发板硬件,达到应用功能的目的。

这样就有了初步查阅芯片手册并合理使用芯片的能力,更多的信息可以在ARM公司和三星公司的官方网站中查找和使用。

作　者

目录 Contents

第一部分

第二部分

第三部分

第一部分

第1章 chapter 1

嵌入式系统概述

嵌入式(计算机)系统和通用计算机系统是现代计算机技术发展中的两大分支。由命名来看,通用计算机系统的发展方向是存储容量、计算能力、总线速度的提高,能够支持和完成各种科学计算、数据分析、图像处理、模拟仿真、人工智能、多媒体等;嵌入式系统的发展方向是操作对象的控制性、环境的可靠性,能够满足各领域测控和应用的不同需求。

嵌入式系统源于微型计算机,是嵌入到系统对象体系中,实现嵌入对象智能化的计算机。新一代信息技术的发展,使得物联网时代到来,物联网是互联网与嵌入式系统发展到高级阶段的融合,其中的智能传感、数据采集、实时控制、边缘计算等都与嵌入式系统相关,由于应用场景的差异,使得嵌入式系统的处理器必须多样以满足个性化需求。因此,理解和掌握嵌入式系统的基本概念是学习这门课的基础。

当了解一个新鲜事物时,通常会由远及近,由整体到局部地去认识它。因此,本章就将嵌入式系统当作一个新朋友来对待,了解什么是嵌入式系统,发现身边的嵌入式系统应用,总结这些嵌入式系统的特点,随后回顾嵌入式系统的发展历程。

1.1 嵌入式系统定义

要学习嵌入式系统,首先要清楚的第1个问题——"嵌入式系统是什么?"电气和电子工程师学会(Institute of Electrical and Electronics Engineers,IEEE)定义:嵌入式系统为控制、监视或辅助设备、机器或用于工厂运作的设备。中国计算机学会微机专业委员会定义:嵌入式系统是以嵌入式应用为目的的计算机系统。这两个定义的出发点均说明两个信息:一是嵌入式系统以应用或功能为出发点而设计;二是嵌入式系统是集合软件和硬件的专用计算机系统,具备计算机系统的基本特征。因此,嵌入式系统的详细定义为:以应用为中心、以计算机技术为基础,软硬件可剪裁,适用于对系统功能、可靠性、成本、体积、功耗等有严格要求的专用计算机系统。

嵌入式系统定义

嵌入式系统是以应用为中心的,必须与具体应用相结合才有价值和生命力,它具有很强的专用性,必须结合实际系统需求进行合理的设计。

嵌入式系统是以计算机技术为基础的,并与先进的半导体技术、电子技术和各行业的具体应用结合后的产物,因此嵌入式系统行业是一个技术密集、资金密集、高度分散、不断创新的知识集成系统。

嵌入式系统必须根据应用需求对软硬件进行裁剪,满足应用系统的功能、可靠性、成本、体积等要求。嵌入式系统行业在发展过程中逐步建立相对通用的软硬件基础,然后在其上开发出适应各种需要的系统,需要根据实际的使用进行功能扩展或者裁剪。

从嵌入式的定义可以看出,按照指定的应用设计,从简单的仅有单一控制功能的,例如,无微型操作系统的,到复杂的可以辅助计算,有操作系统支持的系统都属于嵌入式系统的范畴。凡是带有微控制器或微处理器的专用系统都可称为嵌入式系统,在完成较为单一的专业功能时具有简洁高效的特点;但由于这类简单的嵌入式系统没有操作系统管理,系统硬件和软件的能力有限。随着技术的发展,适合嵌入式系统的嵌入式操作系统出现,其提供了硬件和应用程序之间的接口,为底层提供了通用服务,使得复杂的多任务功能得以实现,不同硬件之上的应用软件编写更加容易。

实际上,嵌入式系统本身是一个外延极广的名词,凡是与产品结合在一起的具有嵌入式特点的控制系统都可以称为嵌入式系统。

1.2 嵌入式系统应用

嵌入式系统应用

走进嵌入式系统,来到第 2 个问题——从生活中看看“嵌入式系统在哪里?”日常生活起居中,从早上被电子闹钟叫醒起床,打开电动窗帘,一边用电动牙刷刷牙,一边听收音机里的新闻。洗漱后,看看智能冰箱菜单推荐的菜单,用微波炉把食物加热,享用早饭。出门后,启动汽车,打开导航系统和雷达影像,朝目的地出发。到了公司楼下,在自动售货机买瓶饮料来到办公室,签到打卡系统,在平板电脑、电话、打印机的陪伴下开始一天的工作。下班后,戴上智能手环到公园跑步,回到家把脏衣服放进洗衣机,打开空调、电视……图 1-1 显示家居生活中的嵌入式系统分布。

不知不觉,生活中嵌入式系统已经无处不在,从简单的电子闹钟、电动窗帘、电动牙刷……到功能强大的平板电脑、智能电视…… 随处都可以看见嵌入式系统的身影。实际上,嵌入式系统在众多领域中都有十分广泛的应用,下面分类进行介绍。

1. 工业控制

基于嵌入式芯片的工业自动化设备自嵌入式微控制芯片诞生以来有了长足发展,是工业自动化的关键部件之一。其可以归纳为机电控制系统、过程控制系统、分布式控制系统、分散控制系统、可编程控制器、现场总线仪表及控制系统和控制机等,例如,在工业生产中的数字机床、数控装置、电力系统、安全监测、智能测量仪表、机电一体化机械设备以及正在发展的工业机器人等。图 1-2 是生产车间中的自动控制装置。

2. 消费电子

目前,消费电子领域已成为嵌入式系统最大的应用领域,如电子玩具、电子字典、电子记事簿、游戏机、虚拟现实设备、录像机、VCD 及 DVD 播放机、复读机、照相机、投影仪、空调、冰箱、洗衣机、音响设备、数字电视机等,以及已打入消费者市场的智能门锁、智能窗帘及其他智能家电。

3. 安防监控

安防监控在室外和室内家庭智能管理中都起着重要的作用,例如在交通管理中,视频监控、流量控制、信息服务系统等已经得到广泛应用,还有入侵报警系统、出入口控制

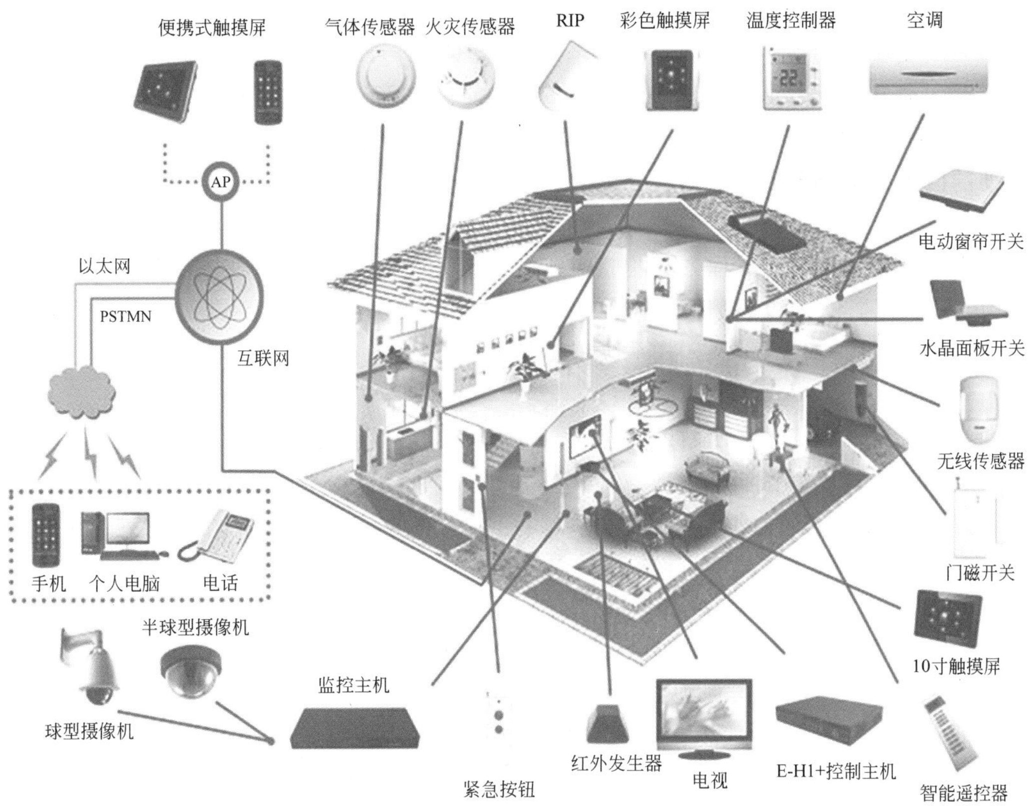

图 1-1 家居生活中的嵌入式系统分布情况

图 1-2 生产车间中的自动控制装置

系统、电子巡更系统、防爆系统、防火系统、可视对讲系统等。

4. 汽车电子

在汽车服务中,使用了大量的嵌入式系统,如车辆导航、自动变速器、电子控制点火系统、电子控制燃油喷射系统、电子制动力分配系统等。

5. 电子商务

公共交通无接触智能卡(Contactless Smart Card,CSC)发行系统,手机使用没有普及之前的公共电话卡发行系统,电子秤、条形码阅读机、商用终端、银行点钞机、自动柜员机、自动服务终端以及 POS 机和 ATM 终端等已经全面走入人们的生活,有的已经在更方便的嵌入式系统出现后退出历史舞台。

6. 环境工程

嵌入式系统在环境工程方面的应用包括水文资料实时监测、防洪体系及水土质量监测、堤坝安全监测、地震监测网、实时气象信息网,以及水源和空气污染监测。在很多环境恶劣、地况复杂的地区,嵌入式系统将实现无人监测。

7. 医疗设备

在医院和教学实验中使用的医疗设备可分为检测设备和治疗设备。检测设备包括 CT 扫描设备、核磁共振扫描设备、超声诊断设备、化验设备、功能检查设备、内窥镜检查设备、心电图仪等,治疗设备包括除颤仪、超声雾化器等,以及可供家庭使用的电子血压计、血糖检测仪等。

8. 军事航天

嵌入式系统在军事航天方面的应用包括各种武器控制(如火炮控制、导弹控制、智能炸弹制导引爆装置)、坦克、舰艇、轰炸机等陆海空各种军用电子装备,雷达、电子对抗军事通信装备,野战指挥作战用各种专用设备、航空航天中的火箭飞船等。

9. 机器人

我国的机器人专家从应用环境出发,将机器人分为两大类,即工业机器人和特种机器人。所谓工业机器人就是面向工业领域的多关节机械手或多自由度机器人。而特种机器人则是除工业机器人之外的、用于非制造业并服务于人类的各种先进机器人,包括服务机器人、水下机器人、娱乐机器人、军用机器人、农业机器人、机器人化机器等。在特种机器人中,有些分支发展很快,有独立成体系的趋势,如服务机器人、水下机器人、军用机器人、微操作机器人等。

10. 网络通信

在互联网设备中,很多网络基础设施、接入设备、终端设备中大量使用嵌入式系统,如手机、路由器、调制解调器、交换机和网关等。

如同前面提到的,物联网时代背景下,互联网与嵌入式系统高度融合,因此,很多智能设备如消费电子产品、智能家电,工业和农业中的管理系统、遥感卫星等都不再仅仅着重于控制或计算等方面的应用,而增添了基于网络传输协议远程控制和信息传输的功能。所有基于网络的远程控制器件都需要与嵌入式系统之间实现接口,然后再由嵌入式系统来控制并通过网络实现控制。

1.3 嵌入式系统特点

见识了这么多嵌入式系统,接下来总结一下第 3 个问题的答案——“嵌入式系统的特点是怎样的?”

1. 系统精简

嵌入式系统通常是面向特定应用的，对成本、体积等方面有严格的要求，通常都具有功耗低、体积小、集成度高等特点，要求嵌入式工程师对硬件和软件进行高效的设计，量体裁衣、去除冗余，力争在同样的芯片面积上实现更高的性能，与通用型系统处理器的最大不同就是嵌入式系统处理器把许多由板卡完成的任务集成在芯片内部，从而有利于嵌入式系统设计趋于小型化，移动能力大大增强，与网络耦合越来越紧密，更加满足物联网需求。

2. 专用性强

嵌入式系统以应用为目的进行设计，因此个性化很强，其中软件系统和硬件的结合非常紧密，一般要针对硬件进行系统的移植。即使在同一品牌、同一系列的产品中也需要根据系统硬件的变化和增减不断进行修改。同时针对不同的任务，往往需要对系统进行较大更改，程序的编译下载要和系统相结合。

3. 运行环境差异大

嵌入式系统使用范围极为广泛，其运行环境差异很大。例如，在温度、湿度、地理位置、时间、突发情况的影响下，仍能保证正常运行。

4. 可靠性和实时性要求高

部分嵌入式系统要长期在无人值守的环境下运行，甚至是常年运行，因此不能通过手动重启，对可靠性的要求特别高，还有部分嵌入式系统如军事航天领域中，对系统会提出响应时间的限定要求，要求高实时性。通常，软件要求固态存储，以提高速度，软件代码要求高质量和高可靠性、高实时性。为了提高执行速度和系统可靠性，嵌入式系统中的软件一般都固化在存储器芯片或单片机本身中，而不是存储于磁盘等载体中。

5. 开发需要专门的开发工具和环境

嵌入式系统本身不具备自主开发能力，设计完成之后，用户通常不能对其中的程序功能进行修改，必须有一套开发工具和环境才能进行开发；开发工具和环境包括基于通用计算机上的软硬件设备以及各种逻辑分析仪、混合信号示波器等；其中开发的“主机”用于程序开发，开发的“目标机”为嵌入式系统执行机。

嵌入式系统特点

1.4 嵌入式系统发展

近年来，在计算机、互联网和通信技术高速发展的同时，嵌入式系统开发技术得到迅速发展，嵌入式系统应用范围也急剧扩大。来到最后一个问题——“嵌入式系统的时间发展线路?”回顾嵌入式系统的历史，这里包括按照嵌入式核心部分处理器的发展和按照嵌入式操作系统的发展，并展望其未来的发展方向。

1.4.1 嵌入式处理器发展

嵌入式系统中的核心器件——处理器(CPU)常被作为嵌入式系统的分类方法，同时也反映了嵌入式系统的发展过程。

嵌入式系统可分为 4 位(4044)、8 位(8051 单片机，AVR 单片机，8088)、16 位

(80286,PIC 单片机)、32 位(80386,ARM,DSP)和 64 位(奔腾和 ALTHON64)等。其中,4 位、8 位、16 位嵌入式系统已经得到大量应用,32 位嵌入式系统也由于寻址能力有限,一些高度复杂和要求高速处理的嵌入式系统已经开始使用 64 位嵌入式微处理器。

另外,嵌入式处理器可分为以下 4 类,如图 1-3 所示。

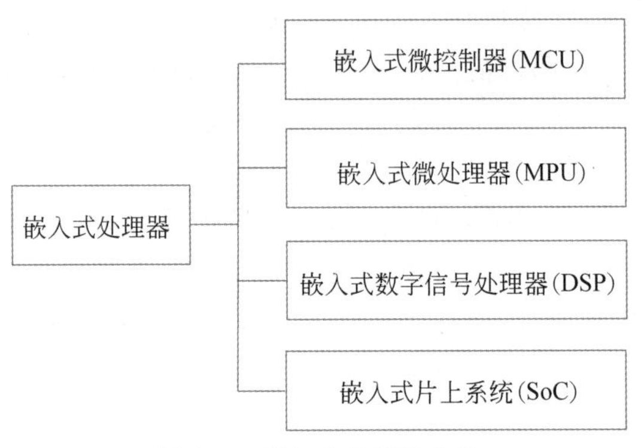

图 1-3　嵌入式处理器分类

1. 嵌入式微控制器

嵌入式微控制器(MCU)又称单片机,如图 1-4 所示,它将整个计算机系统集成到一块芯片中。嵌入式微控制器一般以某一种微处理器内核为核心,芯片内部集成 ROM/EPROM、RAM、总线、总线逻辑、定时/计数器、看门狗定时器、I/O、串行口、脉宽调制输出、模/数(A/D)转换、数/模(D/A)转换、Flash RAM、EEPROM 等各种必要功能和外设。为适应不同的应用需求,一般一个系列的单片机具有多种衍生产品,每种衍生产品的处理器内核都是一样的,不同的是存储器和外设的配置及封装。这样可以使单片机最大限度地和应用需求相匹配,功能不多不少,从而减少功耗和成本。微控制器的最大特点是单片化,体积大大减小,从而使功耗和成本下降、可靠性提高。微控制器是目前嵌入式系统工业的主流。微控制器的片上外设资源一般比较丰富,适合控制,因此称作微控制器。

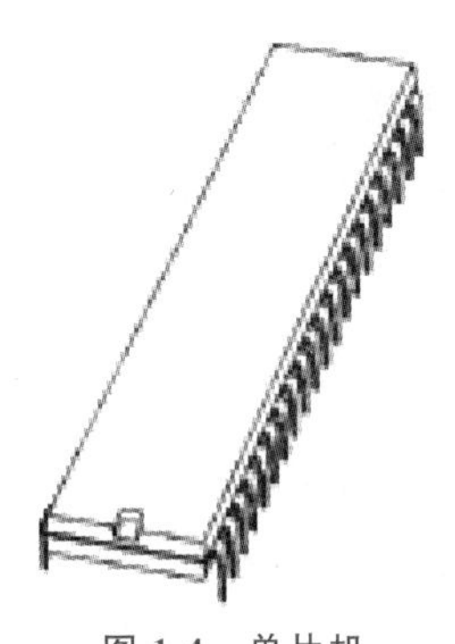

图 1-4　单片机

嵌入式微控制器目前的品种和数量较多,比较有代表性的通用系列包括 8051、P51XA、MCS-251、MCS-96/196/296、C166/167、MC68HC05/11/12/16、68300 等。

2. 嵌入式微处理器

嵌入式微处理器(MPU)的基础是通用计算机中的 CPU。在应用中,将微处理器装配在专门设计的电路板上,只保留和嵌入式应用有关的母板功能,这样可以大幅减小系统体积和功耗。为了满足嵌入式应用的特殊要求,嵌入式微处理器虽然在功能上和标准微处理器基本是一样的,但在工作温度、抗电磁干扰、可靠性等方面一般都做了各种增强。

和工业控制计算机相比,嵌入式微处理器具有体积小、质量轻、成本低、可靠性高的优点,但是在电路板上必须包括 ROM、RAM、总线接口、各种外设等器件,从而降低了系统的可靠性,技术保密性也较差。嵌入式微处理器及其存储器、总线、外设等安装在一块电路板上,称为单板计算机,如 Power PC、68K、ARM、MIPS 等。

3. 嵌入式数字信号处理器

嵌入式数字信号处理器(DSP)对系统结构和指令进行了特殊设计,使其适合执行DSP算法,编译效率较高,指令执行速度也较高。在数字滤波、FFT、谱分析等方面,DSP算法正在大量进入嵌入式领域,DSP应用正从在通用单片机中以普通指令实现DSP功能,过渡到采用嵌入式DSP。

嵌入式DSP比较有代表性的产品是Texas Instruments的TMS320系列和Motorola的DSP56000系列。TMS320系列处理器包括用于控制的C2000系列,移动通信的C5000系列,以及性能更高的C6000和C8000系列。DSP56000目前已经发展成为DSP56000、DSP56100、DSP56200和DSP56300等几个不同系列的处理器。另外,PHILIPS公司近年也推出了基于可重置嵌入式DSP结构低成本、低功耗技术上制造的R. E. A. L DSP处理器,其特点是具备双Harvard结构和双乘/累加单元,应用目标是大批量消费类产品。

4. 嵌入式片上系统

随着电子设计自动化(EDA)的推广和超大规模集成电路(VLSI)设计的普及化及半导体工艺的迅速发展,在一个硅片上实现一个更为复杂的系统的时代已来临,这就是嵌入式片上系统(System on Chip,SoC)。这种新技术以嵌入式系统为核心,以知识产权(Intellectual Property,IP)复用技术为基础,IP模块是具有复杂系统功能的能够独立出售的VLSI块,采用深亚微米以上工艺技术;SoC可以有多个MPU、DSP、MCU或其复合的IP模块,集软硬件于一体,并追求产品系统包容的集成芯片。狭义理解为"系统集成芯片",指在一个芯片上实现信号采集、转换、存储、处理和I/O等功能,包含嵌入软件及整个系统的全部内容;广义理解为"系统芯片集成",指一种芯片设计技术,可以实现从确定系统功能开始,到软硬件划分,并完成设计的整个过程。

各种通用处理器内核将作为SoC设计公司的标准库,与许多其他嵌入式系统外设一样,成为VLSI设计中一种标准的器件,用标准的VHDL等语言描述,存储在器件库中。用户只需定义出其整个应用系统,仿真通过后就可以将设计图交给半导体工厂制作样品。这样,除个别无法集成的器件外,整个嵌入式系统大部分均可集成到一块或几块芯片中,应用系统电路板将变得很简洁,对于减小体积和功耗、提高可靠性非常有利。

一般认为SoC具有以下优点。

- 降低耗电量:随着电子产品向小型化、便携化发展,对其省电需求将大幅提升,SoC产品由于多采用内部信号的传输,因此可以大幅降低功耗。
- 减小体积:数颗IC整合为一颗SoC后,可有效缩小在电路板上占用的面积,具有质量轻、体积小的特色。
- 丰富系统功能:随着微电子技术的发展,在相同的内部空间内,SoC可整合更多的功能元件和组件,丰富系统功能。
- 提高速度:随着芯片内部信号传递距离的缩短,信号的传输效率将提升,从而使产品性能有所提高。
- 节省成本:理论上,IP模块的出现可以降低研发成本,减少研发时间,可适度节省成本。

SoC可分为通用和专用两类。通用系列包括Infineon的TriCore、Motorola的

M-Core、某些ARM系列器件、Echelon和Motorola联合研制的Neuron芯片等。专用SoC一般专用于某个或某类系统中,不为一般用户所知。一个有代表性的产品是PHILIPS的Smart XA,它将XA单片机内核和支持超过2048位复杂RSA算法的CCU单元制作在一块硅片上,形成一个可加载Java或C语言的专用的SoC,用于公众互联网,如Internet安全方面。

1.4.2 嵌入式操作系统发展

操作系统是管理计算机硬件资源,控制其他程序运行并为用户提供交互操作界面的系统软件的集合。操作系统是计算机系统的关键组成部分,负责管理与配置内存、决定系统资源供需的优先次序、控制输入与输出设备、操作网络与管理文件系统等基本任务。嵌入式系统的发展伴随着嵌入式操作系统的发展,按照嵌入式系统中操作系统的发展将嵌入式系统发展历史分为以下4个阶段。

第1阶段——无操作系统阶段:以单芯片为核心的可编程控制器形式的系统。这类系统大部分应用于一些专业性强的工业控制系统中,一般没有操作系统的支持,软件通过汇编语言编写。这一阶段系统的主要特点是系统结构和功能相对单一,处理效率低,内存容量小,几乎没有用户接口。

第2阶段——简单操作系统阶段:以嵌入式微处理器为基础,以简单操作系统为核心的嵌入式系统。其主要特点是处理器种类繁多,通用性比较弱;系统开销小,效率高,操作系统达到一定的兼容性和扩展性;应用软件较专业化,用户界面不够友好。

第3阶段——实时操作系统阶段:以嵌入式操作系统为标志的嵌入式系统。其主要特点是:嵌入式操作系统可以运行于各种不同类型的微处理器上,兼容性好;操作系统内核小,效率高,并且具有高度的模块化和扩展性;具备文件和目录管理,支持多任务,支持网络应用,具备图形窗口和用户界面;具有大量的应用程序接口(API),开发应用程序比较简单;嵌入式应用软件丰富。

第4阶段——面向网络阶段:以物联网为标志的嵌入式系统,这是一个正在迅速发展的技术。物联网拥有业界最完整的专业物联网产品系列,覆盖从传感器、控制器到云计算的各种应用。物联网一方面可以提高经济效益,大大节约成本;另一方面可以为全球经济发展提供技术动力。

这里统一介绍一下常见的嵌入式操作系统,当然,从嵌入式系统发展的4个阶段看,操作系统对于嵌入式系统来说并不是必需的。

1. 按照实时性分类

嵌入式操作系统按照实时性分类如图1-5所示。

1)顺序执行系统

系统内只含有一个程序,独占CPU的运行时间,按语句顺序执行该程序,直至执行完毕,另一个程序才能启动运行,如DOS。

2)分时操作系统

系统内同时可以有多个程序运行,把CPU的时间按顺序分成若干片,每个时间片内执行不同的程序。软件若出现执行时间延误或时序错误,一般不会造成灾难性的后果,如Windows、UNIX。

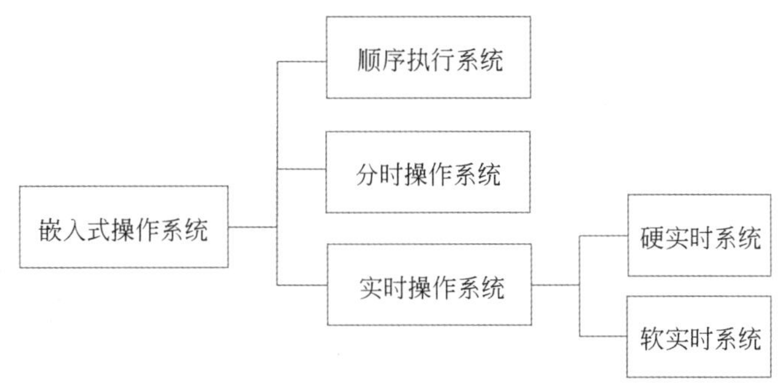

图 1-5 嵌入式操作系统按照实时性分类

3）实时操作系统

系统内有多个程序运行，每个程序有不同的优先级，只有最高优先级的任务才能占有 CPU 的控制权。系统执行的正确性不仅取决于计算的逻辑结果，还取决于结果产生的时间。

- 硬实时系统：有不可改变的时间限制，不允许任何超出时限的错误。超时错误会带来损害，甚至导致系统失败，或者导致系统不能实现它的预期目标，如导引头等工业和军工系统。常见的硬实时系统有 VxWorks、OSE、Nuclear。
- 软实时系统：其时限是柔性、灵活的，它可以容忍偶然的超时错误。失败造成的后果并不严重，如消费类产品。常见的软实时系统有嵌入式 Linux、Windows CE。

2. 按照操作系统费用分类

1）商用系统

商品化的嵌入式实时操作系统，如 WindRiver 公司的 VxWorks 和 pSOS＋，3Com 公司的 Palm OS 以及 Microsoft 公司的 Windows CE 等。

- 优点：功能可靠、稳定，技术支持和售后服务较完善，辅助工具较齐全，能够提供高端嵌入式系统要求的许多功能。
- 缺点：价格昂贵，源代码封闭，影响开发者学习和使用的积极性。

2）专用系统

专用系统是专业厂家为本公司产品特制的嵌入式操作系统。其功能相对较弱，但针对性强，安全可靠性大都超过普通商用系统，如由摩托罗拉、西门子和诺基亚等大型移动通信设备商合作研制的应用于手机的嵌入式操作系统 Symbian OS。

3）开源系统

近年来，开源系统是发展迅速的一类操作系统，其典型代表是嵌入式 Linux、μC/OSⅡ和 Android。

- 优点：应用系统开发者可以免费获得这些系统的源代码，因而降低了开发难度。
- 缺点：功能简单，技术支持差，系统稳定性较差，对开发者要求较高。

常见的嵌入式操作系统如下。

嵌入式 Linux（uClinux）是一个完全符合 GNU/GPL 公约的操作系统，完全开放代码。它从 Linux 2.0/2.4 内核派生而来，沿袭了主流 Linux 的绝大部分特性。它是专门针对没有内存管理单元（MMU）的 CPU，并且为嵌入式系统做了许多小型化的工作，适用于没有虚拟内存或 MMU 的处理器，如 ARM7TDMI。它通常用于具有很少内存或 Flash 的嵌入式系统，保留了 Linux 的大部分优点：稳定、良好的移植性、优秀的网络功能、完备的对各种文件系统的支持及标准丰富的 API 等。

Android 系统是 Google 公司在 2007 年 11 月 5 日公布的基于 Linux 平台的开源智能手机操作系统，该平台由操作系统、中间件、用户界面和应用软件组成，号称是首个为移动终端打造的真正开放和完整的移动软件。Android 系统是运行于 Linux kernel 之上，但并不是 GNU/Linux。Android 系统的 Linux kernel 控制包括安全(Security)、存储器管理(Memory Management)、程序管理(Process Management)、网络堆栈(Network Stack)、驱动程序模型(Driver Model)等。Android 系统的主要特点有：良好的平台开放性、可以实现个性化应用设定和与 Google 应用的无缝结合。

μC/OS II(Micro Control Operation System Two)是一个可基于 ROM 运行的、可裁剪的、抢占式、实时多任务内核，具有高度可移植性，特别适合微处理器和控制器，是和很多商业操作系统性能相当的实时操作系统(RTOS)。为了提供最好的移植性能，μC/OS II 最大程度上使用 ANSI C 语言进行开发，并且已经移植到近 40 多种处理器体系上，涵盖从 8 位到 64 位各种 CPU(包括 DSP)。μC/OS II 可以简单地视为一个多任务调度器，在这个任务调度器之上完善并添加了和多任务操作系统相关的系统服务，如信号量、邮箱等。其主要特点有公开源代码，代码结构清晰、明了，注释详尽，组织有条理，可移植性好，可裁剪，可固化。内核属于抢占式，最多可以管理 60 个任务。从 1992 年开始，由于高度可靠性、移植性和安全性，μC/OS II 已经广泛使用在从照相机到航空电子产品的各种应用中。

VxWorks 操作系统是美国 WinDriver 公司于 1983 年设计开发的一种嵌入式实时操作系统(RTOS)，是嵌入式开发环境的关键组成部分，具有良好的持续发展能力、高性能的内核以及友好的用户开发环境，在嵌入式实时操作系统领域占据一席之地。它以其良好的可靠性和卓越的实时性被广泛地应用在通信、军事、航空、航天等高精尖技术及实时性要求极高的领域中，如卫星通信、军事演习、弹道制导、飞机导航等，甚至在 1997 年 4 月登陆火星表面的火星探测器上也使用了 VxWorks。

Windows CE 是 Microsoft 公司开发的一个开放的、可升级的 32 位嵌入式操作系统，是基于掌上型计算机类的电子设备操作，它是精简的 Windows 95。Windows CE 的图形用户界面相当出色。Windows CE 具有模块化、结构化和基于 Win32 应用程序接口以及与处理器无关等特点。Windows CE 不仅继承了传统的 Windows 图形界面，并且在 Windows CE 平台上可以使用 Windows 95/98 上的编程工具(如 Visual Basic、Visual C++ 等)，使绝大多数应用软件只需简单的修改和移植就可以在 Windows CE 平台上继续使用。

Nucleus PLUS 是为实时嵌入式应用而设计的一个抢先式多任务操作系统内核，其 95%的代码是用 ANSI C 语言写成的，因此非常便于移植并能够支持大多数类型的处理器。Nucleus PLUS 采用了软件组件的方法。每个组件具有单一而明确的目的，通常由几个 C 及汇编语言模块构成，提供清晰的外部接口，对组件的引用就是通过这些接口完成的。由于采用了软件组件的方法，使 Nucleus PLUS 的各个组件非常易于替换和复用。

uITRON 是一种内核小、启动速度快、即时性能好且免费的嵌入式系统，它被广泛应用在相机和其他数码家电中，也很适合汉字系统的开发。另外，它已经建立了开放的标准，形成了较完善的软硬件配套开发环境，较好地形成了产业化。

FreeRTOS 是一个迷你的实时操作系统内核。作为一个轻量级的操作系统，其功能包括任务管理、时间管理、信号量、消息队列、内存管理、记录功能、软件定时器、协程等，可基本满足较小系统的需要。

eCos 是 RedHat 公司开发的源代码开放的嵌入式 RTOS 产品，是一个可配置、可移植的嵌入式实时操作系统，设计的运行环境为 RedHat 的 GNUPro 和 GNU 开发环境。eCos 的所有部分都开放源代码，可以按照需要自由修改和添加。eCos 的关键技术是操作系统可配置性，拥有功能强大的组件和配置系统，允许用户组使用扩展的组件包、函数以及实现方式，特别允许 eCos 的开发者定制自己的面向应用的操作系统，使 eCos 有更广泛的应用范围。

OSE 主要是由 ENEA Data AB 下属的 ENEA OSE Systems AB 负责开发和技术服务的，一直以来都充当实时操作系统以及分布式和容错性应用的先锋，并保持良好的发展态势。OSE 的客户深入到电信、数据、工控、航空等领域，尤其在电信方面，该公司已经有多年的开发经验，同爱立信、诺基亚、西门子等知名公司确定了良好的关系。

RTEMS，即实时多处理器系统（Real Time Executive for Multiprocessor Systems），是一个开源的无版税实时嵌入式操作系统。它最早用于美国国防系统，早期的名称为实时导弹系统（Real Time Executive for Missile Systems），后来改名为实时军用系统（Real Time Executive for Military Systems），现在由 OAR 公司负责版本的升级与维护。目前，无论是航空航天、军工，还是民用领域，RTEMS 都有极为广泛的应用。

在我国，一些自主产权的嵌入式系统也开始兴起。

鸿蒙系统（**HarmonyOS**）是华为公司推出的一款全新的面向全场景的开放的分布式操作系统，创造一个超级虚拟终端互联的世界，将人、设备、场景有机地联系在一起，将消费者在全场景生活中接触的多种智能终端实现极速发现、极速连接、硬件互助、资源共享，用合适的设备提供场景体验。鸿蒙系统在传统的单设备系统能力的基础上，创造性地提出基于同一套系统能力、适配多种终端形态的理念，支持在多种终端设备上运行，第一个版本支持在 128KB～128MB 设备上运行。针对设备开发者，OpenHarmony 采用了组件化的设计方案，可以根据设备的资源能力和业务特征进行灵活裁剪，满足不同形态的终端设备对于操作系统的要求。鸿蒙系统既可运行在百 KB 级别的资源受限设备和穿戴类设备，也可运行在百 MB 级别的智能家用摄像头、行车记录仪等相对资源丰富的设备。

RT-Thread 是一个集实时操作系统内核、中间件组件和开发者社区于一体的技术平台，也是一个组件完整丰富、高度可伸缩、简易开发、超低功耗、高安全性的物联网操作系统。RT-Thread 具备一个物联网（IoT）OS 平台所需的所有关键组件，如 GUI、网络协议栈、安全传输、低功耗组件等。经过 10 多年的发展，RT-Thread 已经拥有一个国内最大的嵌入式开源社区，同时被广泛应用于能源、车载、医疗、消费电子等多个行业，累计装机量超过 2000 万台，成为国人自主开发、国内较成熟稳定和装机量较大的开源 RTOS。RT-Thread 拥有良好的软件生态，支持市面上大多数主流的编译工具，如 GCC、Keil、IAR 等，工具链完善、友好，支持各类标准接口，如 POSIX、CMSIS、C++ 应用环境、

JavaScript 执行环境等,方便开发者移植各类应用程序。商用支持大多数主流 MCU 架构,如 ARM Cortex-M/R/A、MIPS、x86、Xtensa、C-Sky、RISC-V,支持市场上大多数主流的 MCU 和 WiFi 芯片。

SylixOS 是一个开源的、跨平台的,可以应用于多种嵌入式平台的嵌入式硬实时操作系统、SylixOS 内核自主化率达到 100%(依据工业和信息化部评估报告),拥有完全自主可控的技术能力,满足国产化需求;支持对称多处理器(SMP)平台,并且具有实时进程及动态加载机制,满足多部门分布式软件开发需求,支持各部门应用软件在操作系统上的集成;处理器跨平台支持,支持 ARM、MIPS、PowerPC、x86、SPARC、DSP 等架构处理器,支持主流国产通用处理器,如飞腾 1500A、龙芯 2F、龙芯 3A 等,便于用户在升级硬件平台时进行应用程序的移植,减少移植的工作量;SylixOS 产品成熟,编程简便,系统架构简洁,配合专用的集成开发环境 RealEvo-IDE 及硬件模拟器 RealEvo-Simulator,便于系统开发与调试,加快软件研发速度,缩短产品研制周期;SylixOS 本身集成了丰富的中间件,为软件工程师的开发与维护带来了极大的方便。目前,有众多产品涉及轨道交通、智能电网、航空航天、军事防务等。

AliOS 是阿里巴巴公司自主研发的智能操作系统,秉承驱动万物智能的理念,致力于成为智能场景和终端的创新变量。AliOS 可应用于互联网汽车、智能电视、智能手机、智能手表等不同终端,为行业提供一站式 IoT 解决方案,构建云端一体化生态,目前搭载 AliOS 的智能终端累计已超过一亿部。从汽车开始,AliOS 正在定义一个不同于 PC 和移动时代的智能操作系统。目前,搭载 AliOS 的汽车品牌有荣威、名爵、大通、宝骏、福特、东风雪铁龙、观致、小康汽车等。

Delta OS 是电子科技大学嵌入式实时教研室和科银公司联合研制开发的全中文的嵌入式操作系统。绝大部分的代码用 C 语言编写,具有很好的移植性。它适用于内存要求较大、可靠性要求较高的嵌入式系统,主要包括嵌入式实时内核 DeltaCORE、嵌入式 TCP/IP 组件 DeltaNET、嵌入式文件系统 DeltaFILE 以及嵌入式图形接口 DeltaGUI 等。同时,它还提供了一整套的嵌入式开发套件 LamdaTOOL,该开发套件是国内嵌入式领域内不可多得的一整套嵌入式开发应用解决方案,已成功应用于通信、网络、信息家电等多个应用领域。

Hopen 是一种 16 位或 32 位的实时多任务操作系统,其最大的特色是内核非常小,才 10KB 左右,配置极为灵活。用户可以按需随意扩、减系统模块,从而实现新的应用。Hopen 可以支持中英文文字、语音、图像,以及因特网。正是由于 Hopen 的功能体积比非常大,所以非常适合作为嵌入式系统的一部分。

1.4.3 嵌入式系统未来发展趋势

随着应用需求的多样化和智能计算的发展,嵌入式系统在未来的发展会呈现以下趋势。

1. 系统工程化

嵌入式开发是一项系统工程,因此不仅要求嵌入式系统厂商提供嵌入式软硬件系统,同时还需要提供强大的硬件开发工具和软件包支持。目前,很多厂商已经充分考虑到这一点。无论是消费类嵌入式产品还是工业嵌入式产品,开发工具和软件支持都至关重要。在专用领域,强大的硬件开发工具一方面有助于相关硬件和平台的普及,也可以极大地缩短产品的开发周期,降低开发难度。例如,三星公司在推广其ARM体系结构的芯片的同时还提供开发板和板级支持包(BSP);ARM公司专用的开发工具RVDS;SylixOS配合专用的集成开发环境RealEvo-IDE;Windows CE在主推系统时也提供Embedded VC++作为开发工具;VxWorks的Tornado开发环境;DellaOS的Limda编译环境等都是这一趋势的典型体现。当然,这也是市场竞争的结果。

2. 操作系统开源化

随着嵌入式Linux系统的产生,越来越多的嵌入式产品采用开源嵌入式操作系统,例如前面介绍的开源嵌入式系统。Linux系统本身具备的特点,使得开源嵌入式操作系统很容易推广并不断得到完善。

3. 软件开发平台化

由于操作系统的开放、开源、标准化和组件化,嵌入式软件开发也将进一步平台化,代码的可升级性、可复用性和可移植性越来越受到重视。

4. 网络化

从用户需求端看,嵌入式系统网络化是嵌入式系统发展的一个大趋势。未来的嵌入式设备为了适应网络发展的要求,必然要求硬件上提供各种网络通信接口。传统的单片机对于网络支持不足,而新一代的嵌入式处理器已经开始内嵌网络接口,除了支持TCP/IP,有的还支持IEEE 1394、USB、CAN、Bluetooth或IrDA通信接口中的一种或者几种,同时也提供相应的通信组网协议软件和物理层驱动软件。在软件方面,系统内核支持网络模块。另外,云技术的发展可以将计算分布在大量的分布式计算机,这样只需要一个终端,就可以通过网络服务实现需要的计算任务,而嵌入式终端因为小型化和良好的可移动性,所以与云服务结合更加便捷。

5. 功能多样化

人们由于需要处理的信息越来越多,因此对产品功能的需求也越来越高,网络化、信息化的要求随着因特网技术的成熟和带宽的增大而日益提高,使得以往单一功能的设备,如电话、手机、冰箱、打印机等的功能不再单一,结构更加复杂。这就要求芯片设计厂商在芯片上集成更多的功能,为了满足应用功能的升级,设计师一方面采用更强大的嵌入式处理器,如32位、64位RISC芯片或信号处理器DSP增强处理能力,同时增加功能接口(如USB)、扩展总线类型(如CAN BUS)、加强对多媒体、图形等的处理,逐步实施片上系统(SoC)的概念。在软件方面,采用实时多任务编程技术和交叉开发工具技术控制功能复杂性,简化应用程序设计,保障软件质量和缩短开发周期。

6. 节能环保化

未来的嵌入式产品是软硬件紧密结合的设备,为了降低功耗和成本,需要设计者尽量精简系统内核,只保留和系统功能紧密相关的软硬件,利用最低的资源实现最适当的功能,这就要求设计者选用最佳的编程模型和不断改进算法,优化编译器性能。因此,既要求软件人员具有丰富的硬件知识,又需要发展先进嵌入式软件技术。同时,产品的可靠工作时间更长、更加绿色环保越来越受到用户的青睐。

7. 人性化

良好的用户体验是任何一款产品最为重要的要求,早期的嵌入式系统由于功能简单、性能较低，人机交互功能较为薄弱，一般用于专业性较强的工业控制领域。随着嵌入式系统的发展，嵌入式系统的人机交互功能越来越强大，多媒体人机界面逐渐成为嵌入式系统的主要人机交互方式。也正是人机交互方式的改进，使得嵌入式系统能够应用于更多的领域。如今用户基本不需要任何培训，就能很自然地使用手机、取款机、购票机等，这些都得益于强大的多媒体人机界面，以及各种传感器技术的辅助。

嵌入式系统发展

8. 安全性

随着嵌入式技术和互联网技术的发展，嵌入式系统的信息安全问题日益凸显，保证信息安全也成为嵌入式系统开发的重点和难点。

1.5 本章小结

本章首先初步介绍嵌入式系统，从整体上介绍嵌入式系统的定义；然后从定义出发，发现和探讨身边的嵌入式系统产品和应用，并总结和归纳了其主要特点，最后介绍了嵌入式相关技术的发展历史，包括核心器件处理器的发展和操作系统的发展，并列举了常见嵌入式处理器和嵌入式操作系统，以及我国自主研发技术的发展现状。

1.6 练习

1. 什么是嵌入式系统？
2. 举例说明嵌入式系统的应用领域有哪些。
3. 嵌入式系统和通用系统的区别有哪些？
4. 嵌入式系统的特点是什么？
5. 简述嵌入式系统的发展。
6. 嵌入式处理器分为哪几类？
7. 结合实际，说明嵌入式系统工程化的发展趋势。
8. 结合实际，说明嵌入式系统网络化的发展趋势。
9. 通过查阅资料和独立思考，简述嵌入式软件开发平台有哪些，它们底层有什么共同之处。

第2章 chapter 2

嵌入式系统设计与开发

嵌入式系统设计的主要任务是定义系统的功能、决定系统的架构，并将功能映射到系统实现架构上。这里，系统架构既包括软件系统架构，也包括硬件系统架构。一种架构可以映射到各种不同的物理实现，每种实现表示不同的取舍，同时还要满足某些设计指标，并使其他的设计指标也同时达到最佳化。

嵌入式系统的设计符合计算机系统的设计思路，但是由于嵌入式的应用领域广泛，硬件和软件的种类非常多样，如第1章中嵌入式处理器的类型有很多，而且嵌入式系统可以没有操作系统，即便有操作系统，操作系统的种类也很多，因此嵌入式系统设计更加多样化。

本章主要介绍嵌入式系统的组成、设计开发过程及其中的方法和技术，帮助大家熟悉开发环境和常用的开发工具，尤其是熟悉适用于ARM内核的开发工具。本章最后讨论嵌入式系统设计中面临的主要问题和解决方法。

2.1 嵌入式系统组成

嵌入式系统通常由硬件层和软件层组成，随着应用需求越来越多，软硬件种类也越来越多，为方便软件与硬件的互通，出现了中间层，如图2-1所示。

嵌入式系统组成

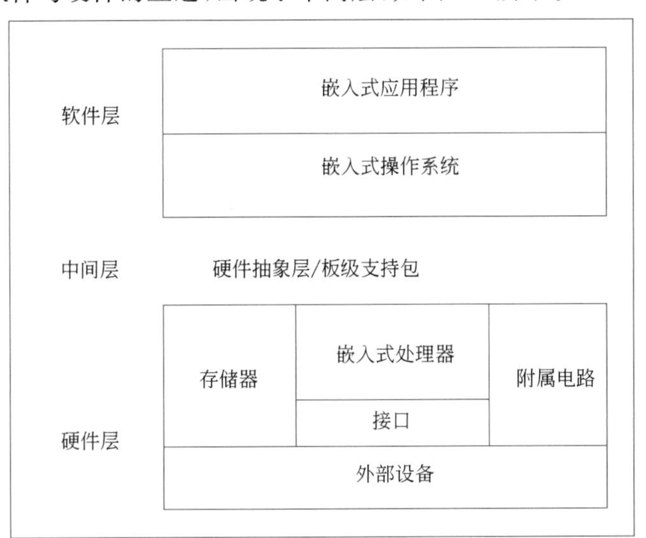

图2-1 嵌入式系统的组成

2.1.1 嵌入式系统硬件层

嵌入式系统硬件层通常以嵌入式处理器为核心，由存储器、外部设备以及附属电路组成。

1. 处理器

嵌入式系统处理器的发展和分类在第 1 章已做详细介绍，读者可以回顾第 1 章中的内容。

2. 存储器

存储器的物理实质是一组或多组具备数据输入/输出和数据存储功能的集成电路，用于存放计算机工作所必需的数据和程序。

嵌入式处理器在运行时，大部分总线周期都用于对存储器的读/写操作，因此，存储器子系统性能的好坏将在很大程度上影响嵌入式系统的整体性能。

在实际的嵌入式系统中，常采用四级存储器系统。它们在存取速度上依次递减，而在存储容量上逐级递增，如图 2-2 所示。

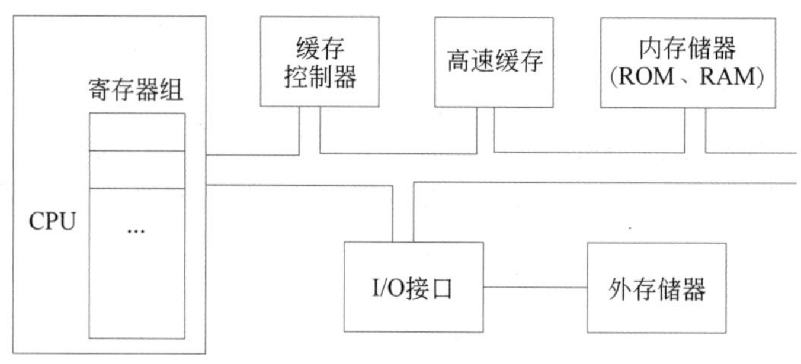

图 2-2　分级存储器系统

寄存器组：存储处理器待使用的数据或运算中间结果，减少从外部读取数据的次数。

高速缓存(Cache)：位于主存和嵌入式微处理器内核之间，存放最近一段时间微处理器使用最多的程序代码和数据。它的主要目标是减小存储器给微处理器内核造成的存储器访问瓶颈，使处理速度更快，用于在外部存储器存储之前存储指令和数据的备份，在快速处理时存储临时结果。

内存储器：存储运行的程序和数据。

外存储器：存储各种程序与数据。

为嵌入式系统选择存储器类型时，需要考虑一些设计参数，包括微控制器的选择、电压范围、电池寿命、读/写速度、存储器尺寸、存储器的特性、擦除/写入的耐久性，以及系统总成本等。不同的存储器根据特性不同可以进行如下分类，如图 2-3 所示。

1) 随机访问存储器(Random Access Memory，RAM)

RAM 能够随时读出或写入内容。

优点：读/写方便、使用灵活。

缺点：不能长期保存信息，断电信息丢失。

RAM 用于二进制信息的临时存储或缓冲存储。

RAM 主要有两大类存储设备。

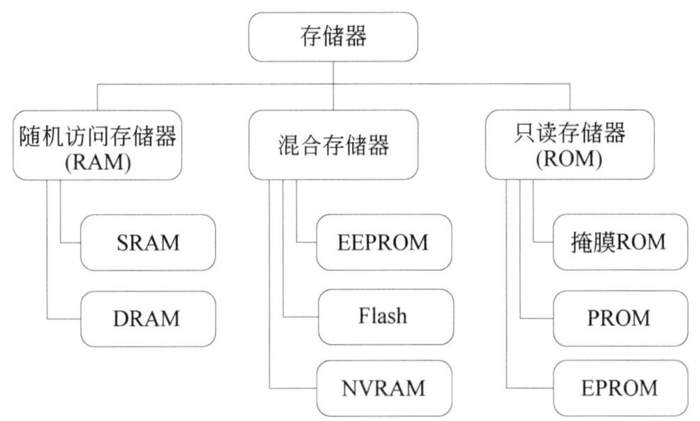

图 2-3 嵌入式系统中常用的存储器分类

静态 SRAM 的存储单元电路是以双稳态电路为基础的，因此状态稳定，只要不断电，信息就不会丢失。

动态 DRAM 的存储单元是以电容为基础的，电路简单，集成度高，功耗小，但 DRAM 即使不断电也会因电容放电而丢失信息，需要定时刷新。

两者都是易失性存储器，它们的最大差别是存储于其中的数据的寿命。

2）只读存储器（**Read-Only Memory**，**ROM**）

ROM 中存储的数据可以被任意读取，断电后，ROM 中的数据仍保持不变，但不可以写入数据。ROM 在嵌入式系统常用来存放系统软件（如 ROM BIOS）、应用程序等不随时间改变的代码或数据。

ROM 存储器按发展顺序可分为：掩膜 ROM，可编程 ROM（PROM），可擦写可编程 ROM（EPROM）（紫外线擦除）。

3）混合存储器

混合存储器既可以随意读写，又可以在断电后保持设备中的数据不变。混合存储设备可分为 3 种。

(1) EEPROM（Electrical Erasable Programmable ROM）：即电可擦写可编程存储设备，允许以字节为单位多次用电擦除和改写内容，而且可以直接在机内进行，不需要专用设备，方便灵活，常用作对数据、参数等经常修改又有断电保护要求的数据存储器。

(2) NVRAM（Non-Volatile Random Access Memory）：即非易失性随机访问存储器，通常就是带有后备电池的 SRAM。当电源切断的时候，NVRAM 从电池中获取足够的电力以保持其中现存的内容。

NVRAM 在嵌入式系统中使用十分普遍，它最大的缺点是价格昂贵，因此，它的应用被限制于存储仅几百字节的系统关键信息。

(3) Flash：是不需要 Vpp 电压信号的 EEPROM，一个扇区的字节可以在瞬间（与单时钟周期比较是一个非常短的时间）擦除。

Flash 可以同时擦除许多字节，节省了每次写数据前擦除的时间，但一旦一个扇区被擦除，必须逐字节地写进去，其写入时间很长。

各种存储器特性的比较如表 2-1 所示。

表 2-1 各种存储器特性的比较

存储器类型	易失性	可重复编程	擦除大小	最大擦除次数	成 本	速 度
SRAM	是	是	字节	无限制	高	快
DRAM	是	是	字节	无限制	适中	适中
掩膜 ROM	否	否	不能擦除	无	低	快
PROM	否	用编程器可写一次	不能擦除	无	适中	快
EPROM	否	是	整个芯片	有限制	适中	快
EEPROM	否	是	字节	有限制	高	读取快,擦除和写入慢
Flash	否	是	扇区	有限制	适中	读取快,擦除和写入慢,重编程,需要 SRAM
NVRAM	否	是	字节	无限制	高(SRAM+电池)	快

3. 外部设备

除了处理器和存储器,嵌入式系统硬件中还包含一些相关的硬件设备,叫作外部设备或外设,外设需要和芯片上集成的功能模块相连接。

根据外设的功能可分为以下几种。

- 通信接口。
- 输入/输出设备。
- 设备扩展接口。
- 电源及辅助设备等。

1) 通信接口

通信接口包括:有线传输接口,如 RS-232 接口(串行 UART 接口)、通用串行总线(USB)接口、快速数据传输接口 IEEE 1394、火线(FireWire)接口、CAN 总线、以太网接口等;无线传输接口,如无线传输接口、红外线(IrDA)、GSM、GPRS、蓝牙接口等。

(1) 异步串行通信 (Universal Asynchronous Receiver/Transmitter,UART)

UART 提供 RS-232C 数据终端设备接口,计算机可以和调制解调器或其他使用 RS-232C 接口的串行设备进行通信。

在嵌入式系统软件开发调试时,常通过 UART 进行各种输入/输出操作。

(2) 通用串行总线(Universal Serial Bus,USB)

- 支持热插拔(Hot Plog In)。
- 传输速度快。USB 2.0 将设备间的数据传输速度增加到 480Mb/s。比 USB 1.1 快 40 倍左右;USB 3.0 比 USB 2.0 快约 10 倍。
- 工作模式:低速,10~20kb/s;全速,500kb/s~10Mb/s;高速,25~500Mb/s。
- 总线提供最大 5V、最多 500mA 的电源。
- 主从结构,理论上最多可接入 127 个 USB 设备。

- 纠错能力强。

(3) 以太网

嵌入式系统中实现以太网接口有以下两种方法。

- 采用嵌入式处理器与网卡芯片的组合。该方法通用性强，不受处理器的限制，但处理器和网络数据交换通过外部总线实现，速度慢、可靠性不高，并且电路板布线复杂。
- 直接采用带有以太网接口的嵌入式处理器。这种方法要求嵌入式处理器有通用的网络接口。处理器和网络数据交换通过内部总线实现，因此速度快，实现简单。

(4) 红外线

红外线收发模块主要由三部分组成，包括一个红外线发光二极管、一个硅晶 PIN 光检二极管和一个控制电路。

其中，红外线发光二极管就是发射红外线波的单元，发射的红外线波长在 0.85～0.9μm，硅晶 PIN 光检二极管用于接收红外线信号，接收到的信号会传送到控制电路中，再传送到嵌入式系统微处理器进行数据处理或数据存储。

(5) 蓝牙(Bluetooth)

蓝牙是一种低带宽、低功耗、近距离的传输协议。其有效传输距离一般在 10m 左右，但蓝牙 4.0 的有效传输距离可达到 60m。

蓝牙工作在 2.402～2.480GHz 频段，它采用了跳频扩频技术，在 79 个信道上每秒 1600 次跳频，查询状态时，跳频速率为每秒 3200 跳，有效降低了干扰。

蓝牙模块主要由三部分组成：无线传输收发单元、基频处理单元以及数据传输接口。

2）输入/输出设备

输入/输出设备包括如触摸屏、语音识别、按键、键盘和虚拟键盘、LCD、语音输出等。

(1) 触摸屏

按技术原理，触摸屏可分为 5 类：电阻压力式、电容式、电感式、红外线式和表面声波式。

电阻压力触摸屏一般为硬塑料平板或有机玻璃底材多层复合膜，硬塑料平板或有机玻璃作为基层，表面涂有一层透明的导电层，上面再盖一层外表面经过硬化处理、光滑防刮的塑料层，它的表面也涂有一层透明的导电层，在两层导电层之间有许多细小的透明隔离点。电阻屏的外表如果用手触摸它是软的，在较好的光线下可以看出屏体上的细小的规则的透明隔离点，到控制器的线一般为扁平的氧化银信号线，有四线式、五线式、六线式及八线式多种，读回触摸点的电压，无法支持多点触控。

电容触摸屏使用多层复合膜玻璃底层，玻璃屏的内表面和夹层各涂有 ITO 导电层，最外层是只有 0.0015mm 厚的硅土玻璃保护层，屏体的四周有不规则分布的氧化银线段，在屏体的 4 个角或 4 条边上引出 4 个电极，到控制器的线一般为圆形的信号电缆。屏体的透光度没有玻璃好，看不出规则的麻点，可以支持多点触控。

电感式触摸屏主要由两部分组成，即触摸检测装置和触摸屏控制器，其工作原理是在触摸笔中安装 LC 谐振线圈，通过改变与安装有激励线圈及感应线圈的触摸屏之间的空间距离，使电磁场发生变化，从而计算触点的位置。电感式触摸屏分为光敏和热敏两种，光敏电感屏使用手指或输入笔，热敏电感屏使用手指或热的设备。这种触摸屏安装在液晶显示屏的后面,而普通的电阻式和电容式触摸屏需要安装在液晶显示屏的前面,可以有效减少磨损。

红外感应触摸屏很好识别,一般都有一个外框,框里有电路板,在 X、Y 方向排布红外发射管和红外接收管,一一对应形成横竖交叉的红外线矩阵。红外屏有外挂式和内置式两种,外挂式较厚,一般在 10mm 左右,外挂式有纯边框结构的,也有带玻璃托板的,内置式一般都带玻璃托板。

表面声波触摸屏使用纯玻璃材质,屏体的左上角和右下角各固定竖直和水平方向的楔形超声波发射换能器,右上角则固定两个相应的楔形超声波接收换能器。屏体的 4 个周边则刻有 45°角的精密的反射条纹。到控制器的线一般为圆形的信号电缆。

(2) 液晶显示器

液晶显示器(Liquid Crystal Display,LCD),是低成本、低功率的器件,既可显示文字,又可显示图像。

LCD 根据其工作原理可分为反射式和吸收式(又称透视式)LCD。

LCD 的主要技术参数包括对比度、亮度、色彩、可视角度、信号响应时间(LCD 对于输入信号的反应速度,也就是液晶由暗转亮或由亮转暗的反应时间)。

3) 设备扩展接口

PC 内存卡国际联合会(PCMCIA) 建立一个省电、小体积的整合性电子卡片的标准,提高移动计算机的互换性。根据该标准生产的外形如信用卡大小的产品叫作 PCMCIA 卡(也称 PC 卡)。其他常用的扩展卡还有各种 CF 卡、SD 卡、Memory Stick、TF、XD 卡、微硬盘等。

4) 电源及辅助设备

电源是电子产品的一个组成部分,为了使电路性能稳定,往往还需要稳定电源。设计者要根据产品的要求选择合适的电源。

嵌入式系统力求外观小型化、质量轻,以及电源使用寿命长,因此,目前电源及辅助设备发展的目标是体积小、易携带和外观设计新颖等,尤其是在便携式嵌入式系统的应用中。

4. 附属电路

附属电路如时钟电路、复位电路、调试电路、监视定时器、中断控制电路等。

2.1.2 嵌入式系统中间层

嵌入式系统中间层,将系统上层软件(即操作系统或应用程序)与底层硬件分离,使系统的底层驱动程序与上层无关,通过特定的上层接口与操作系统进行交互,向操作系统提供底层的硬件信息;并根据操作系统的要求完成对硬件的直接操作,包括硬件抽象层(Hardware Abstract Layer,HAL)和板级支持包(Board Support Package,BSP)。

HAL 位于操作系统内核与硬件电路之间的接口层,其目的在于将硬件抽象化。它隐藏了特定平台的硬件接口细节,为操作系统提供虚拟硬件平台,使其具有硬件无关性,可在多种平台上进行移植。

BSP 是介于主板硬件和操作系统的一层,应该说是属于操作系统的一部分,其主要目的是支持操作系统,使之能够更好地运行于硬件主板。BSP 一般应该具有相关硬件的初始化、数据的输入/输出操作和硬件设备的配置等功能。纯粹的 BSP 包含的内容一般是和系统有关的驱动和程序，如网络驱动和系统中网络协议有关，串口驱动和系统下载调试有关等，离开这些驱动，系统就不能正常工作。

中间层的两个任务是嵌入式系统初始化和硬件相关的设备驱动。

按照自底向上、从硬件到软件的次序，初始化分为以下两种。

片级初始化：完成 CPU 的初始化(包括设置 CPU 的核心寄存器和控制寄存器，CPU 核心工作模式以及 CPU 的局部总线模式等)。片级初始化把 CPU 从上电时的默认状态逐步设置成系统所要求的工作状态，是一个纯硬件的初始化过程。

板级初始化：完成 CPU 以外的其他硬件设备的初始化；还要设置某些软件的数据结构和参数，为随后的系统级初始化和应用程序的运行建立硬件和软件环境，是同时包含软硬件两部分在内的初始化过程。

与初始化过程相反，硬件相关的设备驱动程序的初始化和使用通常是一个从高层到底层的过程。尽管 BSP 中包含硬件相关的设备驱动程序，但是这些设备驱动程序通常不直接由 BSP 使用，而是在系统初始化过程中由 BSP 把它们与操作系统中通用的设备驱动程序关联，并在随后的应用中由通用的设备驱动程序调用，实现对硬件设备的操作。

2.1.3 软件层

嵌入式系统软件层包括操作系统和应用程序。

操作系统主要用来完成嵌入式应用的任务调度和控制等核心功能。操作系统可根据实际应用环境的要求对内核进行裁剪和重新配置，根据不同的应用，其组成有所不同。详细的操作系统介绍在第 1 章中。

应用程序运行于操作系统之上，利用操作系统提供的实时机制完成特定功能的嵌入式应用。不同的系统需要设计不同的嵌入式应用程序。应用程序是面向被控对象和用户的，当需要用户操作时，往往需要提供一个友好的人机界面。

2.2 嵌入式系统设计与开发

良好的设计方法在嵌入式系统的开发过程中是必不可少的。

首先，好的方法有助于规划一个清晰的工作进度，避免遗漏重要的工作，例如性能的优化和可靠性测试对一个合格的嵌入式产品是不可或缺的。

其次，采用有效的方法可以将整个复杂的开发过程分解成若干可以控制的步骤，通过一些先进的计算机辅助设计工具，按部就班、有条不紊地完成整个项目。

最后，通过定义全面的设计过程，可以使整个团队的各成员更好地理解自身的工作，方便成员之间相互交流与协作。

在嵌入式系统设计开发时必须考虑以下因素。

嵌入式系统设计与开发

- 功能可靠实用，便于升级。
- 实时并发处理，及时响应。
- 体积符合要求，结构紧凑。

- 接口符合规范,易于操作。
- 配置精简稳定,维护便利。
- 功耗严格管理,成本低廉。

2.2.1 嵌入式系统设计流程

嵌入式系统将必须紧密工作的硬件和软件相结合。嵌入式系统设计人员已将擅长的设计方法发展到用软件来体现系统的部分功能。早期的硬件/软件协同设计领域的研究人员强调同时进行设计的重要性。

一般地,嵌入式系统的设计流程包含以下模块,如图 2-4 所示。

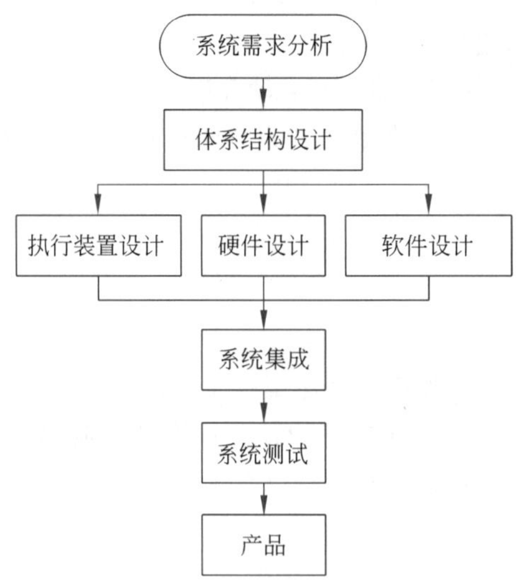

图 2-4 嵌入式系统设计流程

1. 系统需求分析

确定设计任务和设计目标,给出设计规格说明书,作为正式设计指导和验收的标准。

系统的需求包括功能性需求和非功能需求。功能性需求指系统的基本功能,如输入/输出信号、操作方式等;非功能需求包括系统性能、成本、功耗、尺寸、质量等因素。

性能:系统的处理速度通常是该系统的实用性和最终成本的主要决定因素。正如我们已经注意到的,性能是软件性能度量(如执行一个用户函数的大致时间和必须完成的一个特定操作的硬时限)的组合。

成本:产品最终的成本或者销售价格也是一个主要的考虑因素。产品的成本包含两个主要部分:生产成本,包括购买构建以及组装它们的花费;不可再生的工程成本(NRE),如人力成本以及设计系统的其他花费。

功耗:对于靠移动电源来供电的系统来说,电源问题在需求阶段以电池寿命的方式提出。

尺寸和质量:最终产品的物理特性会因为使用的领域不同而大不相同。一台控制装配线的工业控制系统通常装配在一个标准尺寸的柜子里,它对质量没有什么约束,但是手持设备对系统的尺寸和质量就有很严格的限制。

2. 体系结构设计

需求分析描述系统做什么,体系结构设计描述系统如何做,是系统整体结构的一个计划,而后用于设计搭建整个体系结构的构件。

系统如何实现功能性和非功能需求,包括对硬件、软件和执行装置的功能划分以及系统的软件、硬件选型等。一个好的体系结构是设计成功与否的关键。

3. 硬件/软件设计

基于体系结构,对系统的软件、硬件进行详细设计。为了缩短产品开发周期,设计往往是并行的。应该说,嵌入式系统设计的工作大部分都集中在软件设计上,嵌入式系统设计人员已将擅长的设计方法发展到用软件来实现系统的部分功能,采用面向对象技术、软件组件技术、模块化设计是现代软件工程经常采用的方法。

图 2-5 显示了传统的软硬件分离设计方法。这种设计方法在需求分析基础上对软硬件分别设计、开发、调试、测试;然后系统集成,若出现错误,则需要对软硬件分别进行验证和修改;最后再重新进行集成测试。

虽然在系统设计的初始阶段考虑了软硬件的接口问题,但由于软硬件分别开发,因此各自部分的修改和缺陷很容易导致系统集成出现错误。由于设计方法的限制,这些错误不但难于定位,而且修改往往会涉及整个软件结构或硬件配置的改动。

协同设计的目标是做出恰当的体系结构决策,允许在以后的实现阶段中独立完成。好的体系结构决策需要恰当的分析方法,因为它们必须满足严格的度量标准,如实时性能和功耗。给定可行的规格说明,大部分方法进行初始系统分析来确定协同设计的可能性,并可能将规格说明分解为过程。硬件/软件划分选取体系结构,其中一些操作直接由硬件完成,而另一些则由运行在可编程平台上的软件完成。硬件/软件划分生成可以独立实现的模块设计。这些模块随后结合,进行性能或功耗测试,并调试以创建最终的系统。图 2-6 为软硬件协同设计方法。

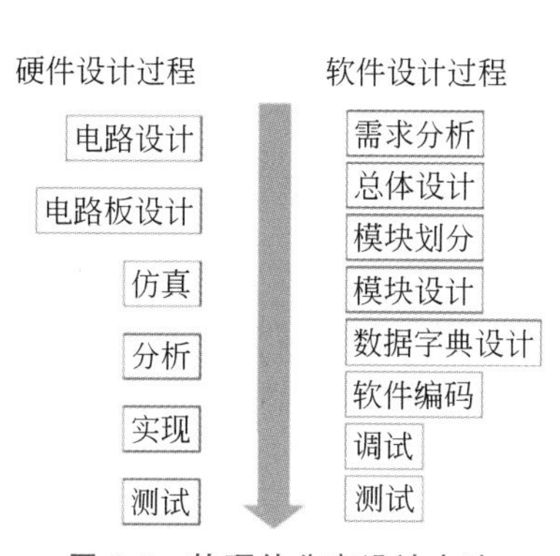

图 2-5 软硬件分离设计方法

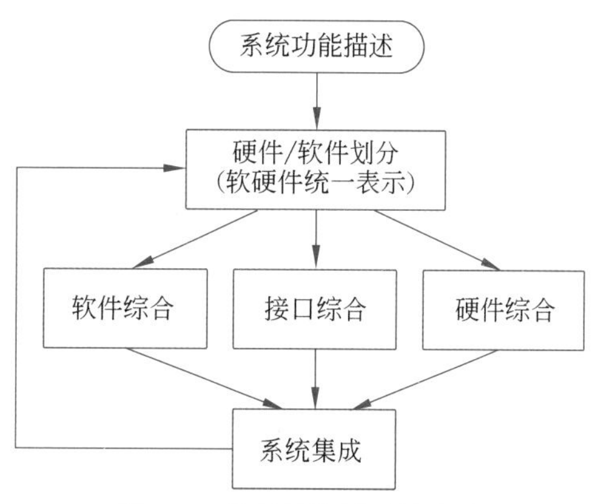

图 2-6 软硬件协同设计方法

这种方法是 SoC 通常采用的方法,其特点是在协同设计、协同测试和协同验证上,充分考虑软硬件的关系,并在设计的每个层次上给以测试验证,使得尽早发现并解决问题,避免出现灾难性错误。

4. 系统集成

把系统的软件、硬件和执行装置集成在一起,进行调试,发现并改进单元设计过程中的错误。

5. 系统测试

对设计好的系统进行测试,看其是否满足规格说明书中给定的功能要求。

2.2.2 平台选择

平台的选择必须建立在系统总体需求上,产品利用平台的基础并添加自己的应用功能,同时考虑协同设计过程兼顾软件和硬件。

平台选择分为硬件平台选择和软件平台选择。

1. 硬件平台选择

作为嵌入式系统的基本组成,硬件的设计对于项目的开发也是至关重要的,硬件方面需要考虑的问题有 CPU 及相应的外围芯片的选择、系统的主要 I/O 分配、系统的电源要求、硬件的尺寸要求和外壳设计等。

嵌入式系统开发的硬件平台的选择主要是嵌入式微处理器的选择,主要取决于应用的领域、用户的要求、成本、开发的难易程度等因素。

主流的嵌入式硬件平台有 3 种: ARM 平台、DSP 平台和 FPGA 平台。

1) ARM 平台

ARM 微处理器是由 ARM 公司提供知识产权(Intellectual Property,IP)授权,交付多个芯片设计厂商整合生产的。在 2007 年,意法半导体(ST)公司成为第一个引入 ARM Cortex-M 授权的半导体厂商,开启了高性能、低成本、低功耗的 ARM 嵌入式芯片新时代,其生产的 STM32 系列微处理器是较流行的 Cortex-M 微处理器。ARM 嵌入式系统广泛应用于自动检测与控制、智能仪器仪表、机电一体化设备、汽车电子及日常消费电子产品中,其优越的性能和完善的开发环境得到广大电子工程师的青睐。

2) DSP 平台

嵌入式 DSP(Embedded Digital Signal Processor,EDSP)是专门用于信号处理方面的处理器,其在系统结构和指令算法方面进行了特殊设计,芯片内部采用程序和数据分开存储及传输的哈佛结构,具有专门硬件乘法器,采用流水线操作,提供特殊的 DSP 指令,可用来快速实现各种数字信号处理算法,具有很高的编译效率和指令的执行速度,在数字滤波、FFT、谱分析等各种仪器上获得大规模的应用。

3) FPGA 平台

随着平台级 FPGA 产品的出现和 EDA 设计工具软件的不断发展,利用现有的 FPGA 和 EDA 工具,人们也可以很方便地在 FPGA 中嵌入精简指令集(Reduced Instruction Set Computer,RISC)处理器内核、DSP 算法、存储器、专用 ASIC 模块、其他数字 IP Core 以及用户定制逻辑等,构建成一个可编程的片上系统(SOPC),把原来需要在 PCB 上采用处理器、DSP、若干 ASIC 芯片才能实现的功能全都集成到单片 FPGA 上。

FPGA 内部嵌入了丰富的乘法器(DSP)资源、高速收发器(GTP/GTX)资源、以太网 MAC 资源、嵌入式处理器(PowerPC)资源、时钟及锁相环资源、存储器(BRAM)资源等,甚至在 Xilinx 公司推出的 Zynq-7000 系列芯片中嵌入 ARM 资源,将传统的 FPGA 演变成 ARM+FPGA 的扩展开发平台。这些嵌入的硬件资源极大地增强传统 FPGA 的功能,提升 FPGA 的工作效率和灵活性,使一块 FPGA 平台就可适用于多种产品,进行各种扩展。开发者只需要掌握 Verilog HDL 等硬件描述语言和嵌入式系统开发的相关知识，就可对整个系统进行编程和控制。

硬件平台的选择思路如下。

- 总线的需求。
- 有没有通用串行接口。
- 是否需要 USB 总线。
- 有无以太网接口。
- 系统内部是否需要 I^2C 总线、SPI 串行总线。
- 音频 D/A 连接的 I^2S 总线。
- 外设接口。
- 是否需要模/数转换器(ADC)、数/模转换器(DAC)。
- 是否需要 I/O 控制接口。
- 处理器寻址空间。
- 存储器要求(Flash)。
- 调试、仿真是否方便及其成本。
- 产品成本。
- 软件对硬件的依赖性。

……

2. 软件平台选择

嵌入式软件的开发流程，主要涉及代码编程、交叉编译、交叉链接、下载到目标板和调试等几个步骤，因此软件平台的选择涉及 3 个方面，即操作系统、编程语言和集成开发环境。

应用系统对嵌入式操作系统的基本要求是：体积小、速度快、可裁剪性、可移植性。

随着嵌入式系统发展和应用的多样化，对嵌入式软件的要求如下。

- 是否需要操作系统的支持。
- 是否支持多任务，并具有实时性。
- 联网功能。
- 窗口交互功能。

2.3 嵌入式系统开发过程

嵌入式系统开发是在嵌入式系统完成设计后，利用分立元件或集成器件进行电路设计、结构设计，再进行软件编程(通常是高级语言)，实验，经过多轮修改设计、制作，最终完成整个系统的开发。嵌入式系统受功能和具体应用环境的约束，其开发流程不同于一般的通用计算机系统。

嵌入式系统的开发流程如图 2-7 所示。

本节重点介绍基于已有硬件芯片的基础上，嵌入式系统软件开发的相关内容。

计算机在执行任务时，对它所处理的对象以及处理规则的描述，是通过程序设计语言来实现的。

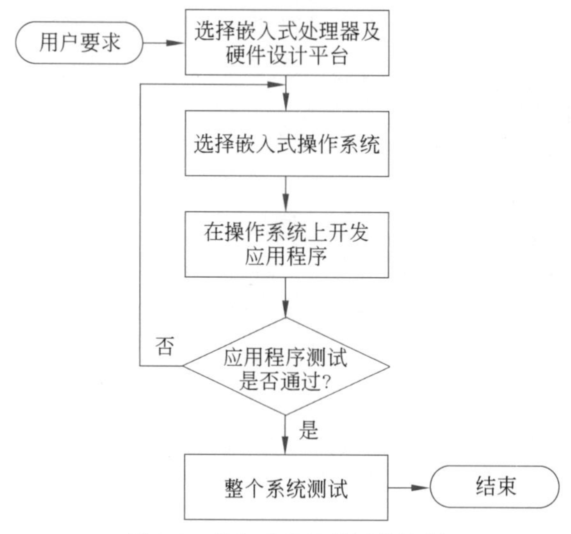

图 2-7 嵌入式系统的开发流程

最早的程序语言(即机器语言)是二进制,其实现方法是通过穿孔的纸带,穿孔表示0,未穿孔表示 1,如图 2-8 所示,纸带的位代表指令的位数,图例中的指令前 4 位代表指令操作码。指令在纸带上的位置就是地址,如果增加一条指令,地址也会发生变化,需要重新修改和拼接。

图 2-8 纸带

后来为了便于记忆,用汇编助记符代替机器指令,汇编语言用助记符(Mnemonics)代替机器指令的操作码,用地址符号(Symbol)或标号(Label)代替指令或操作数的地址。在不同的设备中,汇编语言对应不同的机器语言指令集,通过汇编过程转换成机器指令。也就是说,特定的汇编语言和特定的机器语言指令集是一一对应的,不同平台之间不可直接移植。

再后来,为了方便程序员使用,出现了高级程序语言,它们与具体机器结构无关,面向算法描述,比机器级语言描述能力强大,高级程序语言中一条语句可以分解为几条甚至成百上千条指令。高级程序语言有“面向过程”和“面向对象”两类。

处理逻辑分为 3 种结构,即顺序结构、选择结构和循环结构。

转换成机器语言的方式有两种,即“编译”和“解释”。

编译程序(Complier)指将高级语言源程序转换为机器级目标程序,执行时只启动目标程序即可。

解释程序(Interpreter)指将高级语言语句逐条翻译成机器指令并立即执行,不生成目标文件。

在嵌入式系统开发过程中,主要包括宿主机与目标机两部分的开发。宿主机能够对嵌入式系统中的代码进行编译、定址及链接,而目标机则是嵌入式系统中的硬件平台。在对嵌入式系统进行开发时,需要将应用程序转换成相应的二进制代码,这些二进制代码能够在目标机中运行。

在上述开发过程中,主要分为3个步骤,分别是编译过程,链接过程与定址过程。其中,嵌入式系统中的交叉编译器能够进行编译,交叉编译器属于一种计算机平台中的代码生成编译器,较为常见的交叉编译器是GNU C/C++(gcc),它会将所有编译完成的目标文件均和一个目标文件进行链接,这便是链接过程。而定址过程则会在目标文件的各个偏移位置对相应的物理存储器地址进行指定,在定址过程中所生成的文件便是二进制文件。在嵌入式系统调试过程中,主要利用交叉调试器进行,其调试方式通常采用宿主机-目标机形式,宿主机与目标机之间的连接是通过以太网或串行口线来实现的,在交叉调试任务中,主要包括任务级调试、汇编级调试与源码级调试,在调试过程中需要将宿主机中存储的系统内核与应用程序分别下载到目标机中的RAM或ROM中。当目标机运行后,会对宿主机中的调试器控制命令进行接收,同时配合调试器对应用程序进行下载、运行与调试,然后将调试信息发送到宿主机中。

2.4　嵌入式系统开发环境和开发工具

嵌入式系统开发环境是以开发嵌入式系统为目的的工程开发环境,包括办公环境、软件支持和硬件设备支持。软件支持是指集成开发工具与软件模拟器等。硬件支持是指仿真器、目标板、示波器、烧录器等。

本书的硬件环境主要是以微处理器S5PV210为核心,外设包括存储模块、液晶显示模块、串口和网络接口等模块。软件环境在主机端有Windows、Linux系统。

以下是一些常见的嵌入式软件开发工具。

Keil是业界最受欢迎的51单片机开发工具之一,它拥有流畅的用户界面与强大的仿真功能。

MPLAB是一种易学、易用的PIC系列单片机产品的集成开发工具软件。该软件由MPLAB编辑程序、MPLAB项目管理程序(Project manager)、MPASM汇编程序(Windows版)和MPLAB-SIM模拟调试程序等工具软件组成。

VisualDSP++是一款针对ADI Blackfin、SHARC和TigerSHARC等处理器易安装、易使用的软件开发和调试集成环境(IDDE),通过单一界面可以从始至终高效地管理项目。该集成开发环境可在编辑、构建、调试操作间快速轻松地切换。

Xilinx Platform Studio集成开发环境包含很多嵌入式工具、IP、库、向导和设计生成器,能帮助快速创建定制的嵌入式平台。

常用的ARM的开发环境有ADS1.2、RVDS(RealView Developer Suite)、MDK、IAR、DS-5和一些开源的开发环境。其中,RVDS是ARM公司继SDT与ADS1.2之后

主推的新一代开发工具。RVDS 集成的 RVCT 是业内公认的能够支持所有 ARM 处理器,并提供较好的执行性能的编译器。

RVDS 开发工具

RVDS 向硬件设备的设计者提供多核调试、应用,以及所有的 ARM 处理器的代码产生和 Cortex CPU 的配置等功能,并提供到达第三方元件的接口(如 ARM ESL tools)。RVDS 包含 5 个模块,分别是 IDE、RVCT、RVD、RVISS 和 RVI。

表 2-2 是面向 ARM 系列嵌入式芯片的开发工具软件。

表 2-2　面向 ARM 系列嵌入式芯片的开发工具软件

软件名称	ADS	RealView MDK	RVDS
公司	ARM	Keil(后被 ARM 收购)	ARM
版本	更新至 1.2,被 RVDS 取代	被 RVDS 取代	更新至 5.0
工程管理	CodeWarrior IDE	nVision IDE	Eclipse/CodeWarrior IDE
调试器	ARM Extention Degugger(AXD)	nVision Degugger	RealView Degugger(RVD)
仿真器	ARMulator	nVision CPU & Peripheral Simulation	RealView ISS(RVISS)
硬件调试单元	Multi-ICE/wiggler	ULink /Jlink	RealView ICE(RVI)/Multi-ICE (3.1 版本后不支持 Multi-ICE)

2.5　追踪和调试

调试是嵌入式系统开发过程中必不可少的重要环节。调试的方法也是多种多样,如图 2-9 所示的 ARM 处理器的调试系统,有 ROM 仿真器、在线仿真器(ICE)、嵌入式追踪宏单元(ETM)、JTAG 调试器、软件仿真等。

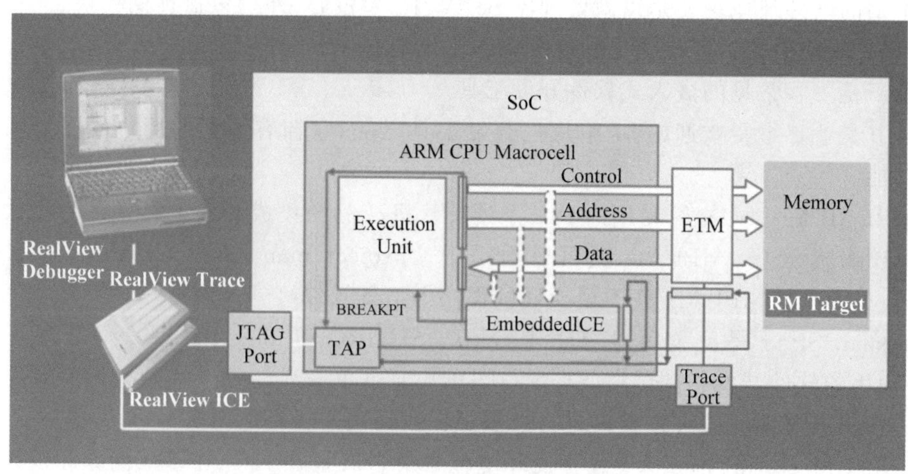

图 2-9　ARM 处理器的调试系统

1. ROM 仿真器

嵌入式系统的程序存储器为 ROM 时,如果调试需要修改代码、设置断点及更新程序代码,就需要进行离线编程。离线编程是一个费时间的工作,用 RAM 替代 ROM 可以解决这个问题,用 RAM 以及附属电路制成的工具替代 ROM 进行离线编程。

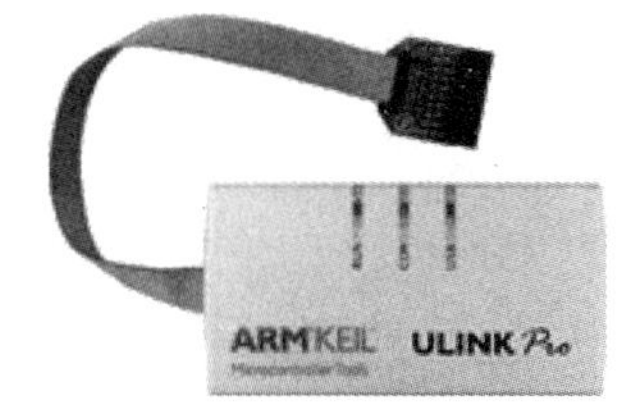

图 2-10 ARM ULINKpro 仿真器

ROM 仿真器是一个有两根电缆的盒子,一端连接到主机串口,下载新的程序到 ROM 仿真器;另一端插在目标系统的 ROM 插座上,目标平台认为它在访问 ROM,而它实际访问的是 ROM 仿真器的 RAM,该 RAM 中含有用户下载的用于测试的程序。图 2-10 是一个 ARM ULINKpro 仿真器。

2. 在线仿真器

实时在线仿真器(In Circuit Emulator,ICE)是目前最有效的调试嵌入式系统的手段。这种方式用仿真器完全取代目标板上的 MCU,所以目标系统对开发者来说完全是透明的、可控的。仿真器与目标板通过仿真头连接,与主机有串口、并口、网口或 USB 接口等连接方式。由于仿真器自成体系,调试时既可以连接目标板,也可以不连接目标板。在不同的嵌入式硬件系统中,总会存在各种变异和事先未知的变化,因此处理器的指令执行也具有不确定性,也就是说,完全一样的程序可能会产生不同的结果,只有通过 ICE 的实时在线仿真才能发现这种不确定性。最典型的就是时序问题。使用传统的断点设置和单步执行代码技术会改变时序和系统的行为。可能使用了断点进行调试,却无法发现任何问题,就在认为系统没有问题而取消后,时序问题又出现,这个时候就需要借助 ICE,因为它实时追踪数千条指令和硬件信号。实时在线仿真器的优点是功能强大,软硬件均可做到完全实时在线调试,缺点是价格昂贵。

3. 嵌入式追踪宏单元

嵌入式追踪宏单元(ETM)也称为跟踪调试接口,是 ARM 公司开发的一种高级实时软件开发调试工具,是 ARM 片上系统的一个组件。在 CPU 运行过程中把现场信息捕捉压缩后输出,然后在 PC 端就可以对这些数据进行解压分析。

4. JTAG 调试器

基于 JTAG(Joint Test Action Group)的调试方法是 ARM 系统调试的最常用方法,因为 ARM 处理器中集成了 JTAG 调试模块。调试主机上必须安装的工具包括程序编辑和编译系统、调试器和程序所涉及的库文件。目标板必须含有 JTAG 接口。在调试主机和目标板之间有一个协议转换模块,一般称为调试代理,其作用主要有两个:一个是在调试主机和目标板之间进行协议转换;另一个是进行接口转换,目标板的一端是标准的 JTAG 接口,而调试主机一端可能是 RS-232 串口,也可能是并口或 USB 接口等。JTAC 调试器比较便宜,也比较方便,通过现有的 JTAG 边界扫描口与 ARM 处理器核通信,属于完全非插入式(即不使用片上资源)调试,它不需要目标存储器的干预,也不占用目标板上的任何端口,而这些条件是驻留监控软件所必需的。另外。因为 JTAG 调试的程序是在目标板上执行的,仿真效果更接近于目标硬件,因此,最小化了高频操作限制、接口操作问题、AC(交流)和 DC(直流)参数不匹配和电线长度限制等影响。使用集成开发环境配合 JTAG 调试器进行开发是目前较流行的一种调试方式,它的优点是方便、无须任何监控程序,软硬件均可调试,降可重复利用 JTAG 硬件测试接口,除可在 RAM 中设置断点外,还可以在 ROM 中设置断点,仅适用于有调试接口的芯片。

5. 软件仿真

主机和目标板通过某种接口(一般是串口)连接,主机上提供调试界面,把调试软件下载到目标板上运行。这种调试方法的限制条件是要在开发平台和目标平台之间建立通信联系(目标板上称为监控程序),它的优点是成本价格较低、纯软件、简单、软件调试能力比较强。但软件调试需要把监控程序烧写到目标板上,工作能力极为有限。

所要调试的程序与调试开发工具(一般为集成开发环境)都在主机上运行,由主机提供一个模拟的目标运行环境,可以进行语法和逻辑上的调试与开发。ARM 系统开发工具 RVDS 集成开发环境下的 AXD 工具就是采用这种仿真模拟调试的方法。AXD 能够装载映像文件到目标内存,具有单步、全速和断点等调试功能,可以观察变量、寄存器和内存的数据等,同时支持硬件仿真和软件仿真 ARMulator。ARMulator 调试方法是一种脱离硬件调试软件的方法,它与运行在通用计算机(通常是 x86 体系结构)上的调试器相连接,模拟 ARM 微处理器体系结构和指令集,提供了开发和调试 ARM 程序的软件仿真环境。ARMulator 不仅可以仿真 ARM 处理器的体系结构和指令集,还可以仿真存储器和处理器外围设备,如中断控制器和定时器等,这样就模拟了一个进行嵌入式开发的最小子系统,另外使用者还可以扩展添加自己的外设。这种调试的优点是简单方便、不需要开发板的硬件平台的支持、成本低,但它不能进行实时调试,功能非常有限。

JTAG 与 ICE 的区别如下。

实时在线仿真系统的硬件主体是 ICE。在 8 位单片机调试过程中,可以用这种 ICE 完全取代目标板上的 MCU。因而,目标系统对开发者来说完全是透明的、可控的。对 16 位和 32 位的单片机,还不能做到完全取代。

JTAG 调试在内嵌了 IEEE 1149 标准电路的 CPU 上进行,调试时不需要更换 CPU,适用于 8、16、32 位的 CPU。

JTAG 与 ETM 的区别如下。

基于 JTAG 仿真器的调试方法是利用芯片内部的 Embedded ICE 模块控制内核,达到单步/断点等调试目的,这种方法的特点是需要把目标 CPU 停止后才能观察现场情况。在真正的实时系统中,停止 CPU 运行往往导致现场失真,ETM 就能够在 CPU 运行过程中把现场信息捕捉压缩后进行输出,然后在 PC 端就可以对这些数据进行解压分析;用户还可以对 ETM 设置很多过滤及触发条件,对一些随机出现的异常进行捕捉(还能得到异常前后一段时间内的系统信息)。本质上,ETM 相当于一个嵌入芯片内部的逻辑分析仪。

2.6 嵌入式系统设计与开发中的其他问题

1. 减少系统功耗

对于嵌入式系统来说,低功耗设计是许多设计人员必须面对的问题。其原因在于嵌入式系统被广泛应用于便携式和移动性较强的产品中,而这些产品不是一直都有充足的电源供应,往往是靠电池来供电的,而且大多数嵌入式设备都有体积和质量的约束。另外,系统部件产生的热量和功耗成比例,为解决散热问题而采取的冷却措施进一步增加了系统的功耗。减少系统功耗可以从以下几个方面着手。

1）采用低电压的器件

采用单电源、低电压供电可以降低功耗。双电源供电可以提供对地输出的信号，高电源电压可以提供大的动态范围，但两者的缺点都是功耗大。例如，低功耗集成运算放大器 LM324，单电源电压工作范围为 5～30V，当电源电压为 15V 时，功耗约为 220mW；当电源电压为 10V 时，功耗约为 90mW；当电源电压为 5V 时，功耗约为 15mW。可见，低电压供电对降低器件功耗的作用十分明显。因此，处理小信号的电路可以降低供电电压。

2）降低处理器的时钟频率

处理器的功耗与时钟频率密切相关。CPU 在全速运行时比在空闲或者休眠时消耗的功率大得多。省电的原则就是让正常运行模式远比空闲、休眠模式少占用时间。在 PDA 类的设备中，系统在全速运行的时候远比空闲的时候少，所以可以通过设置，使 CPU 尽可能工作在空闲状态，然后通过相应的中断唤醒 CPU，恢复到正常工作模式，处理响应的事件，然后再进入空闲模式。设计系统时，如果处理能力许可，尽量降低处理器的时钟频率。另外，可以动态改变处理器的时钟，以降低系统的总功耗。CPU 空闲时，降低时钟频率；处于工作状态时，提高时钟频率以全速运行处理事务。

3）分区/分时供电技术

一个嵌入式系统的所有组成部分并非时刻在工作，基于此，可采用分区/分时的供电技术。其原理是利用“开关”控制电源供电单元，在某一部分电路处于休眠状态时，关闭其供电电源，仅保留工作部分的电源。

4）编译低功耗优化技术

对于实现同样的功能，不同的软件算法，消耗的时间不同，使用的指令不同，因而消耗的功率也不同。对于使用高级语言，由于是面向问题设计的，很难控制低功耗。但是，如果利用汇编语言开发系统（如对于小型的嵌入式系统开发），可以有意识地选择消耗时间短的指令和设计消耗功率小的算法来降低系统的功耗。

5）软件设计采用中断驱动技术

整个系统软件设计成处理多个事件模式。在系统上电初始化时，主程序只进行系统的初始化，包括寄存器、外围设备等，初始化完成后，进入低功耗状态，然后 CPU 控制的设备都接到中断输入端。当外设发生一个事件时，产生中断信号，使 CPU 退出节电状态，进入事件处理状态，事件处理完成后，继续进入节电状态。

6）延时程序设计

延时程序的设计有两种方法，分别为软件延时和硬件定时器延时。为了降低功耗，尽量使用硬件定时器延时，一方面提高程序的效率，另一方面降低功耗。大多数嵌入式处理器在进入待机模式时，CPU 停止工作，定时器可正常工作，定时器的功耗可以很低。处理器调用延时程序时，进入待机方式，定时器开始计时，时间一到，则唤醒 CPU。这样一方面 CPU 停止工作，降低功耗，另一方面提高 CPU 的运行效率。

2. 保证系统可升级

用户在使用嵌入式产品的过程中，出现系统漏洞或者用户不满足现有功能而提出更多需求时，就要对系统升级或者维护。下面介绍几种升级方式。

1）SD 卡离线升级

厂家只需将 SD 卡取回，把更新后的程序放入 SD 卡中，然后发放给用户；用户只把 SD 卡插入终端设备，即可达到系统升级的目的。

出厂前，通过 ISP 编程方式在板上 Flash 中烧入一个类似 Boot Loader 的程序。在用户插入 SD 卡前，该程序不断判断 SD 卡是否插入。用户插入 SD 卡后，程序首先驱动 SD 卡，使其能正常工作，然后读取 SD 卡中的升级程序，并将其放入指定的 Flash 地址段中。最后，跳转到指定地址段，开始工作。

2）在线升级

在线升级通常指在连接网络的情况下从服务器下载更新文件，以确保软件等处于最新状态。此种方式适用于可以连接在网络上的嵌入式设备。

服务器作为软件升级任务的主动发起者，首先向嵌入式系统发送升级命令，嵌入式系统在硬件启动后，首先执行引导程序 Boot Loader 进行一系列初始化操作，同时选择执行升级控制程序，待服务器接收到嵌入式系统的确认升级回复后，即开始发送升级程序代码。在发送升级程序代码前，服务器会将这些代码拆分成固定长度的多个数据单元，以每个数据单元为核心组成数据包(数据包包含数据包头标志、命令头、包序列、数据单元、CRC 校验码、数据包尾标志、总包数等)，嵌入式系统每接收一个数据包，都将返回确认信息，若数据包校验无误，则在规定的 Flash 区域进行旧程序的擦除以及新程序的复制，从而达到远程终端的嵌入式系统软件在线升级的目的。

2.7 本章小结

本章首先介绍了嵌入式系统的组成，并分别介绍硬件层、中间层和软件层的内容，在组成框架的基础上引入嵌入式系统设计和开发的流程，比较了软硬件分离和软硬件协同设计方法的不同。然后从程序语言入手，概括了嵌入式系统软件开发的基本流程，以及需要使用的开发工具，重点介绍了 ARM 处理器相关的开发工具，以及追踪调试方法。

2.8 练习

1. 嵌入式系统的组成是什么?
2. ARM 集成开发环境 RVDS 包含哪几个模块? 这些模块各有什么特点?
3. ARM 集成开发环境 RVDS 支持哪些处理器和模拟器?
4. GCC 交叉编译器的编译流程和执行过程有哪些?
5. 嵌入式系统的开发环境下有哪些调试方法?
6. 软硬件协同设计方法和软硬件分离设计方法的区别是什么?
7. 嵌入式系统中的存储器分类有哪些，各自的特点是什么?
8. 结合一个实际嵌入式系统，完成需求说明书。
9. 安装 RVDS 开发软件，并建立一个项目。

第二部分

第3章 chapter 3

ARM处理器技术

如前面章节提到的，嵌入式系统处理器的种类十分多样，在学习过程中，往往需要以某种或者某类处理器为例，具体对其结构、功能和使用说明进行学习。在嵌入式处理器中，ARM体系结构的处理器在嵌入式方面应用非常广泛。通过阅读本章，读者可以了解ARM不同系列的嵌入式芯片的设计中，厂商为处理器定义了哪些功能。本章重点介绍Cortex-A8的功能特点，以及生产厂商根据设计制作的对应Cortex-A8内核设计的实际处理器芯片S5PV210。

3.1 处理器体系结构

3.1.1 体系结构概述

为研究处理器技术，需要了解处理器技术包含的内容。在此之前，一起来看嵌入式系统的抽象层转换，它与一般计算机系统相同，如图3-1所示。

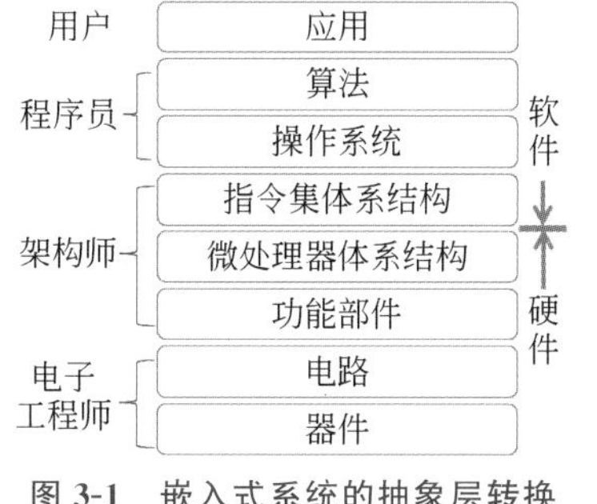

图3-1 嵌入式系统的抽象层转换

处理器体系结构

按照从硬件到软件的顺序，自下而上分别是器件、电路、功能部件、微处理器体系结构、指令集体系结构、操作系统、算法和应用。抽象层面对应的人员分别是电子工程师、架构师、程序员和用户。

体系结构是嵌入式系统硬件与软件的衔接，它确定嵌入式系统设计的部件、部件功能、部件间接口的设计，并集中于嵌入式系统的核心部分—处理器的运算与内存的存取。它包含一系列机器指令、基本数据类型、寄存器、寻址模式存储体系、中断和异常处理等内容。

处理器的体系结构，也称架构，包含指令集体系结构(Instruction Set Architecture，ISA)和微处理器体系结构或微架构(Microarchitecture)。指令集体系结构就是设计一系列指令(如数据处理和存储操作、算术和逻辑操作以及控制流操作等基本命令)，具体对应一系列机器二进制编码信号；微架构则是设计硬件电路如何具体执行指令，也就是处理器内部通过电压的高低电平对应上述的二进制编码指令。

软件要借助一定的词库和硬件沟通，这个词库就被称作“指令集”。大个头的计算机里占据支配地位的思想是要有一个很大、很丰富的词库，可能有好几千个词，别的软硬件使用起来都比较方便。

体系结构定义了指令集和基于这一体系结构下处理器的编程模型，基于同种体系结构可以有多种处理器，每个处理器性能不同，所面向的应用不同，每个处理器的实现都要遵循这一体系结构。

体系结构主要分成以下两类。

复杂指令集(Complex Instruction Set Computer，CISC)：通过设置一些功能复杂的指令，把一些原来由软件实现的、常用的功能改成用硬件的指令系统来实现，以此来提高计算机的执行速度。

精简指令集(Reduced Instruction Set Computer，RISC)：通过简化计算机指令功能，使指令的平均执行周期减少，从而提高计算机的工作主频。

还有超长指令字(Very Long Instruction Word，VLIW)指令集等一些衍生指令集架构，通过将多条指令放入一个指令字实现指令集并行处理，从而提高计算运行效率。

3.1.2 流水线技术

在现代处理器中，流水线是一个最基本的概念。在了解 CPU 时，很多时候会提及拥有多少级流水线。虽然这个概念并不是在计算机技术中诞生的，但是这个技术却在处理器世界中大放异彩。

流水线(Pipeline)技术是指程序在执行时，多条指令重叠进行操作的一种准并行处理实现技术。通俗地讲，将一个时序过程，分解成若干子过程，每个过程都能有效地与其他子过程同时执行。这种思想最初是在 RISC 体系结构中出现的，旨在提高处理器处理效率，争取在一个时钟周期中完成一条指令。

流水线技术

1. 流水线指令执行分级

最经典的当属无内部互锁的流水线处理器(Microprocessor without Interlocked Piped Stages，MIPS)的 5 级流水线技术。MIPS 属于 RISC 体系结构，本身就是为了流水线而设计的，CPU 在高速缓存中运行，每条指令的执行过程都分成 5 级。每级成为一个流水线阶段，每个阶段占用固定的时间，通常是一个时钟周期。图 3-2 中为 MIPS 5 级流水线结构图。

1）取指令

取指令(Instruction Fetch，IF)阶段是将一条指令从主存中取到指令寄存器的过程。

2）指令译码

取出指令后，计算机立即进入指令译码(Instruction Decode，ID)阶段。在指令译码阶段，指令译码器按照预定的指令格式，对取回的指令进行拆分和解释，识别区分出不同的指令类别以及各种获取操作数的方法。

3）指令执行

在取指令和指令译码阶段之后，接着进入执行指令(Execute，EX)阶段。此阶段的任务是完成指令所规定的各种操作，具体实现指令的功能。为此，CPU 的不同部分被连接起来，以执行所需的操作。

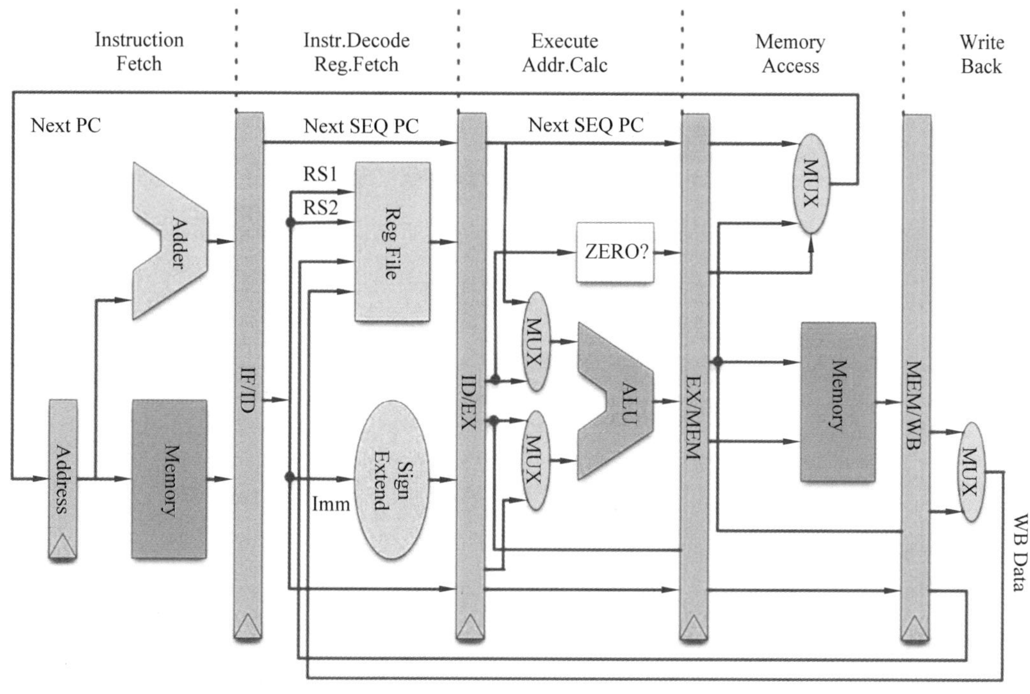

图 3-2 MIPS 5 级流水线结构图

4）访存取数阶段

根据指令需要，有可能要访问主存读取操作数，这样就进入了访存取数（Memory，MEM）阶段，此阶段的任务是根据指令地址码，得到操作数在主存中的地址，并从主存中读取该操作数用于运算。

5）结果写回阶段

作为最后一个阶段，结果写回（Write Back，WB）阶段把执行指令阶段的运行结果写回到某种存储形式。

如图 3-3 所示，假设每条指令的运行时间为一个时钟周期 1000ps，那么单级操作的时间为 200ps，执行 3 条指令不采用流水线和采用流水线方式的时间分别为 3000ps 和 1400ps。那么执行 n 条指令所需时间为 $1000\text{ps}+(n-1)\times 200\text{ps}$。

2. 处理器冒险

很明显，如果只执行一条指令，流水线是不会提高效率的。但是如果要完成多条指令，利用流水线的并行原理，其实可以提高几倍的处理速度。那么流水线的级数是不是越多越好呢？流水线级数越多，在处理多指令的时候确实也会越高效，但也需要更多的寄存器，也就是用空间换时间；同时也会出现很多相关的副作用，被称为流水线冒险（HaZard），处理器中的冒险有以下 3 类。

1）结构冒险

由于处理器资源冲突，而无法实现某些指令或者阶段的组合实现，就称为处理器有结构冒险。比如，早期的处理器中，程序和数据是存储在一起的，当 IF 和 MEM 同时访问存储器导致有一个操作要等待，此时结构冒险就出现了。现在的处理器已经解决了该问题，指令存储在 L1P Cache 中，数据存储在 L1D Cache 中，单独访问，不会影响相互操作。

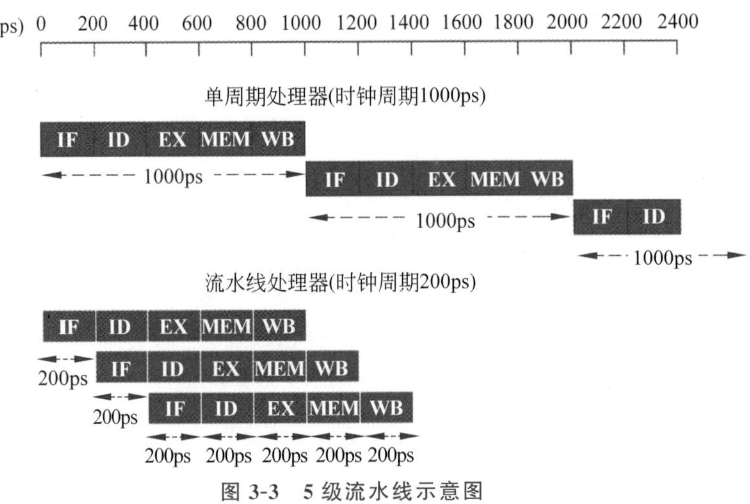

图 3-3 5 级流水线示意图

2）数据冒险

如果流水线中原来有先后顺序的指令在同一时刻处理时，可能会导致出现访问错误的数据的情况。比如，指令 1 将寄存器 R2、R3 的和赋予 R1，改变 R1 的值；而紧接着将 R1、R4 的和赋予 R5 则会使用 R1 的值，可是 R1 必须在指令 1 的第 5 级才能更新到寄存器中，指令 2 在第 4 级就要访问 R1，也就是说指令 2 此时在使用错误的 R1 的值，数据冒险就出现了。

最简单的处理方法是在两条指令中添加一条空指令—NOP，但是会影响处理器的指令的执行效率。在现代处理器技术中，已经用 forwarding 或 bypassing 的方式解决了如果处理器在检测到当前指令的源操作数正好在流水线的 EX 或者 MEM 阶段，直接将 EX 和 MEM 寄存器的值传递给 ALU 的输入，而不再从寄存器堆中获取数据，因为此时寄存器堆中的数据可能是没有被及时更新的。当然，不仅在 EX 阶段出现这种问题，在 MEM 阶段也容易出现。

3）控制冒险

流水线执行指令时，由于并行处理的关系，后面很多指令其实都在流水线中开始处理，包括预取值和译码。那么，如果此时程序中出现一条跳转语句怎么办？在流水线中，多条指令是并行执行的，在指令 1 执行的时候，后续的指令 2 和指令 3 可能已经完成 IF 和 ID 两个阶段等待被执行，此时如果指令 1 跳到其他地方，那么指令 2 和指令 3 的 IF 和 ID 就是无用功了，此时出现了控制冒险。这种情况对于程序和效率来说存在很大损失。

当然，简单的解决方法是在 Jump 指令后面(不会被真正使用，但是会进入流水线)添加空指令，在 MIPS 程序中，经常在 Jump 指令后面添加空指令，更好的方法是采用预测进行判断。

解决方法就是使用分支预测技术，通过预测的方式获取分支指令下一条指令的取值。分支预测技术分为静态分支预测和动态分支预测。静态分支预测如规定向后跳转的分支指令总是预测为跳，否则总是预测为不跳。动态分支预测即根据以往的跳转记录来判断当前是否应跳转。

3.1.3 寻址和存储器设计

CPU 内部的核心组件有各类寄存器、控制单元(CU)、逻辑运算单元(ALU)、高速缓存。

CPU 和外部交互的交通大动脉就是 3 种总线，即地址总线、数据总线和控制总线，I/O 设备、RAM 通过 3 种总线和 CPU 实现功能交互。

地址总线(Address Bus)：当 CPU 要处理数据时，首先地址总线会根据要处理的数据地址在内存中找到要处理的数据，然后再对其进行相应处理。也就是说，地址总线的宽度决定 CPU 能够处理的数据地址的总量大小。由于地址总线总是由 CPU 发起的寻址要求，因此数据总线只能由 CPU 主动向外部寻找它所需要的地址，而不能被外部的 I/O 设备主动使用。因此，地址总线是单向(只能由 CPU 主动去读而不会对其进行写)三态(即高电平、低电平、高阻态)的。

数据总线(Data Bus)：当 CPU 需要读取或写入数据的时候由地址总线先去寻址，然后再由数据总线对读到的地址进行读或写操作(CPU 一次读写的数据总量由数据总线的宽度决定)，最终实现 CPU 所要实现的相应功能。由于 CPU 会通过数据总线对所要处理的地址进行读和写两种操作，因此，数据总线是双向三态的。

控制总线(Control Bus)：当 CPU 要对外部的外设(I/O 设备或内存)进行操作的时候，控制总线会对相应的外设发出相应的控制指令，然后再由数据总线对其进行操作。由于控制总线要对所有的外设进行控制，因此，它是双向的且十分灵活，而其总线的宽度也是不确定的，主要由外设的数量决定其宽度。

CPU 在处理数据时其实是要先由控制总线发送控制指令，然后再对外设(这里的外设包括 I/O 设备和内存)进行寻址操作，只有找到要操作的硬件或内存的地址之后才能对其进行相应操作。而这个寻址方式是由 CPU 对地址的编址方式决定的。而编址方式就分为统一编址和独立编址。

统一编址是当 CPU 要对 I/O 设备进行操作时，就直接由地址总线进行寻址，因为地址总线的宽度是一定的，也就是所寻址的范围是一定的。而如果由它直接对 I/O 设备进行寻址，那势必会占用有限的地址，进而导致对其能够操作的内存大小就会有所限制。这也导致地址总线所能寻到的内存地址并不和自己的总线宽度对应。(假如一个 32 位宽度的地址总线本来可以寻址 4GB 的内存地址，但是由于一部分外设占用了部分地址，因此它所能使用的内存就会小于 4GB。)

独立编址是指 CPU 在对 I/O 设备进行操作时会有专门的操作指令，而不会用内存操作指令，这样就会使地址总线仅服务于内存，而不会被其他 I/O 外设占用，也因此会使内存的大小等于地址总线的宽度。

在存储器设计思想上，有两种结构——冯·诺依曼结构和哈佛结构，其示意图如图 3-4 所示。

冯·诺依曼结构，也叫普林斯顿结构，指令和数据是不加区别地混合存储在同一个存储器中的，共享数据总线。指令和数据地址指向同一个存储器的不同物理位置，指令和数据的宽度相同。由于指令和数据放在同一个存储器中，因此冯·诺依曼结构中不能同时获取指令和数据。又由于存储器的速度远低于 CPU 的速度，从而使 CPU 与存储器

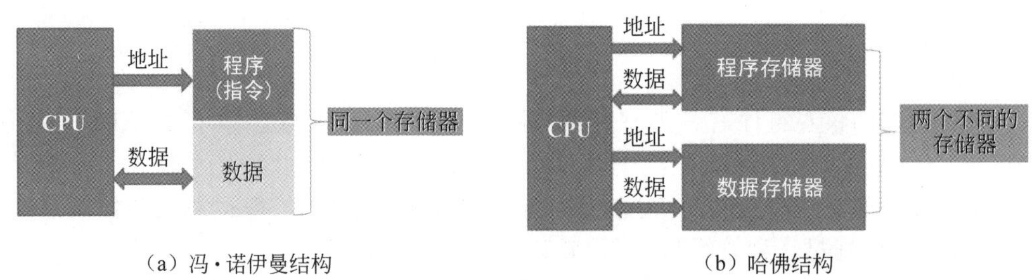

(a) 冯·诺伊曼结构　　(b) 哈佛结构

图 3-4　冯·诺依曼结构和哈佛结构

交换数据成了影响高速计算和系统性能的瓶颈。冯·诺依曼结构则是将逻辑代码段和变量统一存储在内存中,它们之间一般是按照代码的执行顺序依次存储。这样就会导致一个问题,如果当程序出现 BUG 时,由于程序没有对逻辑代码段的读/写限定,将拥有和普通变量一样的读/写操作权限,因此一旦逻辑执行出现问题就容易死机。但是,冯·诺依曼结构的好处是可以充分利用有限的内存空间,并且会使 CPU 对程序的执行方便。

哈佛结构,指令和数据是完全分开的,存储器分为程序存储器和数据存储器。哈佛结构至少拥有 2 组总线,即程序存储器的数据总线和地址总线,数据存储器的数据总线和地址总线,这种分开的程序总线和数据总线,可允许同时获取指令字(来自程序存储器)和操作数(来自数据存储器),是互不干扰。这意味着在一个机器周期内可以同时准备好数据和指令,本条指令执行时可以预取下一条指令,所以哈佛结构的 CPU 具有较高的执行效率。同时由于指令和数据分开存放,可以使指令和数据有不同的宽度。(例如,51 单片机的程序的逻辑代码段放在 ROM 中,而变量部分则放在 ROM 中;而 ARM 的逻辑代码和变量都存放在 RAM(内存)中,但是,它在内存中划分了两部分空间,其中一部分是逻辑代码,另一部分是变量,二者之间不会相互干扰)。哈佛结构的优点就是逻辑代码和变量单独存放,不会相互干扰,因而当程序出现 BUG 时,最多只会修改变量的值,而不会修改程序的执行顺序(即逻辑关系)。

许多现代微型计算机的高速缓冲存储器采用哈佛结构,将 Cache 分为指令 Cache 和数据 Cache,而主存采用冯·诺依曼结构,只有一个存储器,由数据和指令混用。因此,将哈佛结构和冯·诺依曼结构结合,不仅可以提高主存的利用率,而且可以提高程序执行的效率,缩短指令执行的时钟周期。

3.1.4　RISC 和 CISC 的区别

1. RISC 和 CISC 指令集的区别

RISC 处理器减少了指令种类,RISC 的指令种类只提供简单的操作,使一个周期就可以执行一条指令。编译器或者程序员通过几条简单指令的组合实现一个复杂的操作(如除法操作)。RISC 采用定长指令集,每条指令的长度都是固定的,允许流水线在当前指令译码阶段去取其下一条指令;而在 CISC 处理器中,指令长度通常不固定,执行也需要多个周期。因此,CISC 强调硬件的复杂性,RISC 注重编译器的复杂性,如图 3-5 所示。

2. RISC 和 CISC 流水线的区别

RISC 指令的处理过程被拆分成几个更小的、能够被流水线并行执行的单元。在理想情况下,流水线每周期前进一步,可获得最高的吞吐率;而 CISC 指令的执行需要调用

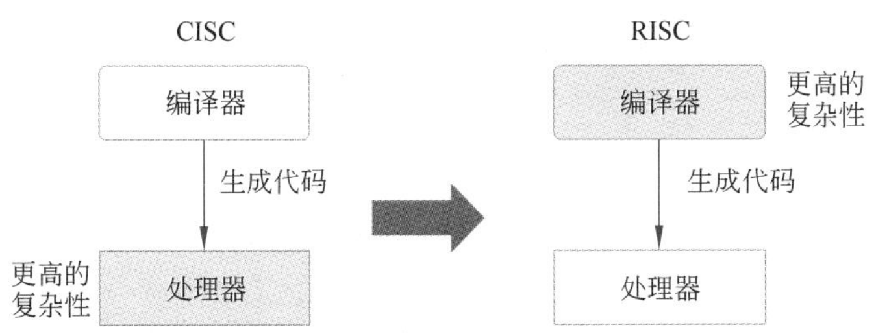

图 3-5 RISC 和 CISC 的区别

微代码的一个微程序。

3. RISC 和 CISC 寄存器的区别

RISC 处理器拥有更多的通用寄存器，每个寄存器都可存放数据或地址。寄存器可为所有的数据操作提供快速的局部存储访问，而 CISC 处理器都是用于特定目的的专用寄存器。

4. RISC 和 CISC 读取方式的区别

RISC 和 CISC

RISC 处理器只处理寄存器中的数据。独立的 load 和 store 指令用来完成数据在寄存器和外部存储器之间的传送。因为访问存储器很耗时，所以把存储器访问和数据处理分开。可反复地使用保存在寄存器中的数据，避免多次访问存储器，从而达到提高程序执行性能的目的。CISC 处理器能够直接处理存储器中的数据。

下节介绍的 ARM 处理器体系结构就属于 RISC 体系结构，RISC 的特点可以归纳如下。

- 指令数目少，采用相同的字节长度。
- 寻址方式简化，大部分使用寄存器寻址方式。
- 主要采用寄存器间的数据操作。
- 简化处理器结构，特别是控制器的设计。
- 使用处理器并行技术，适合流水线、超级流水线和超标量技术。

因此，基于此类体系结构的处理器更适合嵌入式系统。

3.2 ARM 处理器体系结构

3.2.1 ARM 简介

ARM 是 Advanced RISC Machines 的缩写，是一家微处理器行业的知名企业，该企业设计了大量高性能、廉价、耗能低的 RISC 处理器。ARM 公司的特点是只设计芯片，而不生产。它将技术授权给世界许多著名的半导体、软件和 OEM 厂商，并提供服务，图 3-6 展示了 ARM 的众多授权厂商。

ARM 处理器的应用非常广泛，包括以下几个领域。

1. 工业控制领域

作为 32 位的 RISC 架构，基于 ARM 微处理器核的微控制器芯片不但占据高端微控制器市场的大部分市场份额，同时也逐渐向低端微控制器应用领域扩展，ARM 微控制器

图 3-6 ARM 内核 IP 授权分布

的功耗低、性价比高,向传统的 8 位/16 位微控制器提出了挑战。

2. 无线通信领域

目前已有超过 85%的无线通信设备采用 ARM 技术,ARM 以其高性能和低成本的优势,在该领域的地位日益巩固。

3. 网络应用

随着宽带技术的推广,采用 ARM 技术的 ADSL 芯片正逐步获得竞争优势。此外,ARM 在语音及视频处理上进行了优化,并获得广泛支持,也对 DSP 的应用领域提出了挑战。

4. 消费类电子产品

ARM 技术在数字音频播放器、数字机顶盒和游戏机中广泛采用。

5. 成像和安全产品

现在流行的绝大部分数码相机和打印机中采用 ARM 技术,手机中的 32 位 SIM 智能卡也采用了 ARM 技术。

ARM 体系结构为嵌入式系统发展商提供很高的系统性能,同时保持优异的功耗和面积效率。

ARM 体系结构

3.2.2 ARM 体系结构版本

ARM 体系结构为满足 ARM 合作者及设计领域的一般需求正稳步发展。目前,ARM 体系结构共定义了 9 个版本,从版本 1 到版本 9,ARM 体系的指令集功能不断扩大,不同系列的 ARM 处理器,性能差别很大,应用范围和对象也不尽相同,但是,如果是相同的 ARM 体系结构,那么基于它们的应用软件是兼容的。

1. 版本 1(v1)

该版本的 ARM 体系结构,只有 26 位的寻址空间,没有商业化,其特点如下。

- 基本的数据处理指令(不包括乘法)。

- 字节、字和半字加载/存储指令。
- 具有分支指令,包括在子程序调用中使用的分支和链接指令。
- 在操作系统调用中使用的软件中断指令。
- 寻址空间为64MB。

2. 版本2(v2)

该版架构对v1版进行了扩展,如ARM2和ARM3(v2a)架构,包含对32位乘法指令和协处理器指令的支持。同样为26位寻址空间,现在已被废弃不再使用,它相对v1版本有以下改进。

- 具有乘法和乘加指令。
- 支持协处理器。
- 快速中断模式中的两个以上的分组寄存器。
- 具有原子性加载/存储指令SWP和SWPB。
- 寻址空间为64MB。

3. 版本3(v3)

ARM作为独立的公司,在1990年设计的第一个微处理器采用的是版本3的ARM6。它作为IP核、独立的处理器、具有片上高速缓存、MMU和写缓冲的集成CPU。变种版本有3G和3M。版本3G是不与版本2a向前兼容的版本3,版本3M引入有符号和无符号数乘法和乘加指令,这些指令产生全部64位结果。v3版架构(目前已废弃)对ARM体系结构作了较大的改动,具体包括以下内容。

- 寻址空间增至32位(4GB)。
- 分开的当前程序状态寄存器(CPSR)和备份的程序状态寄存器(SPSR)。
- 增加了两种异常模式,使操作系统代码可方便地使用数据访问中止异常、指令预取中止异常和未定义指令异常。
- 增加了MRS/MSR指令,以访问新增的CPSR/SPSR。
- 增加了从异常处理返回的指令功能。

4. 版本4(v4)

v4版架构在v3版上作了进一步扩充,v4版架构是目前应用较广的ARM体系结构,ARM7、ARM8、ARM9和StrongARM都采用该架构。v4不再强制要求与26位地址空间兼容,而且还明确哪些指令会引起未定义指令异常。指令集中增加了以下功能。

- 符号化和非符号化半字及符号化字节的存/取指令。
- 增加了T变种,处理器可工作在Thumb状态,增加了16位Thumb指令集。
- 完善了软件中断(SWI)指令的功能。
- 处理器系统模式引进特权方式时使用用户寄存器操作。
- 把一些未使用的指令空间捕获为未定义指令。

5. 版本5(v5)

v5版架构是在v4版基础上增加一些新的指令,ARM10和Xscale都采用该版架构。这些新增命令如下。

- 带有链接和交换的转移(BLX)指令。
- 计数前导零(CLZ)指令,中断(BRK)指令。

- 增加了数字信号处理指令(V5TE 版)。
- 为协处理器增加更多可选择的指令。
- 改进了 ARM/Thumb 状态之间的切换效率。
- E 变种—增强型 DSP 指令集,包括全部算法操作和 16 位乘法操作。

6. 版本 6(v6)

v6 版架构是 2001 年发布的,首先在 2002 年春季发布的 ARM11 处理器中使用。在降低耗电量的同时,还强化了图形处理性能。通过追加有效进行多媒体处理的单指令多数据(Single Instruction,Multiple Data,SIMD)功能,将语音及图像的处理功能提高到原型机的 4 倍。此架构在 v5 版基础上增加了以下功能。

- THUMBTM:35%代码压缩。
- DSP 扩充:高性能定点 DSP 功能。
- JazelleTM:Java 性能优化,可提高 8 倍。
- Media 扩充:音/视频性能优化,可提高 4 倍。

7. 版本 7(v7)

ARMv7 架构是在 ARMv6 架构的基础上诞生的,为 Cortex 系列内核使用,包括 A 系列、R 系列和 M 系列。

(1) Cortex-A(Application),主要高性能的处理器,相比于其他两种处理器,其特点是增加了内存管理单元(MMU),对于运行大型的应用操作系统,MMU 是必不可少的元件。

(2) Cortex-R(Real time),实时性代表的是处理时间上的确定性和低延迟,即一个操作可以在指定的短时间内完成,MMU 引入的地址转换通常不能满足其实时性的要求,所以 R 系列处理器并不挂载 MMU。

(3) Cortex-M(Microcontroller),微控制器,主打中低端市场,其特点在于低功耗、低成本,相对的高性能,在中低端市场,性价比通常是一个主要的衡量因素。

该架构采用了 Thumb-2 技术,它是在 ARM 的 Thumb 代码压缩技术的基础上发展起来的,并且保持了对现存 ARM 解决方案的完整的代码兼容性。Thumb-2 技术比纯 32 位代码少使用 31%的内存,减少了系统开销。同时,能够提供比已有的基于 Thumb 技术的解决方案高出 38%的性能。ARMv7 架构还采用了 NEON 技术,将 DSP 和媒体处理能力提高了近 4 倍,并支持改进的浮点运算,满足下一代 3D 图形、游戏物理应用以及传统嵌入式控制应用的需求。此外,ARMv7 还支持改良的运行环境,以迎合不断增加的 JIT(Just In Time)和 DAC(Dynamic Adaptive Compilation)技术的使用。

8. 版本 8(v8)

ARMv8 引入可用的 64 位和 32 位执行状态(Execution state),分别称为 AArch64 和 AArch32。AArch64 执行状态支持 A64 指令集,可以在 64 位寄存器中保存地址,并允许基本指令集中的指令使用 64 位寄存器进行处理。AArch32 执行状态是一个 32 位执行状态,它保留了与 Armv7-A 体系结构的向后兼容性,并增强了该体系结构,可以支持 AArch64 状态中包含的某些功能。它支持 T32 和 A32 指令集。

这是 ARM 公司的首款支持 64 位指令集的处理器架构。ARM 在 2012 年时推出基于 ARMv8 架构的处理器内核并开始授权,而面向消费者和企业的样机于 2013 年在苹果的A7处理器上首次应用。ARMv7架构的主要特性在ARMv8架构中得以保留并进一步拓展,如TrustZone技术、虚拟化技术及NEON Advanced SIMD技术等。

9. 版本9(v9)

ARM在2021年正式发布了ARMv9,它在兼容ARMv8的基础上,继续使用AArch64作为基准指令集,保持向下兼容性,在此基础上分别在安全性、AI与ML以及可伸缩向量扩展和DSP上做出改进,扩展了应用范围。不再局限于移动/嵌入式市场,未来将发力PC、HPC高性能计算、深度学习等新市场,以满足全球对功能日益强大的安全、人工智能和无处不在的专用处理的需求。

ARMv9架构引入ARM机密计算体系结构(Confidential Compute Architecture,CCA)重新设计安全应用程序的工作方式。机密计算通过打造基于硬件的安全运行环境执行计算,保护部分代码和数据,免于被存取或修改,甚至不受特权软件的影响。

在机器学习方面,ARMv9架构支持BFloat16格式,从而更好地支撑Int8计算和BFloat16的机器学习;可伸缩向量扩展2(SVE2)的引入,则能更好地帮助开发者对高阶的应用场景进行开发,在处理5G、虚拟现实和增强现实以及图像和语音识别等任务负载时具有很大增益。ARM体系结构版本对应的处理器内核如表3-1所示。

表3-1 ARM体系结构版本对应的处理器内核

体系结构	内核
v1	ARM1
v2	ARM2
v2a	ARM2aS,ARM3
v3	ARM6,ARM600,ARM610
v4	ARM7,ARM700,ARM710
v4T	ARM7TDMI,ARM710T,ARM720T,ARM740T
v5	Strong ARM,ARM8,ARM810
v5T	ARM9TDMI,ARM920T,ARM940T
v5TE	ARM9E-S,ARM10TDMI,ARM1020E
v6	ARM11,ARM1156T2-S,ARM1156T2F-S,ARM1176JZ-S,ARM11JZF-S
v7	ARM Cortex-A5,7,8,9,12,15;Cortex-R4,5,6;Cortex-M3,4
v8	ARM Cortex-A57,ARM Cortex-A72,ARM Cortex-A73
V9	ARM Cortex-X2,ARM Cortex-A710

ARM处理器为RISC芯片,其简单的结构使ARM内核非常小,这使得器件的功耗也非常低。它具有经典RISC的特点。为了使ARM指令集能够更好地满足嵌入式应用的需要,ARM指令集和单纯的RISC定义有以下几个方面的不同。

- 一些特定的指令周期数可变。
- 内嵌桶形移位器产生了更为复杂的指令。
- Thumb 16位指令集。
- 条件执行。

3.2.3 ARM体系结构下处理器系列

1. ARM处理器变种

ARM每个系列都提供了一套特定的性能满足设计者对功耗、性能和体积的需求。在ARM体系中增加的某些特定功能称为ARM体系的某种变种(variant)。

1) Thumb指令集(T变种)

Thumb指令集是将ARM指令集的一个子集重新编码而形成的一个指令集。ARM指令长度为32位,Thumb指令长度为16位。

与ARM指令集相比,Thumb指令集具有一定的局限性,即完成相同的操作,Thumb指令通常需要更多的指令。因此,在对系统运行时间要求苛刻的应用场合,ARM指令集更适合。

Thumb指令集不包含进行异常处理时需要的一些指令,所以在异常中断的低级处理时,还是需要使用ARM指令。这种限制决定了Thumb指令需要和ARM指令配合使用。

2) 长乘法指令(M变种)

M变种增加了两条用于进行长乘法操作的ARM指令:其中一条指令用于实现32位整数乘以32位整数,生成64位整数的长乘法操作;另一条指令用于实现32位整数乘以32位整数,然后再加上32位整数,生成64位整数的长乘加操作。

在需要长乘法的应用场合,使用M变种比较合适。然而,在有些应用场合,乘法操作的性能并不重要,在系统实现时就不适合增加M变种的功能。

3) 增强型DSP指令(E变种)

E变种包含一些附加的指令,这些指令用于增强处理器对一些典型DSP算法的处理性能,主要包括几条新的实现16位数据乘法和乘加操作的指令,实现饱和的带符号数的加减法操作的指令。

饱和的带符号数的加减法操作是在加减法操作溢出时,结果并不进行卷绕(wrapping around),而是使用最大的正数或最小的负数表示。进行双字数据操作的指令,包括双字读取指令LDRD、双字写入指令STRD和协处理器的寄存器传输指令MCRR/MRRC、Cache预取指令PLD。

4) Java加速器Jazelle(J变种)

ARM的Jazelle技术将Java的优势和先进的32位RISC芯片完美地结合在一起。Jazelle技术提供了Java加速功能,可以得到比普通Java虚拟机高得多的性能。与普通的Java虚拟机相比,Jazelle使Java代码运行速度提高3倍,功耗降低80%。

Jazelle技术使程序员可以在一个单独的处理器上同时运行Java应用程序、已经建立好的操作系统、中间件以及其他应用程序。与使用协处理器和双处理器相比,使用单独的处理器可以在提供高性能的同时,保证低功耗和低成本。

5) ARM媒体功能扩展(SIMD变种)

ARM媒体功能扩展为嵌入式应用系统提供了高性能的音频/视频处理技术。这就要求处理器能够提供很强的数字信号处理能力,同时还必须保持低功耗,以延长电池的使用时间。ARM的SIMD媒体功能扩展为这些应用需求提供了解决方案。

SIMD 变种的主要特点是：可以同时进行两个 16 位操作数或者 4 个 8 位操作数的运算，提供了小数算术运算，用户可以定义饱和运算的模式，两套 16 位操作数的乘加/乘减运算，32 位乘以 32 位的小数 MAC，同时 8 位/16 位选择操作。

ARM 对处理器体系结构的命名规则为 ARM[x][y][z][T][D][M][I][E][J][F][-S]，这些后缀的含义如下。

x：系统，如 ARM7、ARM9。

y：存储管理/保护单元。

z：Cache。

T：Thumb 16 位译码器(T 变种)。

D：JTAG 调试器。

M：长乘法指令(M 变种)。

I：嵌入式跟踪宏单元。

E：增强型 DSP 指令(E 变种)。

J：Java 加速器 Jazelle(J 变种)。

F：向量浮点单元。

S：可综合版本。

ARM7TDMI 之后的所有 ARM 内核，即使"ARM"标志后没有包含"TDMI"字符，也都默认包含 TDMI 的功能特性。

JTAG 是由 IEEE 1149.1 标准测试访问端口和边界扫描结构描述的，是 ARM 用来发送和接收处理器内核与测试仪器之间调试信息的一系列协议。

嵌入式 ICE 宏单元是建立在处理器内部用来设置断点和观察点的调试硬件。

可综合版本意味着处理器内核是以源代码形式提供的。这种源代码形式可被编译成一种易于 EDA 工具使用的形式。

2. ARM 处理器系列

ARM 微处理器目前包括下面几个系列，以及其他厂商基于 ARM 体系结构的处理器，除具有 ARM 体系结构的共同特点外，每个系列的 ARM 微处理器都有各自的特点和应用领域。

- ARM7 系列。
- ARM9 系列。
- ARM9E 系列。
- ARM10/10E 系列。
- ARM11 系列。
- SecurCore 系列。
- Xscale 处理器。
- StrongARM 系列微处理器。
- Cortex 系列处理器。

1）ARM7 系列微处理器

ARM7 内核采用冯·诺依曼体系结构，数据和指令使用同一条总线。内核有一条 3 级流水线，执行 ARMv4 指令集。该系列包括 ARM7TDMI、ARM7TDMI-S、带有高速缓存处理器宏单元的 ARM720T 和扩充了 Jazelle 的 ARM7EJ-S。该系列处理器提供 Thumb 16 位压缩指令集和 EmbeddedICE 软件调试方式,适用于更大规模的 SoC 设计中。

ARM7 系列微处理器主要用于对功耗和成本要求比较苛刻的消费类产品,其最高主频可达 130MIPS。

ARM7 系列微处理器的主要应用领域为工业控制、Internet 设备、网络和调制解调器设备、移动电话、PDA 等多种多媒体和嵌入式应用。

2) ARM9 系列微处理器

ARM9 系列采用 5 级指令流水线,能够运行在比 ARM7 更高的时钟频率上,改善处理器的整体性能。ARM9 的存储器系统根据哈佛体系结构重新设计,区分了数据总线和指令总线。

ARM9 系列的第一个处理器是 ARM920T,包含独立的数据指令 Cache 和 MMU。该处理器能够被用在要求有虚拟存储器支持的操作系统上。该系列包括 ARM9TDMI、ARM920T 和带有高速缓存处理器宏单元的 ARM940T。除了兼容 ARM7 系列,而且能够更加灵活地设计。

ARM9 系列微处理器主要应用于无线设备、引擎管理、仪器仪表、安全系统、机顶盒、汽车、通信和信息系统高端打印机、数字照相机和数字摄像机等。

3) ARM9E 系列微处理器

ARM9E 系列微处理器是 ARM9 内核带有 E 变种的一个可综合版本,使用单一的处理器内核提供了微控制器、DSP、Java 应用系统的解决方案,极大地减少芯片的面积和系统的复杂程度。ARM9E 系列微处理器提供了增强的 DSP 处理能力,很适合于那些需要同时使用 DSP 和微控制器的应用场合。

ARM9E 系列微处理器包含 ARM926EJ-S、ARM946E-S 和 ARM966E-S 3 种类型。

4) ARM10/10E 系列微处理器

ARM10E 系列微处理器具有高性能、低功耗的特点,由于采用新的体系结构和 6 级整数流水线,与同等的 ARM9 器件相比,在同样的时钟频率下,性能提高近 50%。同时,ARM10E 系列微处理器采用了两种先进的节能方式,使其功耗极低,且提供了 64 位的 Load/Store 体系,支持包括向量操作的、满足 IEEE 754 的浮点运算协处理器,系统集成更加方便。

ARM10 系列包括 ARM1020 和 ARM1020E 处理器核,其核心在于使用向量浮点(VFP)单元 VFP10 提供高性能的浮点解决方案,从而极大提高处理器的整型和浮点运算性能。ARM10 系列微处理器可以用于视频游戏机和高性能打印机等场合。

5) ARM11 系列微处理器

ARM1136J-S 发布于 2003 年,是针对高性能和高能效应而设计的。ARM1136J-S 是第一个执行 ARMv6 架构指令的处理器。它集成了一条具有独立的 Load/Store 和算术流水线的 8 级流水线。ARMv6 指令包含了针对媒体处理的单指令流多数据流扩展,采用特殊的设计改善视频处理能力。

ARM11 系列微处理器是 ARM 公司 2002 年推出的新一代 RISC 处理器,它是 ARMv6 指令架构的第一代设计实现。该系列主要有 ARM1136J、ARM1156T2 和 ARM1176JZ 3 个内核型号,分别针对不同应用领域。ARM11 系列微处理器内核适合新一代消费类电子、无线设备、网络应用和汽车电子产品等需求。

6）SecurCore 系列微处理器

SecurCore 系列微处理器专为安全需要而设计，提供了完善的 32 位 RISC 技术的安全解决方案。SecurCore 系列微处理器除具有 ARM 体系结构的低功耗、高性能的特点外，还具有其独特的优势，提供对安全解决方案的支持。

该系列涵盖 SC100、SC110、SC200 和 SC210 处理器核。该系列处理器主要针对新兴的安全市场，以一种全新的安全处理器设计为智能卡和其他安全 IC 开发提供独特的 32 位系统设计，并具有特定的反伪造方法，从而有助于防止对硬件和软件的盗版。

SecurCore 系列微处理器除具有 ARM 体系结构的各种主要特点外，还在系统安全方面具有如下特点。

- 带有灵活的保护单元，以确保操作系统和应用数据的安全。
- 采用软内核技术，防止外部对其进行扫描探测。
- 可集成用户自己的安全特性和其他协处理器。

7）Xscale 处理器

Xscale 处理器是基于 ARMv5TE 体系结构的解决方案，是一款全性能、高性价比、低功耗的处理器。它支持 16 位的 Thumb 指令和 DSP 指令集，已使用在数字移动电话、个人数字助理和网络产品等场合。

Xscale 处理器是 Intel 目前主要推广的一款 ARM 微处理器。

Intel Xscale 体系架构是采用 Intel Pentium 技术实现的，是与 ARMv5 兼容的嵌入式微处理器架构。它提供全性能、高性价比、低功耗的解决方案，支持 16 位 Thumb 指令并集成数字信号处理(DSP)指令。

Xscale 体系结构微控制器主频可高达 1GHz，其设计目标是"面向特定应用的标准产品"，目前已经用于移动电话、PDA 及网络设备中。

8）StrongARM 系列微处理器

Intel StrongARM SA-1100 处理器是采用 ARM 体系结构高度集成的 32 位 RISC 微处理器。它融合了 Intel 公司的设计和处理技术以及 ARM 体系结构的电源效率，采用在软件上兼容 ARMv4 体系结构、同时采用具有 Intel 技术优点的体系结构。

Intel StrongARM 处理器是便携式通信产品和消费类电子产品的理想选择，已成功应用于多家公司的掌上电脑系列产品。

9）Cortex 系列处理器

Cortex 系列处理器发布于 2004 年，是基于 ARMv7 架构的，分为 Cortex-M、Cortex-R 和 Cortex-A 3 类。最早的型号是 Cortex-M3，Cortex-A8 内核于 2005 年 10 月 4 日发布，随后 ARM 在 2006 年 5 月 15 日发布 Cortex-R4 内核。

3.3 ARM Cortex-A8 内核

ARM Cortex-A8 处理器是第 1 款基于 ARMv7 架构的应用处理器，处理器的主频在 600MHz～1GHz，既能满足低功耗移动设备的要求，又能满足需要高性能的消费类应用的要求。从高端特色手机到上网本、DTV、打印机和汽车信息娱乐，Cortex-A8 处理器都提供了可靠的高性能解决方案,在如今的终端设备中得到验证。

3.3.1 Cortex-A8 概述

图 3-7 为 ARM Cortex-A8 处理器内核,其主要特点和相关技术介绍如下。

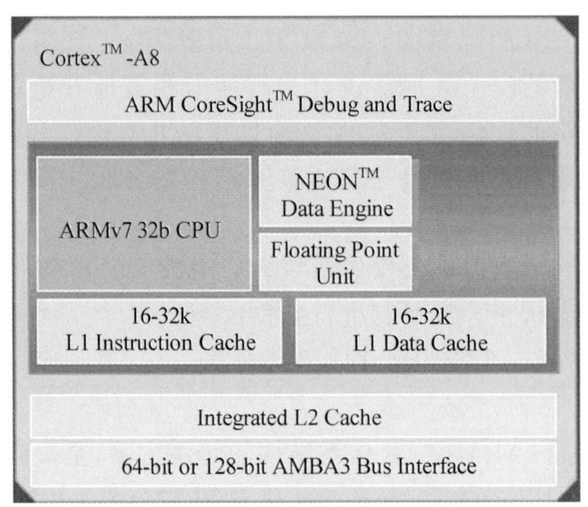

图 3-7 ARM Cortex-A8 处理器内核

1. ARMv7 架构规范

ARMv7 架构规范包括 32 位 ARM 指令集,并采用了实现更高的性能、能量效率和代码密度的 Thumb-2 技术,它是在 ARM 的 Thumb 代码压缩技术的基础上演进而来,并保持对当时 ARM 解决方案的代码兼容性。Thumb-2 技术比纯 32 位代码少使用 31% 的内存,减少了系统开销,同时能够提供比当时已有的基于 Thumb 技术的解决方案高出 38% 的性能。

2. NEON™ 数据引擎和 FP 单元

NEON 是一款 SIMD(单指令多数据)加速器处理器,其最大好处是如果想执行矢量操作,如视频编码/解码,则同时可以并行执行单精度浮点运算(浮点运算)。FP 是一个经典的浮点硬件加速器,并非并行架构,通常对一组输入执行一个操作并返回输出,其目的是加速浮点计算,它支持单精度浮点和双精度浮点。

采用 NEON 信号处理扩展,用于加速 H.264 和 MP3 等媒体编解码器,将 DSP 和媒体处理能力提高近 4 倍,并支持改良的浮点运算,能够满足 3D 图形、游戏物理应用以及传统嵌入式控制应用的需求。

NEON 单元包含一个 10 段 NEON 流水线,用于译码和执行高级 SIMD 多媒体指令集。NEON 单元包含以下几部分。

- NEON 指令队列。
- NEON 取数据队列。
- NEON 译码逻辑的两个流水线。
- 3 个用于高级 SIMD 整数指令的执行流水线。
- 2 个用于高级 SIMD 浮点数指令的执行流水线。
- 1 个用于高级 SIMD 和 FP 的存取指令的执行流水线。

• FP 引擎，可完全执行 FPv3 数据处理指令集。

3. 专用的 L2 缓存和优化的 L1 缓存

L2 缓存使用标准编译的 RAM 建立而成，64KB 到 2MB 的可配置容量，其访问延时可编程控制；L1 缓存经过性能和功耗的优化，结合最小访问延迟和散列确定方式，将性能最大化、功耗最小化。

4. Jazelle-Java 加速

采用了高效支持预编译和即时编译 Java 及其他字节码语言的 Jazelle®运行时编译目标(RCT)Java-加速技术，用于最优化即时(JIT)编译和动态自适应编译(DAC)，同时减少内存占用空间。Jazelle 技术是 ARM 提供的组合型硬件和软件解决方案。ARM Jazelle 技术软件是功能丰富的多任务 Java 虚拟机(JVM)，经过高度优化，可利用许多 ARM 处理器内核中提供的 Jazelle 技术体系结构扩展。

Cortex-A8 处理器中与 Jazelle 扩展体系结构相关的寄存器有 3 个。

1) Jazelle 标识寄存器(Jazelle Identity Register)

该寄存器为只读寄存器，在任何处理器模式和安全状态下均可访问，用于允许软件确认处理器是否实现了 Jazelle 扩展体系结构，正常情况下所读取的值为全零。

2) Jazelle 主配置寄存器(Jazelle Main Configuration Register)

该寄存器用于控制 Jazelle 扩展体系结构的特征。

3) Jazelle OS 控制寄存器(Jazelle OS Control Register)

该寄存器用于允许操作系统访问 Jazelle 扩展体系机构的硬件。

5. 13 级超标量流水线

ARM Cortex-A8 处理器复杂的流水线架构基于双对称的、顺序发射的、超标量 13 级主流水线，带有先进的动态分支预测，具有 95%以上准确性。10 级 NEON 媒体流水线，带有可编程的等待状态，以及基于全局历史的分支预测。结合功率优化的加载存储流水线，为功率敏感型应用提供 2.0 DMIPS/MHz 的速率。

6. AMBA 总线

ARM 研发的 AMBA(Advanced Microcontroller Bus Architecture)提供一种特殊的机制，可将 RISC 处理器集成在其他 IP 芯核和外设中。

AMBA 的 4 个版本如下。

AMBA 1：只有高级系统总线协议(Advanced System Bus，ASB)和高级外围总线协议(Advanced Peripheral Bus，APB)。

AMBA 2：引入高级高性能总线协议(Advanced High-performance Bus，AHB)，用于高速数据传输。

AMBA 3：为适应高吞吐量传输和调试引入高级可拓展接口(Advanced eXtensible Interface，AXI)和高级跟踪总线(Advanced Trace Bus，ATB)，而 AHB 协议缩减为 AHB-lite，APB 协议增加了 PREADY 和 PSLVERR，ASB 由于设计复杂而不再使用；AXI 是系统总线的主要接口，64 位或 128 位，用于执行 L2 Cache 的填充和 L1 Cache 指令和数据的访问。AXI 总线时钟和 CLK 输入同步，可以通过 ACLKEN 信号使能。

AMBA 4：AXI 得到了增强，引入 QOS 和 long burst 的支持，根据应用不同可选 AXI4、AXI4-lite、AXI4-stream，同时为满足复杂 SoC 的操作一致性引入 ACE(AXI

Coherency Extensions)和 ACE-lite 协议,APB 和 ATB 也同时得到增强。

7. CoreSight 片上调试和跟踪

随着 SoC 时代的来临和 Cache 的广泛使用,在处理器调试过程中片外仪器难以测量片内数据流和指令流,不得不以硅片面积为代价解决处理器运行状态的实时观测问题。越来越多的处理器厂商开始提供硬件片上 Trace 功能,片上 Trace 系统通过专用硬件非入侵地实时记录程序执行路径和数据读/写等信息,压缩成 Trace 数据流后,通过专用数据通道,输出端口传输至调试主机。该主机中的开发工具解压缩 Trace 数据流,恢复程序运行信息以供调试和性能分析。

1) CoreSight 介绍

图 3-8 是 CoreSight 系统的一个示例,包含两个 ARM 内核,一个 DSP,以及众多的 CoreSight 组件,实现对内核和 DSP 的 Debug 和 Trace 功能。

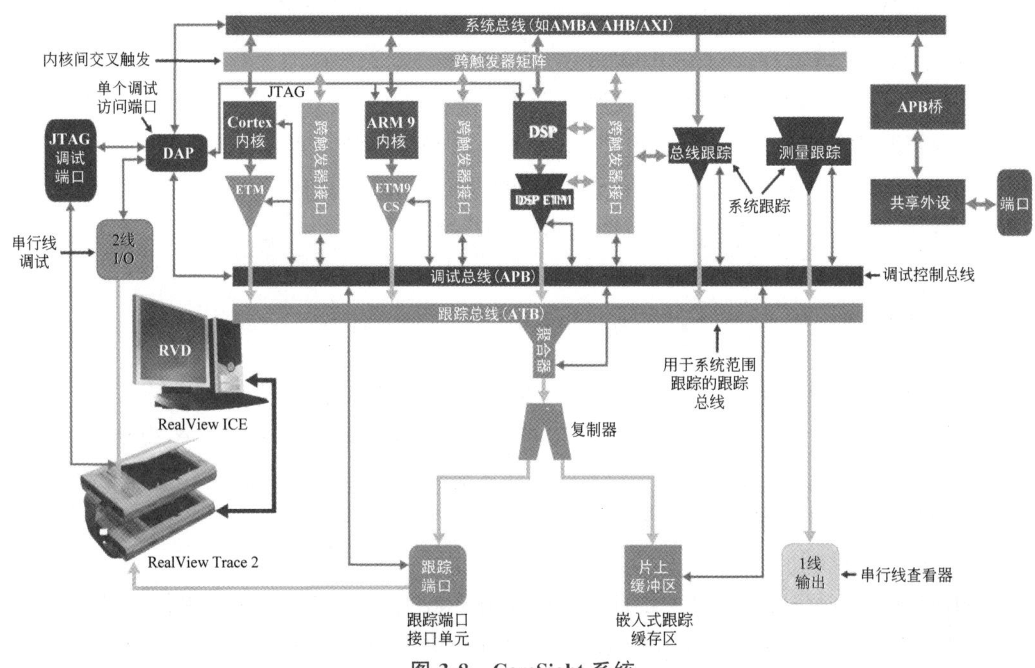

图 3-8 CoreSight 系统

ARM 的 CoreSight 是目前业界领先的多核片上 Trace 解决方案。CoreSight 体系结构非常灵活,其中各个部件可以根据不同处理器厂商的需要而进行组合,实现 Debug 和 Trace 的架构。该架构包含多个 CoreSight 组件。众多的 CoreSight 组件,构成了一个 CoreSight 系统。可以根据 CoreSight 架构,实现自己的 CoreSight 组件。每个 CoreSight 的组件,都要遵循 CoreSight 架构的要求。

2) CoreSight 组成

一个典型的 CoreSight 调试结构组成部分如下。

(1) 控制访问部件

控制访问部件配置和控制数据流的产生,但是不产生数据流。

DAP(Debug Access Port):可以实时访问 AMBA 总线上的系统内存,外设寄存器,以及所有调试配置寄存器,而不需挂起系统。

ECT(Embedded Cross Trigger)：包括CTI(Cross Trigger Interface)和CTM(Cross Trigger Matrix)，为ETM(Embedded Trace Macrocell)提供接口，用于将一个处理器的调试事件传递给另一个处理器。

(2) 源部件

源部件用于产生向ATB(AMBA Trace Bus)发送的跟踪数据，一般是APB总线。

HTM(AHB Trace Macrocell)：用于获取AHB总线跟踪信息，包括总线的层次、存储结构、数据流和控制流。

ETM(Embedded Trace Macrocell)：用于获取处理器核的跟踪信息。

(3) 汇聚点

汇聚点是芯片上跟踪数据的终点。

TPIU(Trace Port Interface Unit)：将片内各种跟踪数据源获取的信息按照TPIU帧的格式进行组装，然后通过Trace Port传送到片外。

ETB(Embedded Trace Buffer)：一个32位的RAM，作为片内跟踪信息缓冲区。

SWO(Serial Wire Output)：类似TPIU，但仅输出ITM单元的跟踪信息，只需要一个引脚。

使用Trace Port接口进行调试还需要专用的跟踪器，ARM公司的开发工具RVDS中RVT(RealView Tracer)就是这种跟踪器。仿真器RealView ICE(In-Circuit Emulator)是一种基于JTAG的调试解决方案。

Cortex-A8处理器的主频在600MHz～1GHz，能够满足那些需要工作在300mW以下功耗优化的移动设备的要求。

3.3.2 Cortex-A8处理器模式和状态

1. 处理器模式

Cortex-A8体系结构支持8种处理器模式，如表3-2所示。

表3-2 Cortex-A8内核的8种处理器模式

<table>
<tr><th colspan="3">处理器模式</th><th>缩写</th><th>说明</th><th>备注</th></tr>
<tr><td colspan="2"></td><td>用户</td><td>usr</td><td>正常程序执行模式</td><td>不能直接切换到其他模式</td></tr>
<tr><td rowspan="8">特权模式</td><td></td><td>系统</td><td>sys</td><td>运行特权操作系统任务</td><td>与用户模式类似，但拥有可以直接切换到其他模式等特权</td></tr>
<tr><td rowspan="5">异常模式</td><td>管理</td><td>svc</td><td>操作系统保护模式</td><td>系统复位或软件中断时进入</td></tr>
<tr><td>数据中止</td><td>abt</td><td>实现虚拟存储器或存储器保护</td><td>当存取异常时进入</td></tr>
<tr><td>未定义</td><td>und</td><td>支持硬件协处理器的软件仿真</td><td>未定义指令异常响应时进入</td></tr>
<tr><td>中断</td><td>irq</td><td>用于通用中断处理</td><td>IRQ异常响应时进入</td></tr>
<tr><td>快中断</td><td>fiq</td><td>支持高速数据传送或通道处理</td><td>FIQ异常响应时进入</td></tr>
<tr><td></td><td>安全监视</td><td>Mon</td><td>当处理器支持Security Extensions时才会使用该模式</td><td>可以在安全模式和非安全模式下转换</td></tr>
</table>

除用户模式外，其他模式均为特权模式。ARM内部寄存器和一些片内外设在硬件

设计上只允许(或者可选为只允许)特权模式下访问。此外,特权模式可以自由地切换处理器模式,而用户模式不能直接切换到别的模式。

管理、数据中止、未定义、中断和快中断5种模式称为异常模式。它们除可以通过程序切换进入外,也可以由特定的异常进入。当特定的异常出现时,处理器进入相应的模式。每种异常模式都有一些独立的寄存器,以避免异常退出时用户模式的状态不可靠。

用户模式和系统模式都不能由异常进入,而且它们使用完全相同的寄存器组。

系统模式是特权模式,不受用户模式的限制。操作系统在该模式下访问用户模式的寄存器就比较方便,而且操作系统的一些特权任务可以使用这个模式访问一些受控的资源。

2. 处理器状态

Cortex-A8处理器有3种操作状态,这些状态由CPSR寄存器的T位和J位控制。

1) ARM状态

该状态下,Cortex-A8处理器执行32位字对齐的ARM指令,T位和J位都为0。

2) Thumb状态

该状态下,Cortex-A8处理器执行16位或32位半字对齐的Thumb2指令,T位为1,J位都为0。

3) ThumbEE状态

该状态下,Cortex-A8处理器执行为动态产生目标而设计的16位或32位半字对齐的Thumb2指令集的变体。T位和J位都为1。

处理器的操作状态可以在以下几种状态间转换。

ARM状态和Thumb状态之间转换使用BL和BLX指令,并加载到PC。

Thumb状态和ThumbEE状态之间转换使用ENTERX和LEAVEX指令。

异常会导致处理器进入ARM状态或Thumb状态。一般情况下,当退出异常处理时,处理器会恢复原来的T位和J位的值。

3.3.3 Cortex-A8寄存器组织

Cortex-A8寄存器组织

CPU寄存器是直接内置于CPU的小容量快速存储器,用于操作数据。ARM的CPU都是Load/Store架构,这意味着CPU上进行的计算都直接作用在寄存器上。首先CPU在进行计算之前从主存储器中读取数据到寄存器中,然后可能再将计算结果写回主存储器。没有任何指令操作直接作用于主存储器上的值,这避免了每次操作之后都要往主存储器中写数据的过程,另外也简化了流水线,这对RISC处理器来说是十分关键的。Cortex-A8处理器如图3-9所示。

Cortex-A8处理器共有40个32位长的寄存器,其中包括33个通用寄存器和7个状态寄存器。7个状态寄存器包括1个当前程序状态寄存器(Current Programs Status Register,CPSR)和6个备份程序状态寄存器(Saved Programs Status Register,SPSR)。仔细分析,大多数例程都可以用这40个寄存器创建,ARM处理器比其他处理器具有更多的寄存器。

1. 命名规则

ARM-Thumb过程调用标准(ARM-THUMB procedure call standard,ATPCS)规定

寄存器类别	寄存器在汇编中的名称	各模式下实际访问的寄存器							
		用户	系统	管理	数据中止	未定义	中断	快中断	安全监视
通用寄存器和程序计数器	R0(a1)	R0							
	R1(a2)	R1							
	R2(a3)	R2							
	R3(a4)	R3							
	R4(v1)	R4							
	R5(v2)	R5							
	R6(v3)	R6							
	R7(v4)	R7							
	R8(v5)	R8						R8_fiq	R8
	R9(SB,v6)	R9						R9_fiq	R9
	R10(SL,v7)	R10						R10_fiq	R10
	R11(FP,v8)	R11						R11_fiq	R11
	R12(IP)	R12						R12_fiq	R12
	R13(SP)	R13		R13_svc	R13_abt	R13_und	R13_irq	R13_fiq	R13_mon
	R14(LR)	R14		R14_svc	R14_abt	R14_und	R14_irq	R14_fiq	R14_mon
	R15(PC)	R15							
状态寄存器	R16(CPSR)	CPSR							
	SPSR	无		SPSR_svc	SPSR_abt	SPSR_und	SPSR_irq	SPSR_fiq	SPSR_mon

图 3-9 Cortex-A8 处理器

了应用程序的函数可以如何分开写，分开编译，最后将它们连接在一起，所以它实际上定义了一套有关过程(函数)调用者与被调用者之间的协议。为了使 C 语言程序和汇编程序之间能够互相调用，必须为子进程间的调用制定规则。

基本 ATPCS 规定了在子程序调用时的 3 个基本规则。

1) 寄存器的命名/使用规则

子程序通过寄存器 R0～R3 传递参数，作为参数、结果或临时寄存器，也可以记作 A1～A4，被调用的子程序在返回前无须恢复寄存器 R0～R3 的内容。

子程序使用寄存器 R4～R11 保存局部变量，作为变异寄存器，也可以记作 V1～V8。如果在子程序中使用寄存器 V1～V8 中的某些寄存器，子程序进入时必须保存这些寄存器的值，在返回前必须恢复这些寄存器的值；对于子程序中没有用到的寄存器则不必进行这些操作。在 Thumb 程序中，通常只能使用寄存器 R4～R7 保存局部变量。

寄存器 R12 用作过程调用时的临时寄存器(用于保存 SP，在函数返回时使用该寄存器出栈)，记作 IP。在子程序间的连接代码段中常采用这种规则。

寄存器 R13 用作数据栈指针，记作 SP。在子程序中寄存器 R13 不能用作其他用途。寄存器 SP 在进入子程序时的值和退出子程序时的值必须相等。

寄存器 R14 称为链接寄存器，记作 LR。它用于保存子程序的返回地址。如果在子程序中保存了返回地址，寄存器 R14 则可以用作其他用途。

寄存器 R15 是程序计数器，记作 PC。它不能用作其他用途，虽然它可以作为一般的通用寄存器使用，但是有些指令在使用 R15 时有一些特殊限制。当违反这些限制时，该指令执行的结果将是不可预料的。由于 ARM 采用了流水线机制，当正确读取了 PC 的值时,该值为当前指令地址值加 8 字节。也就是说,对于 ARM 指令集来说,PC 指向当前指令的下两条指令的地址。

2）数据栈的使用规则

堆栈的操作是 8 字节对齐,对于汇编程序来说,如果目标文件中包含外部调用,则必须满足以下条件。

外部接口的数据栈一定是 8 位对齐的,也就是要保证在进入该汇编代码后,直到该汇编程序调用外部代码之间,数据栈的栈指针变化为偶数个字。

在汇编程序中使用 PRESERVE8 伪操作告诉连接器,本汇编程序是 8 字节对齐的。

3）参数传递的规则

参数个数可变的子程序参数传递规则如下。

对于参数个数可变的子程序,当参数不超过 4 个时,可以使用寄存器 R0～R3 进行参数传递;当参数超过 4 个时,还可以使用数据栈来传递参数。在参数传递时,将所有参数看作是存放在连续的内存单元中的字数据。然后,依次将各字数据传送到寄存器 R0、R1、R2、R3;如果参数多于 4 个,将剩余的字数据传送到数据栈中,入栈的顺序与参数顺序相反,即最后一个字数据先入栈。

参数个数固定的子程序参数传递规则如下。

对于参数个数固定的子程序,参数传递与参数个数可变的子程序参数传递规则不同,如果系统包含浮点运算的硬件部件,浮点参数将按照下面的规则传递:各个浮点参数按顺序处理;为每个浮点参数分配 FP 寄存器,分配方法是,满足各个浮点参数需要且编号最小的一组连续 FP 寄存器。

R0～R12 是普通的数据寄存器,可用于任何地方。在不涉及 ATPCS 规则的情况下,它们并没有什么特别的用法。

R13 是用于存放堆栈的栈顶地址的。当进行出栈和入栈时,都将根据该寄存器的值决定访问内存的位置,同时在出栈和入栈操作完成后,SP 寄存器的值也应该相应增加或减少。其实在 32 位的 ARM 指令集中没有专门的入栈指令和出栈指令,所以并不是一定要用 SP 作为栈指针寄存器,除 PC 外,任何普通寄存器均可作为栈指针寄存器。

R14 与子程序调用密切相关,用于存放子程序的返回地址,它是 ARM 程序实现子程序调用的关键所在。

R14 操作流程如图 3-10 所示。

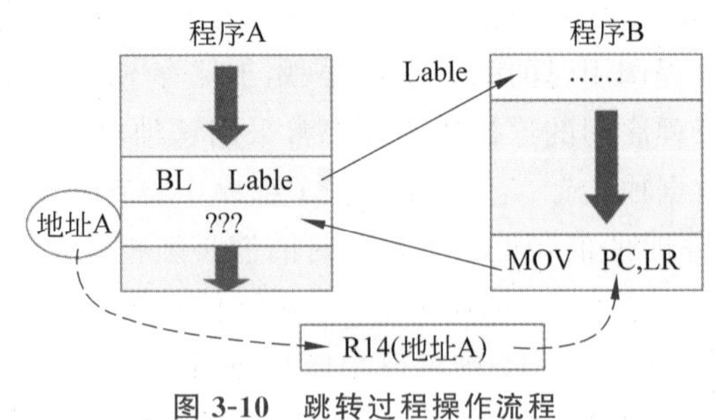

图 3-10 跳转过程操作流程

- 程序 A 在执行过程中调用程序 B。
- 程序跳转至标号 Lable,执行程序 B。同时硬件将“BL Lable”指令的下条指令所在地址存入 R14。

- 程序 B 执行至最后，将 R14 寄存器的内容放入 PC，返回程序 A。

当发生异常嵌套时，这些异常之间可能会发生冲突。例如，如果用户在用户模式下执行程序时发生 IRQ 中断，用户模式寄存器不会被破坏。但是如果允许在 IRQ 模式下的中断处理程序重新使能 IRQ 中断，并且发生嵌套的 IRQ 中断时，外部中断处理程序保存在 R14_irq 中的任何值都将被嵌套中断的返回地址所覆盖，如图 3-11 所示。

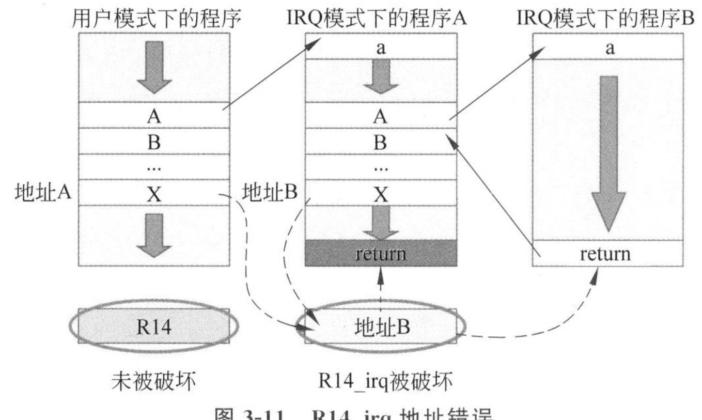

图 3-11 R14_irq 地址错误

- 执行用户模式下的程序。
- 发生 IRQ 中断，硬件将某个地址存入 IRQ 模式下的 R14_irq 寄存器，用户模式下的 R14 没有被破坏。
- IRQ 服务程序 A 执行完毕，将 R14_irq 寄存器的内容减去某个常量后存入 PC，返回之前被中断的程序。
- 如果在 IRQ 处理程序中打开 IRQ 中断，并且再次发生 IRQ 中断。
- 硬件将返回地址保存在 R14_irq 寄存器中，原来保存的返回地址将被覆盖，造成错误。
- 在程序 B 返回到程序 A，然后再返回到用户模式下被中断的程序时，发生错误，将不能正确返回。

解决办法是可以将 R14 的对应版本在发生中断嵌套时不再保存任何有意义的值（将 R14 入栈），或者切换到其他处理器模式下。

R15，即程序计数器，它的值是当前正在执行的指令在内存中的位置（不考虑流水线的影响），而当指令执行结束后，CPU 硬件会自动将 PC 的值加一个单位，从而使 PC 的值为下一条即将执行的指令在内存中的位置，这样 CPU 硬件就可以根据 PC 的值自动完成取指的操作。正是由于 PC 的存在，以及 CPU 硬件会自动增加 PC 的值，并根据 PC 的值完成取指操作，才使得 CPU 一旦上电就永不停歇地运转。当程序员通过汇编指令完成对 PC 寄存器的赋值操作的时候，其实就是完成一次无条件跳转。

2. 通用寄存器

备份程序状态寄存器不能同时访问，处理器状态和操作模式决定哪些寄存器是对编程者可用的。

R0～R7 是未分组寄存器，用来保存数据和地址。

R8～R15 是分组寄存器。

R8～R12 寄存器：快速中断及其他模式两组。

R13,R14 寄存器：分 7 组,用户和管理模式共用。

R13：又称 SP,堆栈指针。

R14：又称 LR,链接寄存器。

R15：又称 PC,程序计数器,所有模式共用。

3. 状态寄存器

处理器有两类程序状态寄存器,分别为 1 个当前程序状态寄存器(CPSR)和 6 个程序状态保存寄存器(SPSR),每个异常模式带有一个 SPSR,它用于保存在异常发生之前的 CPSR。

为了保持与未来 ARM 处理器的兼容性,强烈建议在修改 CPSR 时使用“读—修—改—写”的策略。CPSR 和 SPSR 通过特殊指令(即 MRS 和 MSR)进行访问。

状态寄存器的主要功能如下。

- 保存最近执行的算术或逻辑运算的信息。
- 控制中断的允许或禁止。
- 设置处理器操作模式。

图 3-12 为程序状态寄存器中[0-31]位的说明。

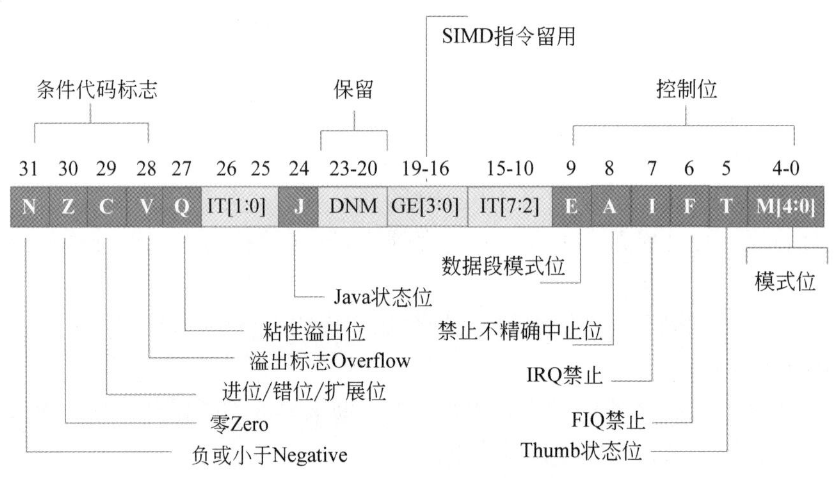

图 3-12　程序状态寄存器[0-31]位的说明

1）条件代码标志[31:28]

当两个由补码表示的有符号整数进行运算时,有以下几种情况。

(1) N 位

N=1 表示运算结果为负数。

N=0 表示运算结果为正数或 0。

(2) Z 位

Z=1 表示运算结果为 0。

Z=0 表示运算结果不为 0。

(3) C 位

C=1 在加法指令(包括 CMN)表示无符号数运算结果产生进位,向上溢出。

C=1 在减法指令(包括 CMP)表示无符号数运算结果产生错位,向下溢出。

C 在操作数中包含移位操作的非加减运算指令设置成移位寄存器最后移出位。

C 值对于其他非加减运算不受影响。

(4) V 位

V=1 表示符号位溢出,此时结果超出带符号数范围。V 值在非加减运算指令中通常不改变。算术和逻辑操作以及 MSR 指令用来设置标志位,处理器通过测试这些标识位确定一条指令是否执行。汇编语言条件符和对应的标志位如表 3-3 所示。

表 3-3 汇编语言条件符和对应的标志位

标志位	条件符	描　　述	测试位
0000	EQ	等于(Equal)	Z=0
0001	NE	不等于(Not Equal)	Z=1
0010	CS/HS	C set 无符号大于或等于(unsigned higher or same)	C=1
0011	CC/LO	C clear 无符号小于(unsigned lower)	C=0
0100	MI	N set 负数(negative)	N=1
0101	PL	N clear 正数或零	N=0
0110	VS	V set 溢出(overflow)	V=1
0111	VC	V clear 没溢出(no overflow)	V=0
1000	HI	C set and Z clear 无符号大于(unsigned higher)	C=1&Z=1
1001	LS	C clear or Z set 无符号小于或等于(unsigned lower or same)	C=0|Z=1
1010	GE	N set and V set,or N clear and V clear 大于或等于(greater or equal)	N=V
1100	LT	N set and V clear,or N clear and V set 小于(less than)	N!=V
1101	GT	Z clear,and either N set and V set,or N clear and V clear 大于(greater than)	Z=0&N=V
1101	LE	Z set,or N set and V clear,or N clear and V set 小于或等于(less than or equal)	Z=1|N!=V
1110	AL	always	
1111	NV	never	

在 ARM 状态下,可以根据条件标志位的状态有条件地执行大多数指令。在 Thumb 状态下,也可有条件地执行少数指令。但是在 Thumb 状态下,可以用 T 指令使大多数指令有条件地执行。

2) Q 标志位[27]

在带 DSP 指令扩展的 ARMv5E 及更高版本中,CPSR[27]用于指示增强的 DSP 指令是否发生溢出或饱和。当 QADD,QDADD,QSUB or QDSUB 发生饱和时,或者

SMLAxy or SMLAWx 的结果超出 32 位时 Q 位被置位。该位一旦置位,就不能使用上述指令修改标志位,而必须使用 MSR 指令写 CPSR 清除。在 ARMv5 以前的版本及 ARMv5 的非 E 系列处理器中未定义 Q 标志位。

3) J 标志位[24]

支持 J 变种的 ARM 微处理器支持 J 标志位。

当 J=1 时,表示处理器处于 Jazelle 状态,执行 8 位的 Java 字节码指令。

在 Jazelle 状态中,处理器并不是执行 8 位的指令预取,而是执行 32 位的高性能预取(4-Byte)。另外,在 Jazelle 状态不提及 PC,因为“Jazelle PC” 被自动保存在 R14 中。

4) 保留位[23:20]

保留位在当前版本未设定功能。在更改 PSR 标志或控制位时,请确保不要更改这些保留位。必须确保程序不依赖于包含特定值的保留位,因为未来的处理器可能会使用部分或全部保留位。

5) GE 块[19:16]

GE 块用于表示在 SIMD 指令集中的大于、等于标志,在任何模式下可读可写。

6) IT 块(IF-THEN 标志位)[26:25][15:10]

IT 块用于对 Thumb 指令集中 If-Then-Else 这类语句块的控制。如果有 IT 块,则 IT[7:5](SPR[15:13])为当前 IT 块的基本条件码。在没有 IT 块处于活动状态时,这 3 位为 0。

IT[4:0](SPR[12:10],[26:25])表示条件执行指令的数量,不论指令的条件是基本条件码还是基本条件的逆条件码。在没有 IT 块处于活动状态时,这 5 位为 0,当处理器执行 IT 指令时,通过指令的条件码和指令中 Then\Else(T 和 E)参数设置这些位。

7) 控制位[9:0]

(1) E 控制位[9]

当 E=1 时,表示大端控制位;当 E=0 时,表示小端控制位。

(2) A 控制位[8]

A 表示异步异常禁止位。

(3) I 中断控制位[7]

当 I=1 时,表示 IRQ 被禁止;当 I=0 时,表示 IRQ 中断使能。

(4) F 快速中断控制位[6]

当 F=1 时,表示 FIQ 被禁止;当 F=0 时,表示 FIQ 中断使能。

注意,在程序中可以通过修改 I、F 位禁止或使能 IRQ 和 FIQ。

(5) T 状态控制位[5]

当 T=1 时,表示处理器处于 Thumb 状态;当 T=0 时,表示处理器处于 ARM 状态。

注意,T 位只在 T 系列处理器上有效,在非 T 系列处理器上,T 始终为 0。

(6) M 模式控制位[4:0](SPR[4:0])

模式控制位共 5 位,用来设置处理器的工作模式。

表 3-4 表示模式控制位的值与对应的处理器模式。

表 3-4 模式控制位的值与对应的处理器模式

M[4:0]	0b10000	0b10001	0b10010	0b10011	0b10111	0b11011	0b11111	0b10110
模式	用户	快中断	中断	管理	数据中止	未定义	系统	监控

对于状态寄存器的修改要遵守以下原则。

不修改和使用状态寄存器中未定义的位。这些在当前 ARM 版本中未使用的状态位,在之后的版本中可能会被用作新用途。如果使用了这些位,在新的处理器中程序可能会无法正确运行。所以不应该使用状态寄存器中未定义的位,应该保证这些位不被改变。通常要遵循读取→修改→写回的原则,这个原则保证了在修改状态寄存器的某些位时,其他位不受影响。

4. Thumb 状态下的寄存器集

Thumb 状态下的寄存器集是 ARM 状态下寄存器集的一个子集,图 3-13 是 Thumb 状态寄存器在 ARM 状态寄存器上的映射。

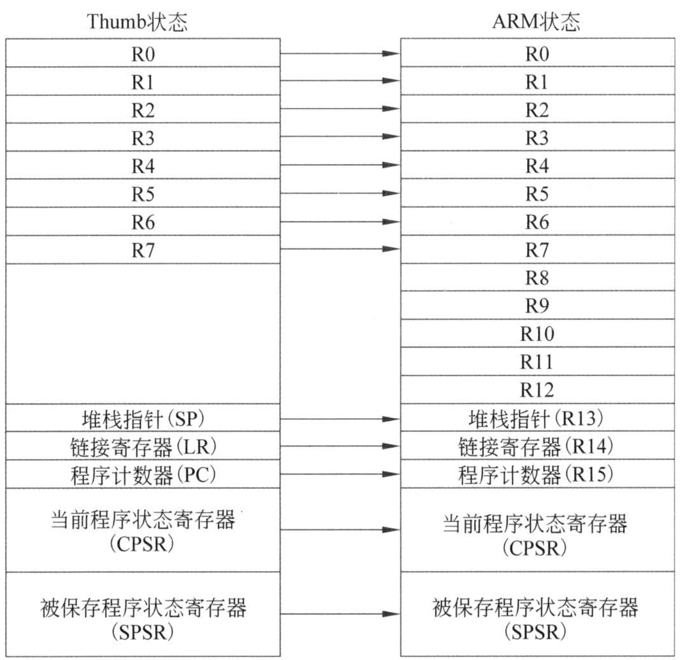

图 3-13 Thumb 状态寄存器在 ARM 状态寄存器上的映射

程序可以直接访问 8 个通用寄存器(R0~R7)、程序计数器(PC)、堆栈指针(SP)、连接寄存器(LR)和 CPSR。

Thumb 状态下的寄存器集与 ARM 状态下的寄存器集的关系如下。

- Thumb 状态下和 ARM 状态下的 R0~R7 是相同的。
- Thumb 状态下的 SP 对应于 ARM 状态下的 R13。
- Thumb 状态下的 LR 对应于 ARM 状态下的 R14。
- Thumb 状态下的 PC 对应于 ARM 状态下 R15。
- Thumb 状态下和 ARM 状态下的 CPSR 和所有的 SPSR 是相同的。

3.3.4 Cortex-A8 存储器数据类型

Cortex-A8 支持以下数据类型。

- 双字：Double-Word,64 位。
- 字：Word,32 位。
- 半字：Half-Word,16 位。
- 字节：Byte,8 位。

ARM 体系结构 v4 以下的版本仅支持字和字节。

处理器内核的每个地址对应一个存储字节而不是一个存储字,但是处理器内核可以访问存储字。访问存储字时,其地址应该是字对准,即字地址可以被 4 整除,也就是说若第 1 个字在存储空间中是在第 0 个地址对齐的单元(32 位),那么第 2 个字则应该在第 4 个地址对应的单元,第 3 个字在第 8 个地址对应的单元,以此类推。

为了达到最好的性能,数据按照以下方式对齐。

- 以双字为单位时,按 8 字节对齐。
- 以字为单位时,按 4 字节对齐。
- 以半字为单位时,按 2 字节对齐。
- 以字节为单位时,按 1 字节对齐。

现代计算机中内存空间都是按照 Byte 划分的,从理论上讲似乎对任何类型的变量的访问可以从任何地址开始,但实际情况是在访问特定类型变量时经常在特定的内存地址访问,这就需要各种类型数据按照一定的规则在空间上排列,而不是顺序一个接一个地排放,这就是对齐。

各个硬件平台在对存储空间的处理上有很大的不同。一些平台对某些特定类型的数据只能从某些特定地址开始存取。比如,有些架构的 CPU 在访问一个没有进行对齐的变量时会发生错误,那么在这种架构下编程必须保证字节对齐。其他平台可能没有这种情况,但是最常见的是如果不按照适合其平台要求对数据存放进行对齐,会在存取效率上带来损失。比如,有些平台每次读都是从偶地址开始,一个无符号整型(假设为 32 位系统)如果存放在偶地址开始的地方,那么一个读周期就可以读出这 32 位,而如果存放在奇地址开始的地方,就需要 2 个读周期,并对两次读出的结果的高低字节进行拼凑才能得到该 32 位数据,显然在读取效率上下降很多。图 3-14 和图 3-15 分别为存储器边界对齐和非对齐。

<table>
<tr><td>字节1</td><td>字节2</td><td>字节3</td><td>填充</td></tr>
<tr><td colspan="2">半字1</td><td colspan="2">半字2</td></tr>
<tr><td colspan="2">半字3</td><td>填充</td><td></td></tr>
<tr><td colspan="4">字1</td></tr>
</table>

图 3-14　存储器边界对齐

当这些数据类型为无符号数据时,为普通二进制格式,N 位数据值代表一个非负整数(范围为 $0\sim2^{N-1}$);当这些数据类型为有符号数据时,为二进制补码格式,N 位数据值代表一个整数(范围为 $-2^{N-1}\sim2^{N-1}-1$)。

字节1	字节2	字节3	半字1-1
半字1-2	半字2		半字3-1
半字3-2	字1-1		
字1-2			

图 3-15 存储器边界非对齐

ARM 指令编译后是 4 字节，与字边界对齐；Thumb 指令编译后是 2 字节，与半字边界对齐。

3.3.5 Cortex-A8 存储器格式

Cortex-A8 处理器支持小端格式和字节不变的大端格式。此外，它还支持混合大小端格式（既有大端格式又有小端格式）和非对齐数据访问。

- 大端格式：字数据的高字节存储在低地址中，而字数据的低字节则存放在高地址中。
- 小端格式：与大端存储格式相反，低地址中存放的是字数据的低字节，高地址存放的是字数据的高字节。

例如，对于 0x12345678 数据，大端格式和小端格式的存放如下。

- 大端格式：低地址→高地址，即 0x12|0x34|0x56|0x78。
- 小端格式：低地址→高地址，即 0x78|0x56|0x34|0x12。

对指令的读取，则总是以小端格式操作。

3.3.6 Cortex-A8 存储器系统

ARM 存储系统有非常灵活的体系结构，可以适应不同的嵌入式应用系统的需要。ARM 存储器系统可以使用简单的平板式地址映射机制（就像一些简单的单片机，地址空间的分配方式是固定的，系统中各部分都使用物理地址），也可以使用其他技术提供功能更为强大的存储系统。

- 系统可能提供多种类型的存储器件，如 Flash、ROM、SRAM 等。
- Cache 技术。
- 写缓存（Write Buffer）技术。
- 虚拟内存和 I/O 地址映射技术。

1. 存储系统管理

大多数系统通过下面的方法之一可实现对复杂存储系统的管理。

1）Cache 技术

使用 Cache 技术，缩小处理器和存储系统速度差别，从而提高系统的整体性能。

2）内存映射技术

使用内存映射技术实现虚拟空间到物理空间的映射。这种映射机制对嵌入式系统非常重要。通常嵌入式系统程序存放在 ROM/Flash 中，这样系统断电后程序能够得到保存。但是，通常 ROM/Flash 与 SDRAM 相比，速度慢很多，而且基于 ARM 的嵌入式系统中通常把异常中断向量表放在 RAM 中，利用内存映射机制可以满足这种需要。在系统上电时,将ROM/Flash映射为地址0,这样可以进行一些初始化处理;当这些初始化处理完成后将SDRAM映射为地址0,并把系统程序加载到SDRAM中运行,这样可以很好地满足嵌入式系统的需要。

3) 存储保护机制

引入存储保护机制,增强系统的安全性和稳定性,保证将I/O操作映射成内存操作后,各种I/O操作能够得到正确的结果。在简单存储系统中,不存在这样的问题。而当系统引入了Cache和Write Buffer后,就需要一些特别的措施。

2. 存储系统分级

ARM的存储器系统是由多级构成的,可分为内核级、芯片级、板卡级和外设级。图3-16所示为存储器的层次结构。

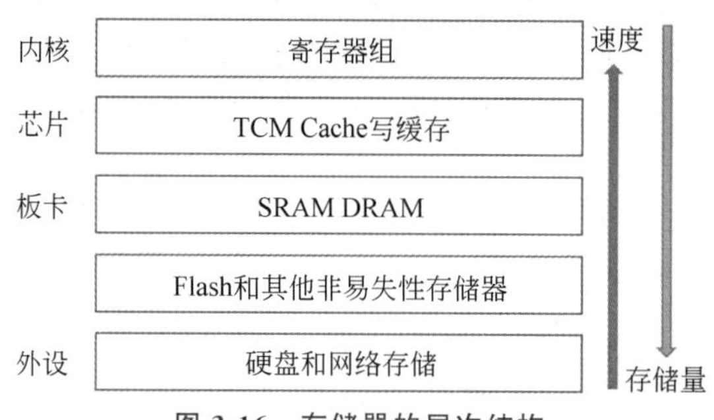

图3-16 存储器的层次结构

每级都有特定的存储介质,下面对比各级系统中特定存储介质的存储性能。

1) 内核级

内核级的处理器寄存器组可看作存储器层次的顶层。这些寄存器被集成在处理器内核中,在系统中提供最快的存储器访问。典型的ARM处理器有多个32位寄存器,其访问时间为ns量级。

2) 芯片级

芯片级的紧耦合存储器(TCM)是为弥补Cache访问的不确定性增加的存储器。TCM是一种快速SDRAM,它紧挨内核,并且保证取指和数据操作的时钟周期数,这点对一些要求确定行为的实时算法是很重要的。TCM位于存储器地址映射中,可作为快速存储器访问。

芯片级的片上Cache存储器的容量在8~32KB,访问时间大约为10ns。高性能的ARM结构中,可能存在第二级片外Cache,容量为几百千字节(KB),访问时间为几十纳秒。

3) 板卡级

板卡级DRAM,存储器可能是几兆字节(MB)到几十兆字的动态存储器,访问时间大约为100ns。

4) 外设级

外设级的后援存储器,通常是硬盘,可能从几百兆字节到几吉字节(GB),访问时间为几十毫秒。

3. 存储管理单元

在创建多任务嵌入式系统时,最好用一个简单的方式编写、装载及运行各自独立的任务。目前大多数嵌入式系统不再使用自己定制的控制系统，而使用操作系统简化这个过程。较高级的操作系统采用基于硬件的存储管理单元(MMU)实现上述操作。

MMU 提供的一个关键服务是使各个任务作为各自独立的程序在自己的私有存储空间中运行。在带 MMU 的操作系统控制下，运行的任务无须知道其他与之无关的任务的存储需求情况，从而简化各个任务的设计。

MMU 提供了一些资源以允许使用虚拟存储器(将系统物理存储器重新编址，可将其看成一个独立于系统物理存储器的存储空间)。

ARM CPU 上的 3 个地址，即虚拟地址(Virtual Address，VA)、变换后的虚拟地址(Modified Virtual Address，MVA)和物理地址(Physical Address，PA)。

MMU 作为转换器，将程序和数据的虚拟地址(编译时的链接地址)转换成实际的物理地址，即在物理主存中的地址。这个转换过程允许运行的多个程序使用相同的虚拟地址，而各自存储在物理存储器的不同位置。这样存储器就有两种类型的地址，分别为虚拟地址和物理地址。虚拟地址由编译器和链接器在定位程序时分配；物理地址用来访问实际的主存硬件模块(即物理上程序存在的区域)。

启动 MMU 后，CPU 核对外发出 VA，VA 被转换为 MVA 供 MMU 使用，在这里 MVA 被转换为 PA；最后通过 PA 读/写实际设备。MMU 的作用就是负责将 VA 转换成 PA。

大多数使用虚拟存储器的系统都使用一种分页技术。虚拟地址空间被划分成页(page)，而相应的物理地址空间也被划分，单位是页框(frame)。页和页框的大小必须相同。

MMU 本身有少量存储空间存放从虚拟地址到物理地址的匹配表，此表称作 TLB(即快表，也称页表)。TLB 中的内容包括 VA 及其对应的 PA，权限，域和映射类型。

当 CPU 对 VA 进行存取时，首先搜索 TLB 表以查找对应的 PA 等信息，称为 TTW(Translation Table Walk)。经过 TTW 过程后，将查到的信息保存到 TLB，然后根据 TLB 表项的 PA 进行读写。

4. 高速缓冲存储器

高速缓冲存储器(Cache)是一个容量小但存取速度非常快的存储器，它保存最近用到的存储器数据副本。对于程序员来说，Cache 是透明的。它自动决定保存哪些数据、覆盖哪些数据。现在 Cache 通常与处理器在同一芯片上实现。Cache 能够发挥作用是因为程序具有局部性。所谓局部性就是指在任何特定的时间，处理器趋于对相同区域的数据(如堆栈)多次执行相同的指令(如循环)。

Cache 经常与写缓存器(Write Buffer)一起使用。写缓存器是一个非常小的先进先出(FIFO)存储器，位于处理器核与主存之间。使用写缓存器的目的是，将处理器核和 Cache 从较慢的主存写操作中解脱出来。当 CPU 向主存储器做写入操作时，它先将数据写入到写缓存器中，由于写缓存器的速度很高，这种写入操作的速度也将很高。写缓存器在 CPU 空闲时，以较低的速度将数据写入到主存储器中相应的位置。

通过引入 Cache 和写缓存器，存储系统的性能得到很大的提升，但同时也带来一些问题。例如，由于数据将存在于系统中不同的物理位置，可能造成数据的不一致性；由于写缓存器的优化作用，可能有些写操作的执行顺序不是用户期望的顺序，从而造成操作错误。

3.3.7 Cortex-A8 协处理器

协处理器(coprocessor,CP)是一种芯片,用于辅助系统微处理器完成特定处理任务。为了便于 SoC 的设计,ARM 通过 CP 支持一个通用指令集的扩充,ARM 微处理器可支持多达 16 个协处理器,用于各种协处理操作,一个协处理器通过扩展指令集或提供配置寄存器扩展内核处理功能。一个或多个协处理器可以通过协处理器接口与 ARM 内核相连。

协处理器可以通过一组专门的、提供 Load/Store 类型接口的 ARM 指令访问,每个协处理器可有 16 个寄存器。

在逻辑上,ARM 可以扩展 16 个协处理器(即 CP15~CP0)。其中,CP15 用作系统控制,ARM 处理器使用 CP15 的寄存器控制 Cache、TCM 和 MMU;CP14 保留用作调试控制器,协助 JTAG 调试;CP11 和 CP10 保留用于 VFP 和 NEON,CP7~CP4 保留用作用户控制器。

ARM 处理器内核与协处理器接口有以下 4 类信号。

- 时钟和时钟控制信号：MCLK,nWAIT,nRESET。
- 流水线跟随信号：nMREQ,SEQ,nTRANS,nOPC,TBIT。
- 应答信号：nCPI,CPA,CPB。
- 数据信号：D[31:0],DIN[31:0],DOUT[31:0]。

协处理器的应答信号中,nCPI 为 ARM 处理器至协处理器 CPn 的信号,该信号低电压有效代表“协处理器指令”,表示 ARM 处理器内核标识一条协处理器指令,希望协处理器执行它。CPA 为协处理器至 ARM 处理器内核信号,表示协处理器不存在,目前协处理器无能力执行指令。CPB 为协处理器至 ARM 处理器内核信号,表示协处理器忙,还不能开始执行指令。

协处理器也采用流水线结构,为保证与 ARM 处理器内核中的流水线同步,在每个协处理器内部需有一个流水线跟随器(Pipeline Follower),用来跟踪 ARM 处理器内核流水线中的指令。由于 ARM 的 Thumb 指令集无协处理器指令,协处理器还必须监视 TBIT 信号的状态,确保不把 Thumb 指令误认为 ARM 指令。

这里主要介绍功能较重要的协处理器 CP15。在 ARM 系统中,要实现对存储系统的管理通常使用协处理器 CP15,它通常也被称为系统控制协处理器(System Control Coprocessor),通过协处理器指令 MCR 和 MRC 提供具体的寄存器配置和控制 Caches、MMU、保护系统、配置时钟模式(在 BootLoader 时钟初始化用到),在中断中有时也可以使用。除了 CP15 外,在具体的各种存储管理机制中可能还会用到其他技术,如在 MMU 中除 CP15 外,还使用页表技术等。在一些没有标准存储管理的系统中,CP15 是不存在的。在这种情况下,针对 CP15 的操作指令将被视为未定义指令,指令的执行结果不可预知。

CP15 可以包含 16 个 32 位的寄存器,其编号为 0~15。实际上对于某些编号的寄存器可能对应多个物理寄存器。在指令中指定特定的标志位区分这些物理寄存器。有些类似于 ARM 寄存器中,处于不同的处理器模式时,ARM 某些寄存器可能不同。

CP15 中的寄存器可能是只读的,也可能是只写的,还有一些是可读可写的。在对协处理器寄存器进行操作时,需要注意以下几个问题。

- 寄存器的访问类型(即只读/只写/可读可写)。
- 不同的访问引发不同的功能。
- 相同编号的寄存器是否对应不同的物理寄存器。
- 寄存器的具体作用。

CP15 的寄存器列表如表 3-5 所示。

表 3-5 CP15 的寄存器列表

寄存器编号	基本作用	在 MMU 中的作用	在 CPU 中的作用
0	ID 编码(只读)	ID 编码和 Cache 类型	
1	控制位(可读/写)	各种控制位	
2	存储保护和控制	地址转换表基地址	Cacheability 的控制位
3	存储保护和控制	域访问控制位	Bufferablity 控制位
4	存储保护和控制	保留	保留
5	存储保护和控制	内存失效状态	访问权限控制位
6	存储保护和控制	内存失效地址	保护区域控制
7	高速缓存和写缓存	高速缓存和写缓存控制	
8	存储保护和控制	TLB 控制	保留
9	高速缓存和写缓存	高速缓存锁定	
10	存储保护和控制	TLB 锁定	保留
11	保留		
12	保留		
13	进程标识符	进程标识符	
14	保留		
15	因不同设计而异	因不同设计而异	因不同设计而异

3.4 ARM Cortex-A8 异常处理

3.4.1 异常处理方式

外部设备与处理器交互的方式有以下几种。

1. 轮询方式

对 I/O 设备的程序轮询的方式,是早期的计算机系统对 I/O 设备的一种管理方式。它定时对各种设备轮流询问有无处理要求。轮流询问之后,有要求的,则加以处理。在处理 I/O 设备的要求之后,处理器返回继续工作。

尽管轮询需要时间,但轮询要比 I/O 设备的速度快得多,所以一般不会发生不能及时处理的问题。

当然,再快的处理器,能处理的 I/O 设备的数量也是有一定限度的。而且,程序轮询毕竟占据 CPU 相当一部分处理时间,因此程序轮询是一种效率较低的方式,在现代计算机系统中已很少应用。

2. 中断方式

处理器的高速和 I/O 设备的低速是一对矛盾,是设备管理要解决的一个重要问题。为了提高整体效率,减少在程序直接控制方式中 CPU 之间的数据传送是很必要的。

1) I/O 中断

在 I/O 设备中断方式下,CPU 与 I/O 设备之间数据的传输步骤如下。

① 在某个进程需要数据时,发出指令启动 I/O 设备准备数据。

② 在进程发出指令启动设备之后,该进程放弃处理器,等待相关 I/O 操作完成。此时,进程调度程序会调度其他就绪进程使用处理器。

③ 当 I/O 操作完成时,I/O 设备控制器通过中断请求线向处理器发出中断信号,处理器收到中断信号之后,转向预先设计好的中断处理程序,对数据传送工作进行相应的处理。

④ 得到数据的进程,转入就绪状态。在随后的某个时刻,进程调度程序会选中该进程继续工作。

2) 中断方式的优缺点

I/O 设备中断方式使处理器的利用率提高,且能支持多道程序和 I/O 设备的并行操作。

不过,中断方式仍然存在一些问题。首先,现代计算机系统通常配置有各种各样的 I/O 设备。如果这些 I/O 设备都通过中断处理方式进行并行操作,那么中断次数的急剧增加会造成 CPU 无法响应中断和出现数据丢失现象。

其次,如果 I/O 控制器的数据缓冲区比较小,在缓冲区装满数据之后将会发生中断。那么,在数据传送过程中,发生中断的机会较多,这将耗去大量的 CPU 处理时间。

3. 直接内存存取方式

直接内存存取(DMA)技术是指数据在内存与 I/O 设备间直接进行成块传输。

1) DMA 技术特征

DMA 有两个技术特征,首先是直接传送,其次是块传送。

所谓直接传送,即在内存与 I/O 设备间传送一个数据块的过程中,不需要 CPU 的任何中间干涉,只需要 CPU 在过程开始时向设备发出“传送块数据”的命令,然后通过中断得知过程是否结束和下次操作是否准备就绪。

2) DMA 工作过程

① 当进程要求设备输入数据时,CPU 把准备存放输入数据的内存起始地址以及要传送的字节数分别送入 DMA 控制器中的内存地址寄存器和传送字节计数器。

② 发出数据传输要求的进程进入等待状态。此时正在执行的 CPU 指令被暂时挂起。进程调度程序调度其他进程占据 CPU。

③ 输入设备不断地窃取 CPU 工作周期,将数据缓冲寄存器中的数据源源不断地写

入内存,直到所要求的字节全部传送完毕。

④ DMA 控制器在传送完所有字节时,通过中断请求线发出中断信号。CPU 在接收到中断信号后,转入中断处理程序进行后续处理。

⑤ 中断处理结束后,CPU 返回到被中断的进程中,或切换到新的进程上下文环境中,继续执行。

3）DMA 与中断的区别

中断方式是在数据缓冲寄存器满之后发出中断,要求 CPU 进行中断处理,而 DMA 方式则在所要求传送的数据块全部传送结束时要求 CPU 进行中断处理,大大减少 CPU 进行中断处理的次数。

中断方式的数据传送是在中断处理时由 CPU 控制完成的,而 DMA 方式则是在 DMA 控制器的控制下,不经过 CPU 控制完成的,这就排除 CPU 因并行设备过多而来不及处理以及因速度不匹配而造成数据丢失等现象。

4）DMA 方式的优缺点

在 DMA 方式中,由于 I/O 设备直接同内存发生成块的数据交换,因此 I/O 效率比较高。由于 DMA 技术可以提高 I/O 效率,因此在现代计算机系统中得到广泛的应用。许多 I/O 设备的控制器,特别是块设备的控制器,都支持 DMA 方式。

通过上述分析可以看出,DMA 控制器功能的强弱,是决定 DMA 效率的关键因素。DMA 控制器需要为每次数据传送做大量的工作,数据传送单位的增大意味着传送次数的减少。另外,DMA 方式窃取了时钟周期,CPU 处理效率降低,要想尽量少地窃取时钟周期,就要设法提高 DMA 控制器的性能,这样可以较小地影响 CPU 处理效率。

4. 通道方式

I/O 通道是一个独立于 CPU 的,专门管理 I/O 的处理器,它控制设备与内存直接进行数据交换。它有自己的通道指令,这些通道指令由 CPU 启动,并在操作结束时向 CPU 发出中断信号。

I/O 通道控制是一种以内存为中心,实现设备和内存间直接交换数据的控制方式。在通道方式中,数据的传送方向、存放数据的内存起始地址以及传送的数据块长度等都由通道进行控制。

另外,通道控制方式可以做到一个通道控制多台设备与内存进行数据交换。因而,通道方式进一步减轻了 CPU 的工作负担,增加了计算机系统的并行工作程度。

1）I/O 通道分类

① 字节多路通道。字节多路通道适用于连接打印机、终端等低速或中速的 I/O 设备。这种通道以字节为单位交叉工作,当为一台设备传送一字节后,立即转去为另一台设备传送一字节。

② 选择通道。选择通道适用于连接磁盘、磁带等高速设备。这种通道以“组”方式工作,每次传送一批数据,传送速率很高,但在一段时间只能为一台设备服务。每当一个 I/O 请求处理完后,就选择另一台设备为其服务。

③ 成组多路通道。这种通道综合了字节多路通道分时工作和选择通道传输速率高的特点,其实质是对通道程序采用多道程序设计技术,使得与通道连接的设备可以并行工作。

2）通道工作原理

在通道控制方式中，I/O设备控制器(常简称为I/O控制器)中没有传送字节计数器和内存地址寄存器，但多了通道设备控制器和指令执行部件。CPU只需发出启动指令，指出通道相应的操作和I/O设备，该指令就可启动通道并使该通道从内存中调出相应的通道指令执行。一旦CPU发出启动通道的指令，通道就开始工作。I/O通道控制I/O控制器工作，I/O控制器又控制I/O设备。这样，一个通道可以连接多个I/O控制器，而一个I/O控制器又可以连接若干台同类型的外部设备。

3）通道的连接

由于通道和控制器的数量一般比设备数量要少，因此，如果连接不当，往往会导致出现“瓶颈”。因此，一般设备的连接采用交叉连接，这样做的好处如下。

- 提高系统的可靠性：当某条通道因控制器或通道故障而断开时，可使用其他通道。
- 提高设备的并行性：对于同一个设备，当与它相连的某一条通道中的控制器或通道被占用时，可以选择另一条空闲通道，减少了设备因等待通道所需要花费的时间。

4）通道处理机

通道相当于一个功能单纯的处理机，它具有自己的指令系统，包括读、写、控制、转移、结束以及空操作等指令，并可以执行由这些指令编写的通道程序。

通道的运算控制部件包括以下内容。

- 通道地址字(CAW)：记录下一条通道指令存放的地址，其功能类似于中央处理机的指令寄存器。
- 通道命令字(CCW)：记录正在执行的通道指令，其作用相当于中央处理机的指令寄存器。
- 通道状态字(CSW)：记录通道、控制器、设备的状态，包括I/O传输完成信息、出错信息、重复执行次数等。

5）通道对主机的访问

通道一般需要与主机共享同一个内存，以保存通道程序和交换数据。

采用通道方式后，I/O的执行过程如下。

① CPU在执行用户程序时遇到I/O请求，根据用户的I/O请求生成通道程序(也可以是事先编好的)，放到内存中，并把该通道程序首地址放入CAW中。

② 然后，CPU执行“启动I/O”指令，启动通道工作。通道接收“启动I/O”指令信号，从CAW中取出通道程序首地址，并根据此地址取出通道程序的第一条指令，放入CCW中；同时向CU发回答信号，通知“启动I/O”指令完成完毕，CPU可继续执行。

③ 通道开始执行通道程序，进行物理I/O操作。当执行完一条指令后，如果还有下一条指令则继续执行；否则表示传输完成，同时自行停止，通知CPU转去处理通道结束事件，并从CCW中得到有关通道状态。

总之，在通道中，I/O运用专用的辅助处理器处理I/O操作，从而减轻主处理器处理I/O的负担。主处理器只要发出一个I/O操作命令，剩下的工作完全由通道负责。I/O操作结束后，I/O通道会发出一个中断请求，表示相应操作已完成。

6）通道的发展

通道的思想是从早期的大型计算机系统中发展起来的。在早期的大型计算机系统中，一般配有大量的I/O设备。为了把对I/O设备的管理从计算机主机中分离出来，形成了I/O通道的概念，并专门设计出I/O通道处理机。

I/O通道在计算机系统中是一个非常重要的部件，它对系统整体性能的提高起了相当重要的作用。不过，随着技术的不断发展，处理机和I/O设备性能的不断提高，专用的、独立I/O通道处理机已不容易见到。但是通道的思想又融入许多新的技术，所以仍在广泛应用。由于光纤通道技术具有数据传输速率高、数据传输距离远以及可简化大型存储系统设计的优点，新的通用光纤通道技术正在快速发展。这种通用光纤通道可以在一个通道上容纳多达127个大容量硬盘驱动器。显然，在大容量高速存储应用领域，通用光纤通道有着广泛的应用前景。

3.4.2 Cortex-A8 异常处理

Cortex-A8 异常处理

这里介绍Cortex-A8对外部异步事件或异常的处理方法，当正常的程序执行流程发生暂时停止时，称为异常。在ARM体系结构中，异常中断用来处理软件中断、未定义指令陷阱(不是真正的“意外”事件)、系统复位功能(在逻辑上发生在程序执行前而不是程序执行中)和外部事件。这些“不正常”事件都被称为“异常”，因为在处理器的控制机制中，它们都使用同样的流程进行异常处理。

在处理异常之前，当前处理器的状态必须保留；处理器允许多个异常同时发生，它们将会按固定的优先级进行处理；异常与中断的概念并不完全等同。

ARM异常按引起异常事件的不同可分为以下3类。

- 指令执行引起的直接异常。
- 指令执行引起的间接异常。
- 外部产生的与指令流无关的异常。

1. 异常的进入

当处理一个异常时，ARM Cortex-A8内核完成以下动作。

① 将下一条指令的地址保存在相应的LR中。

② 将CPSR复制到相应的SPSR中。

③ 迫使CPSR模式位M[4:0]的值设置成对应的异常模式值。

④ 迫使PC从相关的异常向量取下一条指令。

⑤ 用户可以设置中断禁止位阻止或打开异常嵌套。如果在异常发生时处理器是在Thumb状态下，自动切换进入ARM状态。

异常出现后处理器强制从异常类型所对应的固定存储器地址开始执行程序，这些地址称为异常向量(exception vectors)。在没有进行虚拟内存映射时，异常向量表放置于物理内存地址最低处。表3-6为ARM Cortex-A8异常向量表。

2. 异常的退出

在完成异常处理后，ARM Cortex-A8内核完成以下动作。

① 将LR的值减去相应的偏移量(根据异常而不同)，送到PC中。

② 将SPSR复制回CPSR中。

表 3-6 ARM Cortex-A8 异常向量表

异常类型	处理器模式	异常向量地址	优先级
复位	管理	0x00000000	1(最高优先级)
数据中止	中止	0x00000010	精确数据中止→2 非精确数据中止→6
FIQ	快中断	0x0000001C	3
IRQ	中断	0x00000018	4
预取中止	中止	0x0000000C	5
未定义指令	未定义	0x00000004	6
软件中断	管理	0x00000008	7(最低优先级)

③ 清除中断禁止位标志。

表 3-7 为进入异常处理时保留在 R14 寄存器中的 PC 值,并给出退出异常处理的建议指令。

表 3-7 异常返回指令

异常入口	返回指令	前状态		说明
		ARM R14_x	Thumb R14_x	
软中断 SVC	MOVS PC,R14_svc	PC+4	PC+2	这里的 PC 是 SVC、SMC 或未定义指令的地址
SMC	MOVS PC,R14_mon	PC+4	-	
未定义 UND	MOVS PC,R14_und	PC+4	PC+2	
指令中止 PABT	SUBS PC,R14_abt,#4	PC+4	PC+4	这里的 PC 是指欲取指令中止时的地址
FIQ	SUBS PC,R14_fiq,#4	PC+4	PC+4	这里的 PC 是因 FIQ 或 IRQ 抢占而未执行指令的地址
IRQ	SUBS PC,R14_irq,#4	PC+4	PC+4	
数据中止 DABT	SUBS PC,R14_abt,#8	PC+8	PC+8	这里的 PC 是存、取指令时发生数据中止的地址
RESET	NA	—	—	复位时存在的 R14_SVC 的值不可预测
保留	MOV PC,R14	PC+4	PC+2	

3.4.3 Cortex-A8 异常种类

1. 复位异常

复位(RESET)也是一种异常。当复位信号产生时,复位发生处理器放弃正在执行的指令。当复位信号失效之后,处理器会采取如下动作。

① 将 CPSR 置为 10011,安全 Supervisor 模式。

② 将 CPSR 的 A、I、F 位置为 1。

③ 将 CPSR 的 J 位和 T 位清零,CPSR 的其他位不确定。

④ 强制 PC 从复位向量地址中获取下一条指令。

⑤ 复位后,除 PC 和 CPSR 外的所有的寄存器的值都是不确定的。

2. 快速中断异常

快速中断异常(FIQ)支持快速中断。FIQ 模式有 8 个专用寄存器。可以通过设置 CPSR 的 F 标志位,在特权模式下禁止 FIQ 异常。

3. 外部中断异常

外部中断异常(IRQ)比 FIQ 优先级低。当处理器进入 FIQ 处理时,IRQ 会被屏蔽。可以通过设置 CPSR 的 I 位,在特权模式下禁止 IRQ 异常。

4. 中止异常

试图访问无效的指令或数据内存单元通常都会引起中止(ABT)异常。

预取中止:预读取中止发生时,处理器将标志这条预读取指令无效,但是直到执行这条指令才产生异常。

数据中止:试图访问无效的数据内存单元引起。

5. 软件中断异常

SVC 指令进入管理模式,通常是为请求一个特殊的管理员功能。SVC 处理程序通过读取操作码提取 SVC 功能号。

6. 监控异常

当处理器执行 SMC 指令时,内核进入监控模式请求监控功能。用户进程执行 SMC 指令会导致一个未定义的指令异常发生。

7. 未定义指令异常

当遇到一条处理器或系统协处理器无法处理的指令时,则产生未定义指令异常。软件可以利用这种机制,通过模拟未定义的协处理器指令来扩展 ARM 指令集。

8. 断点指令

执行断点(BKPT)指令,产生一个预取中止异常。在指令到达流水线执行阶段前,不会引起处理器产生预取中止异常。

3.5 三星 S5PV210 处理器

S5PV210 又名“蜂鸟”(Hummingbird),是三星推出的一款适用于智能手机和平板电脑等多媒体设备的应用处理器,S5PV210 和 S5PC110 功能一样,S5PC110 小封装适用于智能手机,S5PV210 封装较大,主要用于平板电脑和上网本,苹果的 iPad 和 iPhone 4 上有的 A4 处理器(三星制造的),用的就是和 S5PV210 一样的架构(只是 3D 引擎和视频解码部分不同),三星的 Galaxy Tab 平板电脑上用的也是 S5PV210。

3.5.1 S5PV210 整体结构

S5PV210 是三星公司推出的一款 32 位精简指令集的为移动设备和通用程序领域提供高性价比、低功耗、高性能的解决方案。S5PV210 采用 ARM CortexTM-A8 内核,

ARM v7指令集,主频可达1GHz,并且是64/32位的内部总线结构,内含32/32KB的数据/指令一级缓存,512KB的二级缓存。它包含很多强大的硬件编解码功能,内建MFC(Multi Format Codec),支持MPEG-1/2/4、H.263、H.264等格式视频的编解码,支持模拟/数字TV输出。JPEG硬件编解码,最大支持8000×8000像素的分辨率;内建高性能PowerVR SGX540 3D图形引擎和2D图形引擎,支持2D/3D图形加速;同时还具有1080P高清解码引擎,能够输出1080P/30fps的高清视频,带有HDMI 1.3输出,可以将高清视频输出到外部显示器。图3-17是S5PV210的芯片整体结构图。

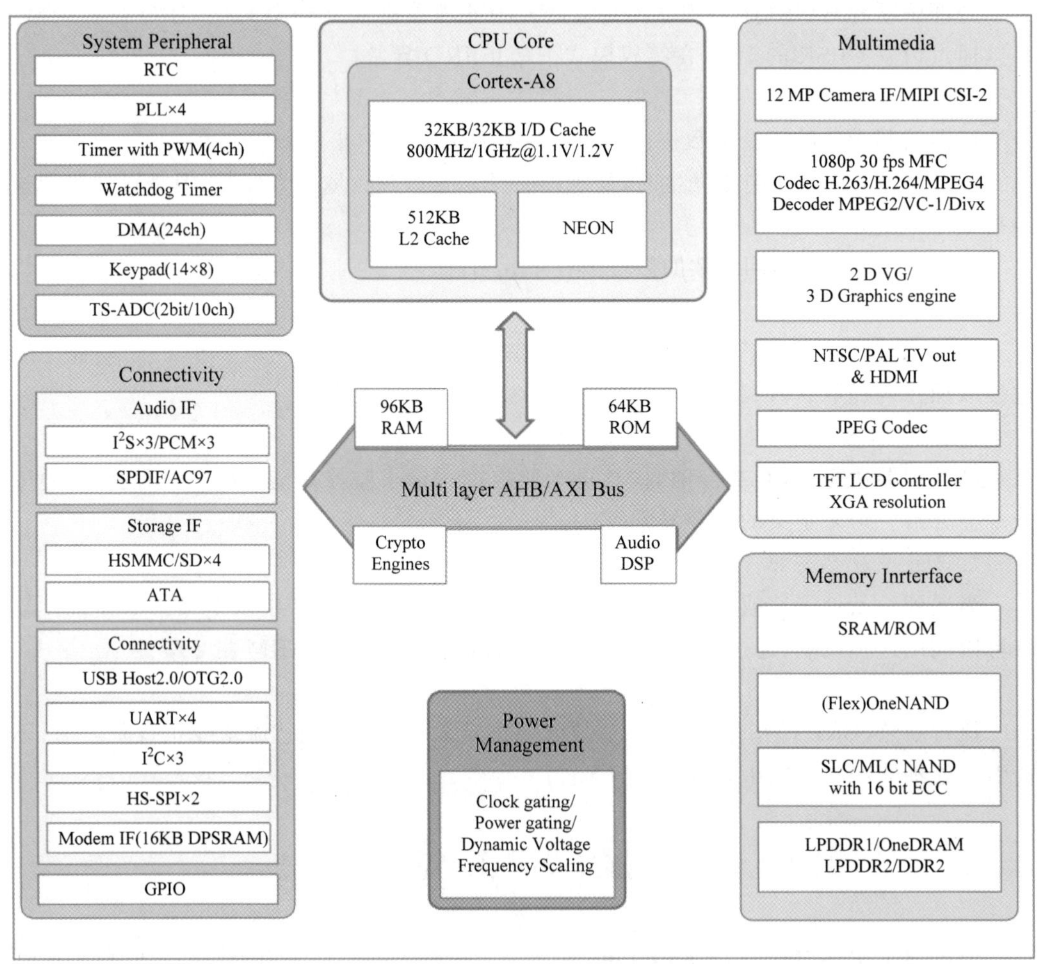

图3-17 S5PV210芯片整体结构图

1. 微处理器

- ARM Cortex-A8处理器是第一款基于ARMv7架构的应用处理器。
- 随着扫描速度达到1 GHz,ARM Cortex-A8处理器满足了功耗优化移动设备的要求,这些设备要求工作低于30mW,并且性能优化的消费应用要求2000 Dhrystone MIPS。
- 支持ARM用于超标量处理器技术增强的代码密度和性能,NEON技术用于多媒体和信号处理,Jazelle RTC技术用于支持提前和及时的Java或其他语言编译。

ARM Cortex-A8 的其他特性如下。

- Thumb-2 技术用于更高技能、能源效率和代码密度。
- NEON 信号处理扩展。
- Jazelle RTC Java 语言加速技术。
- TrustZone 技术用于安全交易和数字版权管理。
- 13 级主整数流水线。
- 10 级 NEON 媒体流水线。
- 集成使用标准编译 RAM 的 L2 高速缓存。
- 性能和功耗优化的 L1 高速缓存。

2. 内存子系统

高带宽内存矩阵子系统包括 2 个独立的外接存储接口（1×16 静态混合存储端口和 2×32DRAM 端口），采用矩阵架构增加了整体带宽的同时访问能力。

- SRAM/ROM/NOR 接口。
- OneNAND 接口。
- NAND 接口。
- LPDDR1 接口。
- DDR2 接口。
- LPDDR2 接口。

3. 多媒体

1）相机接口

- 多种输入支持。
- 多种输出支持。
- 数码变焦能力（DZI）。
- 多相机输入支持。
- 视频同步信号的可编程性。
- 输入横向支持高达已缩放的 4224 像素和未缩放的 8192 像素。
- 图像的镜像和旋转（X 轴镜像，Y 轴镜像，90°、180°和 270°旋转）。
- 各种格式图像生成。
- 拍摄框架控制支持。
- 图像效果支持。

2）多格式视频编解码器（MFC）

- ITU-T H.264，ISO/IEC 14496-10。
- ITU-T H.263 版本 3。
- ISO/IEC 14496 MPEG-4。
- 编码支持 MPEG-4。
- ISO/IEC 13818-2 MPEG-2。
- SMPTE 421M VC-1。

3）JPEG 编码

- 支持高达 8192×8192 像素的压缩/解压缩。

- 支持多种压缩格式。
- 支持多种解压缩格式。
- 支持通用的色彩空间旋转器。

4) 3D 图形引擎(SGX540)

- 支持一般硬件上的 3D 图形、矢量图形和视频的编解码。
- 平铺架构。
- 通用可扩展着色引擎——多线程的引擎,融合像素和顶点着色器的功能。
- 支持工业标准 API-OGL-ES 1.1 和 2.0 及开放的 VG1.0。
- 精密而严格的任务切换,负载平衡,以及电源管理。
- 在最小 CPU 互动情况下具有先进的几何 DMA 驱动操作。
- 可编程高品质图像,抗锯齿。
- 统一内存架构中完全虚拟化的内存寻址功能的操作系统。

5) 2D 图形引擎

- 位块传送。
- 支持图像的最大尺寸为 8000×8000 像素。
- 窗口裁剪,90°/180°/270°旋转,X 轴/Y 轴。
- 反向寻址(X 正/反向,Y 正/反向)。
- 4 操作数的光栅操作(R0P4)。
- 阿尔法混合(固定的阿尔法值/每像素的阿尔法值)。
- 任意大小的像素图案绘制,图案缓存。
- 16/24/32bpp 色彩格式。

6) 模拟电视接口

- 输出视频格式：NTSC-M/NTSC-J/NTSC4.43/PAL-B,D,G,H,I/PAL-M/PAL-N/PAL-Nc/PAL-60。
- 支持的输入格式：ITU-R BT.601(YCbCr4:4:4)。
- 支持 480i/p 和 576i 解决方案。
- 支持复合。

7) 数字电视接口

- 高清晰度多媒体接口(HDMI)1.3。
- 支持高达 1080p 30Hz 和 8 通道/112kHz/24 位音频。
- 支持 480p、576p、720p、1080i、1080p(不支持 480i)。
- 支持 HDCP v1.1。

8) 旋转器

- 支持图像格式：YCbCr422、YCbCr420、RGB565 和 RGB888。
- 支持旋转角度：90°、180°、270°、垂直旋转、水平旋转。

9) 视频处理器

- BOB/2D-IPC 模式。
- 处理 YCbCr4:4:4 输出混合器混合图形和视频。
- 用 4 抽头/16 相多相滤波器完成 1/4X～16X 垂直缩放。

- 用 8 抽头/16 相多相滤波器完成 1/4X～16X 水平缩放。
- 平移和扫描，以及 NTSC/PAL 制式转换使用缩放。
- 在显示区域内灵活缩放视频或定位。
- 1/16 像素分辨率的平移和扫描模式。
- 灵活的后期视频处理。
- 视频资源输入尺寸达 1920×1080 像素。

10）视频混合器

- 输入视频和图形层的混合和重叠。
- 480i/p、576i/p、720p 和 1080i/p 显示尺寸。
- 4 层（一个视频层、两个图形层和一个背景层）。

11）TFT-LCD 接口

- 24/18/16bpp 并行 RGB 液晶接口。
- 8/6bpp 系列 RGB 接口。
- 双 80LCD 接口。
- 1/2/4/8bpp 托盘化或 8/16/24bpp 未托盘化的真彩 TFT。
- 典型屏幕尺寸：1024×768 像素、800×480 像素、640×480 像素、320×240 像素、160×160 像素等。
- 虚拟图像达 16M 像素（4K×4K 像素）。
- 5 个窗口层用于 PIP 或 OSD。
- 实时复用覆盖面。
- 可编程 OSD 窗口定位。
- 8 位阿尔法混合（平面/像素）。
- ITU-BT 601/656 格式输出。

4. 音频子系统

音频处理由可重构处理器(RP)管理。低功耗音频子系统的特性包括以下内容。

- 32 位带宽 64 深度的 5.1 声道 I^2S。
- 128KB 音频播放输出缓存。
- 硬件混合器混合初级和次级的声音。

5. 安全子系统

1）片上安全引导 ROM

- 64KB 安全引导 ROM。

2）片上安全 RAM

- 96KB 安全 RAM 用于安全功能。

3）硬件加密加速器

- 安全集成 DES/TDES、AES、SHA-I、PRNG 和 PKA。
- 访问控制（安全域管理和 ARM 的 TrustZone 硬件）。
- 为安全敏感的应用启用增强安全的独立执行平台。

4）安全 JTAG

- JTAG 用户的身份验证。

• JTAG 模式的访问控制。

6. 接口

1) PCM 音频接口

• 16 位单声道音频接口。
• 仅主控模式。
• 支持 3 端口 PCM 接口。

2) AC97 音频接口

• 独立通道用于立体声 PCM 输入和输出及单声道传声器输入。
• 16 位立体声(2 通道)音频。
• 可变采样率的 AC97 编解码器接口(48kHz 及以下)。
• 支持 AC97 规格。

3) SPDIF 接口

• 支持线性 PCM 达 24 位每个样点。
• 支持非线性 PCM 格式如 AC3、MPEG1 和 MPEG2。
• 2×24 位交替填充数据的缓存区。

4) I^2S 总线接口

• 3 个 I^2S 总线用于基于 DMA 操作的音频编码接口。
• 串行每通道 8/16/24 位的数据传输。
• 支持 I^2S、MSB 对齐和 LSB 对齐数据格式。
• 支持 PCM5.1 声道。
• 多种位时钟频率和编码时钟频率支持。
• 支持 1 端口 5.1 声道 I^2S(在音频子系统中)和 2 端口 I^2S 通道。

5) 调制解调器接口

• 异步直接/间接 16 位 SRAM 格式接口。
• 片上 16KB 双端口 SRAM 缓冲直通接口。

6) I^2C 总线接口

• 3 个多主 I^2C 总线。
• 在标准模式下,8 位串行定向及双向数据传输速率可达 100kb/s。
• 在快速模式下,数据传输速率可达 400kb/s。

7) ATA 控制器

• 与 ATA/ATAPI-6 标准兼容。

8) UART

• 4 个带有基于 DMA 或中断操作的 UART。
• 支持 5 位、6 位、7 位或 8 位串行数据发送/接收。
• UART0 有 Rx/独立 256B 的 FIFO,UART1 有 64B 的 FIFO,UART2/3 有 16B 的 FIFO。
• 可编程波特率。
• 支持 IrDA 1.0 SIR(115.2kb/s)模式。
• 循环测试模式。

- 波特率时钟产生非整数时钟。

9）USB 2.0 OTG

- 兼容 OTG 1.0a 版本及 USB 2.0 版本。
- 支持高速达 480 Mb/s。
- 片上 USB 收发器。

10）USB 2.0 Host

- 符合 USB 2.0 Host。
- 支持高速达 480 Mb/s。
- 片上 USB 收发器。

11）HS-MMC/SDIO 接口

- 兼容多媒体卡协议版本 4.3。
- 兼容 SD 内存卡协议版本 2.0。
- 基于 DMA 或中断操作。
- 128B 用于 Tx/Rx 的 FIFO。
- 4 端口 HS-MMC 或 4 端口 SDIO。

12）SPI 接口

- 符合串行外设接口协议版本 2.11。
- SPI0 有 Rx/Tx 独立 64B FIFO，SPI1 有 16B FIFO。
- 基于 DMA 或中断操作。

13）GPIO

- 237 个多功能输入/输出端口。
- 控制 178 个外部中断。
- GPA0：8 输入/输出端口，或 2 个带有流控制 UART。
- GPA1：4 输入/输出端口，或 2 个不带流控制 UART 或带流控制的 1 个 UART。
- GBP：8 输入/输出端口，或 2 个 SPI。
- GPC0：5 输入/输出端口，或 I^2S、PCM、AC97。
- GPC1：5 输入/输出端口，或 I^2S、SPDIF、LCD_FRM。
- GPD0：4 输入/输出端口，或 PWM。
- GPD1：6 输入/输出端口，或 $3\times I^2C$、PWM、IEM。
- GPE0,1:13 输入/输出端口，或相机接口。
- GPF0,1,2,3:30 输入/输出端口，或 LCD 接口。
- GPG0,1,2,3:28 输入/输出端口，或 4 个 MMC 通道。
- GPH0,1,2,3:32 输入/输出端口，或键盘、扩展唤醒(32 位)、HDMI。
- GPI：低功耗 I^2S、PCM。
- GPJ0,1,2,3,4:35 输入/输出端口，或调制解调器 IF、CAMIF、CFCON、KEYPAD、SROM ADDR[22:16]。
- MP0_1,2,3:20 输入/输出端口，或控制 EBI 信号(SROM、NF、CF 和 OneNAND)。
- MP0_4,5,6,7:32 输入/输出存储端口——EBI。

7. 系统外设

1) 实时时钟

- 完整的时钟功能：秒、分、小时、日、月、年。
- 32.768 kHz 操作。
- 报警中断。
- 计时中断。

2) PLL

- 4 个片上 PLL：APLL/MPLL/EPLL/VPLL。
- APLL 产生 ARM 内核和 MSYS 时钟。
- MPLL 生成系统总线时钟和特殊时钟。
- EPLL 生成特殊时钟。
- VPLL 生成视频接口时钟。

3) 键盘

- 支持 14×8 矩阵键盘。
- 提供内部去抖动滤波器。

4) 脉冲宽度调制定时器

- 带有中断操作的 5 通道 32 位内部定时器。
- 带有脉冲宽度调制(PWM)的 4 通道 32 位定时器。
- 可编程占空比、频率和极性。
- 死区产生器。
- 支持扩展时钟资源。

5) 系统定时器

- 在除睡眠模式的任何电源模式下，精准定时器提供精确到 1ms 的刻度。
- 在不停止相关定时器的情况下，可改变中断间隔。

6) DMA

- 基于 DMA 的宏块编程。
- 特定的指令集提供程序 DMA 传输的灵活性。
- 支持链表 DMA 功能。
- 支持 3 个增强型内置 DMA，每个 DMA 8 个通道。
- 支持内存到内存类型优化的 DMA 和两个外设到内存类型的优化 DMA。
- M2M DMA 支持 16 连拍，P2M DMA 支持 8 连拍。

7) ADC 和触屏接口

- 10 通道多路复用 ADC。
- 最大 500 ksamples/s 和 12 位分辨率。

8) 看门狗定时器

- 16 位看门狗定时器。

9) 向量中断定时器

- 中断设备驱动程序的软件可以屏蔽特定的中断请求。
- 可嵌套具有优先级管理的中断源。

10）电源管理

- 部件的时钟门控。
- 多种可用低功耗模式，如空闲、停止、深停止、深度空闲模式和睡眠模式。
- 睡眠模式下的唤醒源为扩展中断、RTC 报警、定时器和按键接口。
- 停止和深睡眠模式下唤醒源为 MMC、触摸屏接口、系统时钟和睡眠模式。
- 深空闲模式唤醒源为 5.1 声道 I^2S 和停止模式的唤醒源。

3.5.2 S5PV210 内存地址

在计算机中，内存地址是一种用于软件及硬件等不同层级中的数据概念，用来访问主存中的数据。S5PV210 的寻址范围是 4GB。图 3-18 为 S5PV210 的地址分布图。

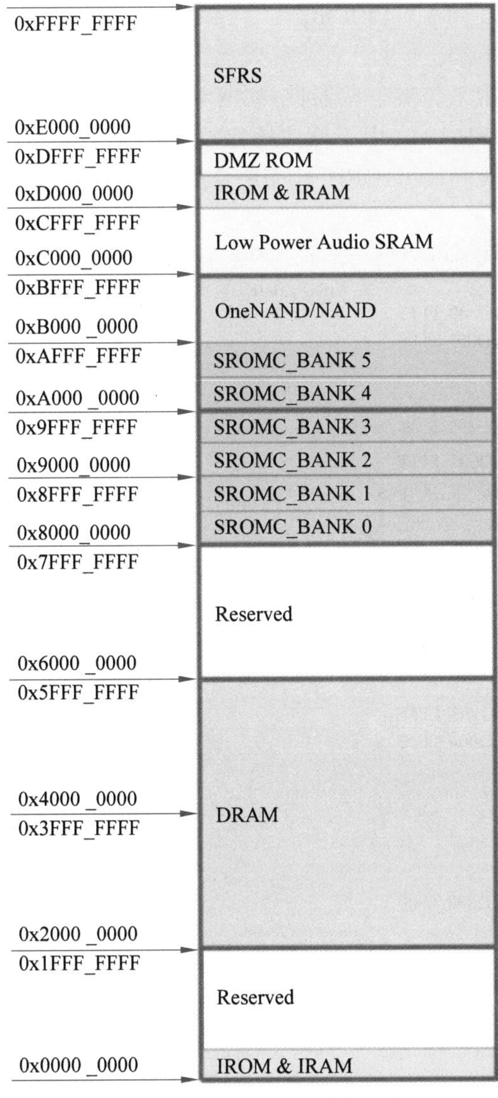

图 3-18　S5PV210 地址分布图

CPU能够寻址的范围由CPU的位数决定,例如一个32位的CPU,它的寻址范围是0～0xFFFFFFFF(4GB),而对于一个64位的CPU,它的寻址范围为0～0xFFFFFFFFFFFFFFFF(64TB)。

ROM:只读存储器(比如硬盘,只能读不能写是从CPU的地址总线角度出发的,通过CPU的地址总线不能写硬盘)。

RAM:随机访问存储器。

iROM:内部ROM,指的是集成到SoC内部的ROM。

iRAM:内部RAM,指的是集成到SoC内部的RAM。

(底部的iRAM和iROM是上部的iRAM和iROM的映射)

DRAM:动态RAM(可以当作内存插槽,用来扩展内存)。

SRAM:静态RAM。

OneNAND/NAND:NAND Flash。

SFR:特殊功能寄存器。

SROMC_BANK:用来扩展一些器件,如网卡等。

Low Power Audio SRAM:用于低功耗音频。

其中,地址0xD0000000～0xDFFFFFFF是内存iRAM和iROM对应的地址范围,如图3-19所示。

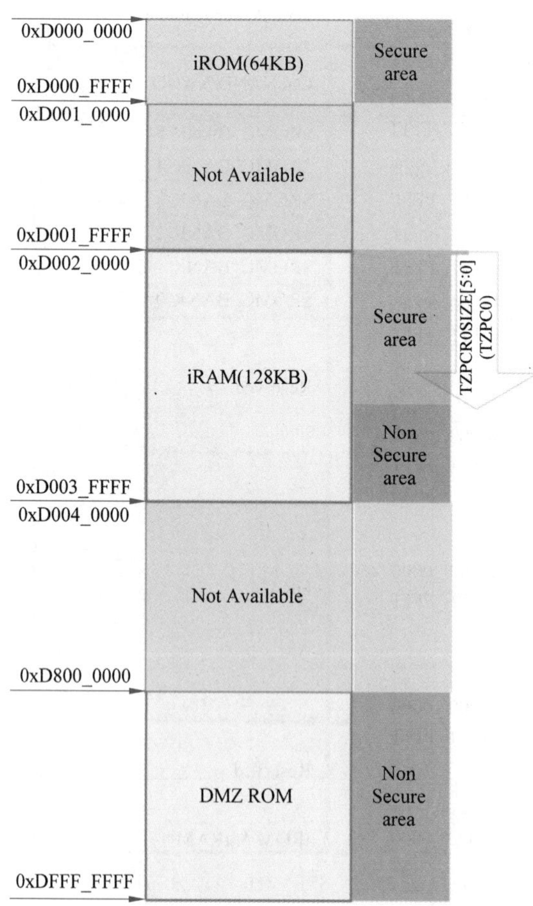

图3-19 S5PV210内存地址分布图

这里将相关章节中的部分特殊功能寄存器的地址分布列在表 3-8 中，在后面的章节中，可以通过对特殊功能寄存器的地址映射进行配置实现功能。

表 3-8 部分特殊功能寄存器的地址分布

地址范围		说明
0xE020_0000	0xE02F_FFFF	GPIO
0xE130_0000	0xE13F_FFFF	SPI0
0xE140_0000	0xE14F_FFFF	SPI1
0xE180_0000	0xE18F_FFFF	I^2C0
0xE1A0_0000	0xE1AF_FFFF	I^2C2
0xE210_0000	0xE21F_FFFF	I^2S1
0xE250_0000	0xE25F_FFFF	PWM
0xE290_0000	0xE29F_FFFF	UART
0xF200_0000	0xF20F_FFFF	VIC0
0xF210_0000	0xF21F_FFFF	VIC1
0xF220_0000	0xF22F_FFFF	VIC2
0xF230_0000	0xF23F_FFFF	VIC3

3.6 本章小结

本章首先介绍处理器的体系结构以及处理器中的关键技术，然后对 ARM 系列处理器的体系结构版本发展进行了描述，详细介绍 ARM 体系架构 v7 版中的处理器内核 Cortex-A8 的构成和特性，最后以实际硬件芯片基于 Cortex-A8 内核的三星 S5PV210 为例，介绍处理器整体结构和内存地址映射，为后续章节嵌入式系统应用功能开发做好准备。

3.7 练习

1. 什么是体系结构?
2. ARM 体系结构经历了哪些发展和变化?
3. 流水线中可能遇到哪些冒险?
4. 简述 NEON 的功能。
5. 简述 CoreSight 的功能。
6. ARM 的处理器内核命名规则是怎样的?
7. 什么是 RISC? RISC 和 CISC 相比有什么优点?
8. 处理异常的方式有哪些? ARM 是如何处理异常的?
9. Cortex-A8 内核的寄存器有哪些? 都有什么功能?
10. Cortex-A8 和 S5PV210 的关系是什么?
11. 存储器模式和异常有什么关系?

第4章 chapter 4

ARM Cortex-A8 汇编指令

ARM 嵌入式系统程序设计和所使用的 ARM 微处理器资源密切相关，ARM 微处理器是基于 RISC 设计的，其指令集包括 32 位的 ARM 指令集和 16 位 Thumb 指令集。

在嵌入式系统开发中，目前使用的主要编程语言是 C 语言和汇编语言。很多地方，例如开机时硬件系统的初始化，包括 CPU 状态的设定、中断的使能、主频的设定，以及 RAM 的控制参数及初始化等都使用汇编语言。汇编语言是和 ARM 处理器的指令集紧密相连的，涉及底层的嵌入式系统开发，它是重要的编程方法。

Cortex-A8 采用 ARMv7 架构，包含以下 3 种指令集。

- 32 位的 ARM 指令集。
- 16 位和 32 位混合的 Thumb-2 指令集。
- ThumbEE 指令集。

第 3 章介绍了 ARM 微处理器的工作模式、状态、存储器组织等，本章将介绍 ARM 的指令系统，包括 ARM 指令集、Thumb 指令、寻址方式以及一些伪指令，这样就有了根据功能开发和编写出适用的 ARM 程序的基础。

4.1 ARM 指令集

ARM 指令集格式

ARM 指令集是指 ARM 处理器的操作指令。在 ARM 中有两种方式可以实现程序的跳转，一种是跳转指令，另一种是直接向 PC 寄存器(R15) 中写入目标地址值。

ARM 微处理器指令集是加载/存储型的。

ARM 微处理器的指令集可以分为以下指令。

- 存储器访问指令。
- 数据处理指令。
- 分支跳转指令。
- 协处理器指令。
- 异常中断指令。
- 程序状态寄存器访问指令。

4.1.1 指令的基本格式

ARM 指令的基本格式如下。

```
<opcode> {<cond>} {S} <Rd>,<Rn>{,<operand2>}
```

其中，<>内的项是必须的，{}内的项是可选的。

各项的说明如下，ARM 指令各项对应的位，如图 4-1 所示。

cond				00		X	opcode				S	Rn				Rd				operand2											
31	30	29	28	27	26	25	24	23	22	21	20	19	18	17	16	15	14	13	12	11	10	9	8	7	6	5	4	3	2	1	0

图 4-1 ARM 指令各项对应的位

- opcode：指令操作符编码(助记符)。
- cond：指令执行条件编码。
- S：是否影响 CPSR 的值。
- Rd：目标寄存器。
- Rn：第 1 个操作数的寄存器。
- operand2：第 2 个操作数。

1. 条件码

使用条件码"cond"可以实现高效的逻辑操作，提高代码效率。

所有的 ARM 指令都可以条件执行，而 Thumb 指令只有 B(跳转)指令具有条件执行功能。如果指令不标明条件代码，将默认为无条件(AL)执行。

指令对应的二进制码和条件助记符可参见表 3-3。

条件码应用举例如下。

C 代码如下。

```
if(a>b)  a++;
else     b++;
```

对应的汇编代码如下。

```
CMP      R0,R1            ;R0 与 R1 比较
ADDHI    R0,R0,#1         ;若 R0>R1,则 R0=R0+1
ADDLS    R1,R1,#1         ;若 R0≤1,则 R1=R1+1
```

2. 第 2 个操作数

灵活地使用第 2 个操作数"operand2"能够提高代码效率。它有如下的形式。

1）#immed_8r—8 位图立即数常数表达式

该常数必须对应 8 位位图，即一个 8 位的常数通过循环右移偶数位得到。

例如：

```
MOV       R0,#1
AND       R1,R2,#0x0F
```

2）Rm—寄存器方式

在寄存器方式下，操作数即为寄存器的数值。

例如:

```
SUB      R1, R1, R2
MOV      PC, R0
```

3) **Rm,shift—寄存器移位方式**

将寄存器的移位结果作为操作数,但 Rm 值保持不变,其移位方法如下。

```
ASR  #n  算术右移 n 位
LSL  #n  逻辑左移 n 位
LSR  #n  逻辑右移 n 位
ROR  #n  循环右移 n 位
RRX      带扩展的循环右移 1 位
Type Rs  Type 为移位的一种类型,Rs 为偏移量寄存器,低 8 位有效
```

例如:

```
ADD   R1,R1,R1,LSL #3          ;R1=R1+R1 * 8=9R1
SUB   R1, R1, R2, LSR R3       ;R1=R1-(R2/2^R3)
```

移位方法的示意图如图 4-2 所示。

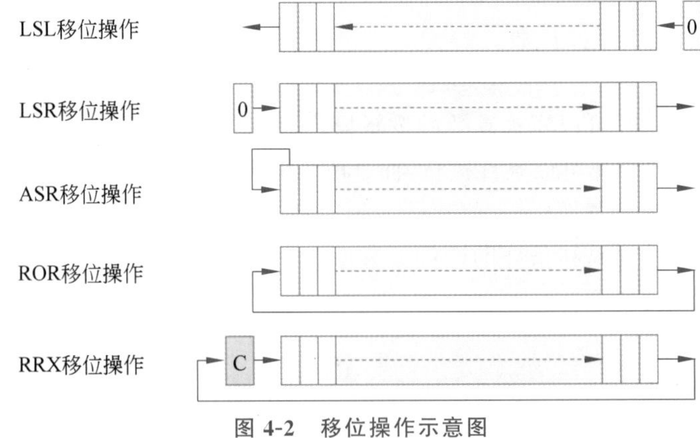

图 4-2　移位操作示意图

4.1.2　存储器访问指令

ARM 处理器是典型的 RISC 处理器,对存储器的访问只能使用加载/存储指令实现。ARM 处理器存储结构是程序空间、RAM 空间及 I/O 映射空间统一编址,除对 RAM 操作外,对外围 I/O、程序数据的访问均要通过加载/存储指令进行。

存储器访问指令分为单寄存器操作指令和多寄存器操作指令。

1. 单寄存器加载指令

表 4-1 为单寄存器加载指令的格式和说明。

表 4-1　单寄存器加载指令的格式和说明

助　记　符	说　　明	操　　作	条件码位置
LDR Rd,addressing	加载字数据	Rd←[addressing],addressing 索引	LDR{cond}
LDRB Rd,addressing	加载无符号字节数据	Rd←[addressing],addressing 索引	LDR{cond}B

续表

助 记 符	说　　明	操　　作	条件码位置
LDRT Rd,addressing	以用户模式加载字数据	Rd←[addressing],addressing 索引	LDR{cond}T
LDRBT Rd,addressing	以用户模式加载无符号字节数据	Rd←[addressing],addressing 索引	LDR{cond}BT
LDRH Rd,addressing	加载无符号半字数据	Rd←[addressing],addressing 索引	LDR{cond}H
LDRSB Rd,addressing	加载有符号字节数据	Rd←[addressing],addressing 索引	LDR{cond}SB
LDRSH Rd,addressing	加载有符号半字数据	Rd←[addressing],addressing 索引	LDR{cond}SH

2. 单寄存器存储指令

表 4-2 为单寄存器存储指令的格式和说明。

表 4-2　单寄存器存储指令的格式和说明

助 记 符	说　　明	操　　作	条件码位置
STR Rd,addressing	存储字数据	[addressing]←Rd,addressing 索引	STR{cond}
STRB Rd,addressing	存储字节数据	[addressing]←Rd,addressing 索引	STR{cond}B
STRT Rd,addressing	以用户模式存储字数据	[addressing]←Rd,addressin 索引	STR{cond}T
STRBT Rd,addressing	以用户模式存储字节数据	[addressing]←Rd,addressing 索引	STR{cond}BT
STRH Rd,addressing	存储半字数据	[addressing]←Rd,addressing 索引	STR{cond}H

LDR/STR 指令用于对内存变量的访问、内存缓冲区数据的访问、查表、外围部件的控制操作等。若使用 LDR 指令加载数据到 PC 寄存器，则实现程序跳转功能，就实现了程序散转。所有单寄存器加载/存储指令可分为“字和无符号字节加载存储指令”和“半字和有符号字节加载/存储指令”。

LDR 和 STR 指令应用示例如下。

1）字和无符号字节加载/存储指令

```
LDR     R2,[R5]              ;将 R5 指向地址的字数据存入 R2
STR     R1,[R0,#0x04]        ;将 R1 的数据存储到 R0+0x04 地址
LDRB    R3,[R2],#1           ;将 R2 指向地址的字节数据存入 R3,R2=R2+1
STRB    R6,[R7]              ;将 R7 指向地址的字节数据存入 R6
```

2）半字和有符号字节加载/存储指令

```
LDRSB R1,[R0,R3]             ;将 R0+R3 地址上的字节数据存入 R1,
                             ;高 24 位用符号扩展
LDRH R6,[R2],#2              ;将 R2 指向地址的半字数据存入 R6,高 16 位用 0 扩展
                             ;读出后,R2=R2+2
STRH  R1,[R0,#2]!            ;将 R1 的半字数据保存到 R0+2 地址,
                             ;只修改低 2 字节数据,R0=R0+2
```

3. 多寄存器加载/存储指令

表4-3为多寄存器加载/存储指令的格式和说明。

表 4-3 多寄存器加载/存储指令的格式和说明

助记符	说明	操作	条件码位置
LDM{mode} Rn{!},reglist	多寄存器加载	reglist←[Rn...] Rn 回写	LDM{cond}{mode}
STM{mode} Rn{!},reglist	多寄存器存储	[Rn...]←reglist Rn 回写	STM{cond}{mode}

多寄存器加载/存储指令可以实现在一组寄存器和一块连续的内存单元之间传输数据。LDM为加载多个寄存器,STM为存储多个寄存器。允许一条指令传送16个寄存器的任何子集或所有寄存器。它们主要用于现场保护、数据复制、常数传递等。

多寄存器加载/存储指令格式如下。

```
LDM{cond}<mode>  Rn{!},reglist{^}
STM{cond}<mode>  Rn{!},reglist{^}
```

cond:指令执行的条件。

mode:控制地址的增长方式,一共有8种模式。

!:表示在操作结束后,将最后的地址写回Rn中。

reglist:表示寄存器列表,可以包含多个寄存器,它们使用“,”隔开,如{R1,R2,R6~R9},寄存器由小到大排列。

^:加入该后缀后,进行数据传送且寄存器列表不包含PC时,加载/存储的寄存器是用户模式下的,而不是当前模式的寄存器。若在LDM指令且寄存器列表中包含PC时使用,那么除正常的多寄存器传送外,还将SPSR也复制到CPSR中,这可用于异常处理返回。

注意:该后缀不允许在用户模式或系统模式下使用。

多寄存器加载/存储指令的8种模式如表4-4所示,右边4种为堆栈操作,左边4种为数据传送操作。

表 4-4 多寄存器加载/存储指令的 8 种模式

模式	说明	模式	说明
IA	每次传送后地址加4	FD	满递减堆栈
IB	每次传送前地址加4	ED	空递减堆栈
DA	每次传送后地址减4	FA	满递增堆栈
DB	每次传送前地址减4	EA	空递增堆栈
数据块传送操作		堆栈操作	

进行数据复制时,先设置好源数据指针和目标指针,然后使用块复制寻址指令LDMIA/STMIA、LDMIB/STMIB、LDMDA/STMDA、LDMDB/STMDB进行加载和存储。

进行堆栈操作时,要先设置堆栈指针(SP),然后使用堆栈寻址指令STMFD/LDMFD、STMED/LDMED、STMFA/LDMFA和STMEA/LDMEA实现堆栈操作。

数据块传送指令操作过程如图 4-3 所示，其中 R1 为指令执行前的基址寄存器，R1′则为指令执行后的基址寄存器。

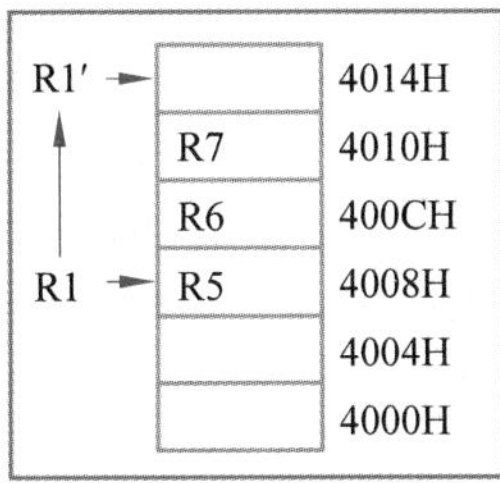

指令STMIA R1!,{R5-R7}

指令STMIB R1!,{R5-R7}

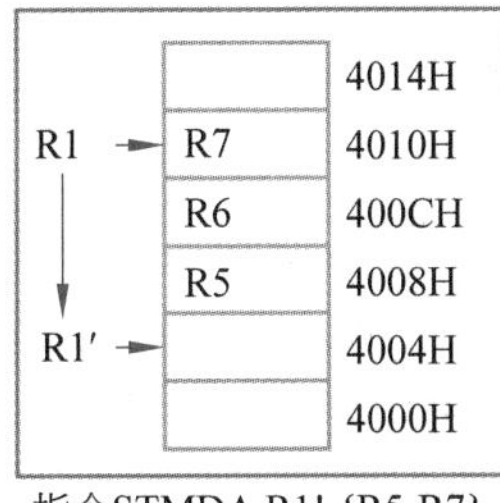

指令STMDA R1!,{R5-R7}

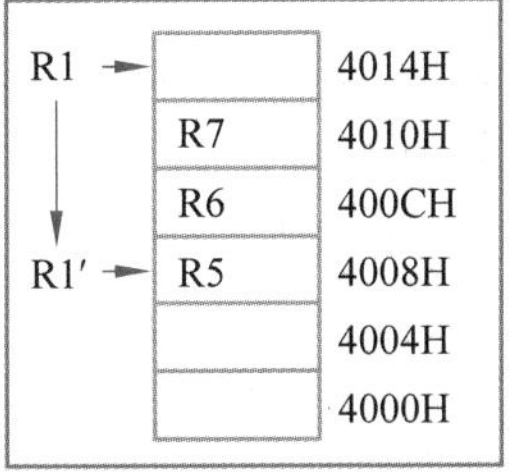

指令STMDB R1!,{R5-R7}

图 4-3　数据块传送指令操作过程

堆栈操作(详见"寻址方式堆栈寻址")和数据块传送指令类似，也有 4 种模式，它们之间的关系如图 4-4 所示。

数据块传送存储	堆栈操作压栈	说明
STMDA	STMED	空递减
STMIA	STMEA	空递增
STMDB	STMFD	满递减
STMIB	STMFA	满递增

数据块传送加载	堆栈操作压栈	说明
LDMDA	LDMFA	满递减
LDMIA	LDMFD	满递增
LDMDB	LDMEA	空递减
LDMIB	LDMED	空递增

图 4-4　堆栈操作和数据块传送指令的关系

使用数据块传送指令进行堆栈操作。

```
STMDA  R0!,{R5-R6}
…
LDMIB  R0!,{R5-R6}
```

使用堆栈指令进行堆栈操作。

```
STMED  R0!,{R5-R6}
…
LDMED  R0!,{R5-R6}
```

两段代码的执行结果是一样的，但是使用堆栈指令的压栈和出栈操作编程很简单(只要前后一致即可)，而使用数据块指令进行压栈和出栈操作则需要考虑空与满、加与减对应的问题。

4. 寄存器和存储器交换指令

寄存器和存储器交换(SWP)指令用于将一个内存单元(该单元地址放在寄存器 Rn

中)的内容读取到一个寄存器 Rd 中,同时将另一个寄存器 Rm 的内容写入到该内存单元中。使用 SWP 指令可实现信号量操作。

SWP 指令格式如下。

```
SWP{cond}{B}    Rd,Rm,[Rn]
```

其中,B 为可选后缀,若有 B,则交换字节,否则交换 32 位字;Rd 用于保存从存储器中读入的数据;Rm 的数据用于存储到存储器中,若 Rm 与 Rd 相同,则为寄存器与存储器内容进行交换;Rn 为要进行数据交换的存储器地址,Rn 不能与 Rd 和 Rm 相同。

4.1.3 ARM 数据处理指令

数据处理指令的作用是对数据进行运算和传送。

数据处理指令大致可分为以下 3 类。

- 数据传送指令,用于在寄存器和存储器之间进行数据的双向传输。
- 算术逻辑运算指令,完成常用的算术与逻辑的运算,该类指令不但将运算结果保存在目的寄存器中,同时更新 CPSR 中的相应条件标志位。
- 比较指令,保存运算结果,只更新 CPSR 中相应的条件标志位。

数据处理指令只能对寄存器的内容进行操作,而不能对内存中的数据进行操作。所有 ARM 数据处理指令均可选择使用 S 后缀,并影响状态标志。

表 4-5 为数据处理指令的 opcode 操作码功能表。

表 4-5 数据处理指令的 opcode 操作码功能表

操作码	指令助记符	说　明
0000	AND	逻辑与操作指令
0001	EOR	逻辑异或操作指令
0010	SUB	减法运算指令
0011	RSB	逆向减法指令
0100	ADD	加法运算指令
0101	ADC	带进位加法
0110	SBC	带进位减法指令
0111	RSC	带进位逆向减法指令
1000	TST	位测试指令
1001	TEQ	相等测试指令
1010	CMP	比较指令
1011	CMN	负数比较指令
1100	ORR	逻辑或操作指令
1101	MOV	数据传送
1110	BIC	位清除指令
1111	MVN	数据非传送

1. 数据传送指令

表 4-6 为数据传送指令的格式和说明。

表 4-6 数据传送指令的格式和说明

助 记 符	说 明	操 作	条件码位置
MOV Rd,operand2	数据传送	Rd←operand2	MOV{cond}{S}
MVN Rd,operand2	数据非传送	Rd←(~operand2)	MVN{cond}{S}

1) MOV 指令

MOV 指令,将 8 位图立即数或寄存器传送到目标寄存器(Rd),可用于移位运算等操作。其指令格式如下。

```
MOV{cond}{S}      Rd,operand2
```

MOV 指令的应用示例如下。

```
MOV     R1,#0x10            ;R1=0x10
MOV     R0,R1               ;R0=R1
MOVS    R3,R1,LSL #2        ;R3=R1<<2,并影响标志位
MOV     PC,LR               ;PC=LR,子程序返回
```

2) MVN 指令

MVN 指令将 8 位图立即数 #immed_8r 或寄存器(operand2)按位取反后传送到目标寄存器(Rd),因为其具有取反功能,所以可以装载范围更广的立即数。其指令格式如下。

```
MVN{cond}{S}      Rd,operand2
```

MVN 指令的应用示例如下。

```
MVN     R1,#0xFF            ;R1=0xFFFFFF00
MVN     R1,R2               ;将 R2 取反,结果存到 R1
```

2. 算术运算指令

表 4-7 为算术运算指令的格式和说明。

表 4-7 算术运算指令的格式和说明

助 记 符	说 明	操 作	条件码位置
ADD Rd,Rn,operand2	加法运算指令	Rd←Rn+operand2	ADD{cond}{S}
SUB Rd,Rn,operand2	减法运算指令	Rd←Rn-operand2	SUB{cond}{S}
RSB Rd,Rn,operand2	逆向减法运算指令	Rd←operand2-Rn	RSB{cond}{S}
ADC Rd,Rn,operand2	带进位加法指令	Rd←Rn+operand2+Carry	ADC{cond}{S}
SBC Rd,Rn,operand2	带进位减法指令	Rd←Rn-operand2−(NOT)Carry	SBC{cond}{S}
RSC Rd,Rn,operand2	带进位逆向减法指令	Rd←operand2-Rn−(NOT)Carry	RSC{cond}{S}

1) 加法运算指令

ADD 指令将 operand2 的值与 Rn 的值相加,结果保存到 Rd 寄存器。ADD 指令格

式如下。

```
ADD{cond}{S}  Rd,Rn,operand2
```

该指令的应用示例如下。

```
ADDS     R1,R1,#1           ;R1=R1+1,并影响标志位
ADD      R1,R1,R2           ;R1=R1+R2
```

2）减法运算指令

SUB指令用寄存器Rn减去operand2,结果保存到Rd中。SUB指令格式如下。

```
SUB{cond}{S}     Rd,Rn,operand2
```

该指令的应用示例如下。

```
SUBS     R0,R0,#1           ;R0=R0-1,并影响标志位
SUBS     R2,R1,R2           ;R2=R1-R2,并影响标志位
```

3）逆向减法运算指令

RSB指令将operand2的值减去Rn,结果保存到Rd中。RSB指令格式如下。

```
RSB{cond}{S}     Rd,Rn,operand2
```

该指令的应用示例如下。

```
RSB     R3,R1,#0xFF00           ;R3=0xFF00-R1
RSBS    R1,R2,R2,LSL #2         ;R1=(R2<<2)-R2=R2×3
```

4）带进位加法指令

ADC指令将operand2的值与Rn的值相加,再加上CPSR中的C条件标志位,结果保存到Rd寄存器。ADC指令格式如下。

```
ADC{cond}{S}     Rd,Rn,operand2
```

该指令的应用示例如下(使用ADC实现64位加法,结果存于R1、R0中)。

```
ADDS     R0,R0,R2              ;R0等于低32位相加,并影响标志位
ADC      R1,R1,R3              ;R1等于高32位相加,并加上低位进位
```

5）带进位减法指令

SBC指令用寄存器Rn减去operand2,再减去CPSR中的C条件标志位的非(即若C标志清零,则结果减去1),结果保存到Rd中。SBC指令格式如下。

```
SBC{cond}{S}     Rd,Rn,operand2
```

该指令的应用示例如下(使用SBC实现64位减法,结果存于R1、R0中)。

```
SUBS     R0,R0,R2              ;低32位相减,并影响标志位(有借为0,无借为1)
SBC      R1,R1,R3              ;高32位相减,并减去低位借位
```

6）带进位逆向减法指令

RSC指令用寄存器operand2减去Rn,再减去CPSR中的C条件标志位,结果保存到Rd中。RSC指令格式如下。

```
RSC{cond}{S}     Rd,Rn,operand2
```

该指令的应用示例如下(使用 RSC 指令实现求 64 位数值的负数)。

```
RSBS     R2,R0,#0
RSC      R3,R1,#0
```

3. 逻辑运算指令

表 4-8 为逻辑运算指令的格式和说明。

表 4-8 逻辑运算指令的格式和说明

助 记 符	说 明	操 作	条件码位置
AND Rd,Rn,operand2	逻辑与操作指令	Rd←Rn & operand2	AND{cond}{S}
ORR Rd,Rn,operand2	逻辑或操作指令	Rd←Rn | operand2	ORR{cond}{S}
EOR Rd,Rn,operand2	逻辑异或操作指令	Rd←Rn ^ operand2	EOR{cond}{S}
BIC Rd,Rn,operand2	位清除指令	Rd←Rn & (~operand2)	BIC{cond}{S}

1) 逻辑与操作指令

AND 指令将 operand2 的值与寄存器 Rn 的值按位作逻辑“与”操作,结果保存到 Rd 中。AND 指令格式如下。

```
AND{cond}{S}     Rd,Rn,operand2
```

该指令的应用示例如下。

```
ANDS   R0,R0,#0x01            ;R0=R0&0x01,取出最低位数据
AND    R2,R1,R3               ;R2=R1&R3
```

2) 逻辑或操作指令

ORR 指令将 operand2 的值与寄存器 Rn 的值按位作逻辑“或”操作,结果保存到 Rd 中。ORR 指令格式如下。

```
ORR{cond}{S}     Rd,Rn, operand2
```

该指令的应用示例如下。

```
MOV     R1,R2,LSR #24         ;使用 ORR 指令将 R2 的高 8 位
ORR     R3,R1,R3,LSL #8       ;数据移入到 R3 低 8 位中
ORR      R0,R0,#0x0F          ;将 R0 的低 4 位置 1
```

3) 逻辑异或操作指令

EOR 指令将 operand2 的值与寄存器 Rn 的值按位作逻辑“异或”操作,结果保存到 Rd 中。EOR 指令格式如下。

```
EOR{cond}{S}     Rd,Rn, operand2
```

该指令的应用示例如下。

```
EOR      R1,R1,#0x0F          ;将 R1 的低 4 位取反
EOR      R2,R1,R0             ;R2=R1^R0
EORS     R0,R5,#0x01          ;将 R5 和 0x01 进行逻辑异或,结果保存到 R0,并影响标志位
```

4) 位清除指令

BIC 指令将寄存器 Rn 的值与 operand2 的值的反码按位作逻辑“与”操作,结果保存

到 Rd 中。BIC 指令格式如下。

```
BIC{cond}{S}    Rd,Rn, operand2
```

该指令的应用示例如下。

```
BIC    R1,R1,#0x0F         ;将 R1 的低 4 位清零,其他位不变
BIC    R1,R2,R3            ;将 R3 的反码和 R2 相逻辑"与",结果保存到 R1 中
```

4. 乘法指令

表 4-9 为乘法指令的格式和说明。

表 4-9 乘法指令的格式和说明

助记符	说明	操作	条件码位置
MUL Rd,Rm,Rs	32 位乘法指令	Rd←Rm×Rs(Rd≠Rm)	MUL{cond}{S}
MLA Rd,Rm,Rs,Rn	32 位乘加指令	Rd←Rm×Rs+Rn(Rd≠Rm)	MLA{cond}{S}
UMULL RdLo,RdHi,Rm,Rs	64 位无符号乘法指令	(RdLo,RdHi)←Rm×Rs	UMULL{cond}{S}
UMLAL RdLo,RdHi,Rm,Rs	64 位无符号乘加指令	(RdLo,RdHi)←Rm×Rs+(RdLo,RdHi)	UMLAL{cond}{S}
SMULL RdLo,RdHi,Rm,Rs	64 位有符号乘法指令	(RdLo,RdHi)←Rm×Rs	SMULL{cond}{S}
SMLAL RdLo,RdHi,Rm,Rs	64 位有符号乘加指令	(RdLo,RdHi)←Rm×Rs+(RdLo,RdHi)	SMLAL{cond}{S}

1) 32 位乘法指令

MUL 指令将 Rm 和 Rs 中的值相乘,结果的低 32 位保存到 Rd 中。MUL 指令格式如下。

```
MUL{cond}{S}    Rd,Rm,Rs
```

该指令的应用示例如下。

```
MUL   R1,R2,R3             ;R1=R2×R3
MULS  R0,R3,R7             ;R0=R3×R7,同时影响 CPSR 中的 N 位和 Z 位
```

2) 32 位乘加指令

MLA 指令将 Rm 和 Rs 中的值相乘,再将乘积加上第 3 个操作数,结果的低 32 位保存到 Rd 中。MLA 指令格式如下。

```
MLA{cond}{S}    Rd,Rm,Rs,Rn
```

该指令的应用示例如下。

```
MLA     R1,R2,R3,R0        ;R1=R2×R3+R0
```

3) 64 位无符号乘法指令

UMULL 指令将 Rm 和 Rs 中的值作无符号数相乘,结果的低 32 位保存到 RdLo 中,而高 32 位保存到 RdHi 中。UMULL 指令格式如下。

```
UMULL{cond}{S}    RdLo,RdHi,Rm,Rs
```

该指令的应用示例如下。

```
UMULL    R0,R1,R5,R8                ;(R1、R0)=R5×R8
```

4）64 位无符号乘加指令

UMLAL 指令将 Rm 和 Rs 中的值作无符号数相乘，64 位乘积与 RdHi、RdLo 相加，结果的低 32 位保存到 RdLo 中，而高 32 位保存到 RdHi 中。UMLAL 指令格式如下。

```
UMLAL{cond}{S}    RdLo,RdHi,Rm,Rs
```

该指令的应用示例如下。

```
UMLAL    R0,R1,R5,R8                ;(R1、R0)=R5×R8+(R1、R0)
```

5）64 位有符号乘法指令

SMULL 指令将 Rm 和 Rs 中的值作有符号数相乘，结果的低 32 位保存到 RdLo 中，而高 32 位保存到 RdHi 中。SMULL 指令格式如下。

```
SMULL{cond}{S}    RdLo,RdHi,Rm,Rs
```

该指令的应用示例如下。

```
SMULL    R2,R3,R7,R6                ;(R3、R2)=R7×R6
```

6）64 位有符号乘加指令

SMLAL 指令将 Rm 和 Rs 中的值作有符号数相乘，64 位乘积与 RdHi、RdLo 相加，结果的低 32 位保存到 RdLo 中，而高 32 位保存到 RdHi 中。SMLAL 指令格式如下。

```
SMLAL{cond}{S}    RdLo,RdHi,Rm,Rs
```

该指令的应用示例如下。

```
SMLAL    R2,R3,R7,R6                ;(R3、R2)=R7×R6+(R3、R2)
```

5. 比较指令

表 4-10 为比较指令的格式和说明。

表 4-10　比较指令的格式和说明

助 记 符	说　明	操　作	条件码位置
CMP Rn,operand2	比较指令	标志 N、Z、C、V←Rn-operand2	CMP{cond}
CMN Rn,operand2	负数比较指令	标志 N、Z、C、V←Rn+operand2	CMN{cond}
TST Rn,operand2	位测试指令	标志 N、Z、C、V←Rn & operand2	TST{cond}
TEQ Rn,operand2	相等测试指令	标志 N、Z、C、V←Rn ^ operand2	TEQ{cond}

1）比较指令

CMP 指令将寄存器 Rn 的值减去 operand2 的值，根据操作的结果更新 CPSR 中的相应条件标志位，以便后面的指令根据相应的条件标志判断是否执行。CMP 指令格式如下。

```
CMP{cond}    Rn, operand2
```

该指令的应用示例如下。

```
CMP    R1,#10              ;R1 与 10 比较,设置相关标志位
CMP    R1,R2               ;R1 与 R2 比较,设置相关标志位
```

注意:CMP 指令与 SUBS 指令的区别在于 CMP 指令不保存运算结果。在进行两个数据的大小判断时,常用 CMP 指令及相应的条件码操作。

2）负数比较指令

CMN 指令使用寄存器 Rn 的值加上 operand2 的值,根据操作的结果更新 CPSR 中的相应条件标志位,以便后面的指令根据相应的条件标志判断是否执行,用来实现与负数的比较。CMN 指令格式如下。

```
CMN{cond}    Rn, operand2
```

该指令的应用示例如下。

```
CMN    R0,#1              ;R0+1,判断 R0 是否为 1 的补码
                          ;R0 是否为-1,如果是,则设置 Z 标志位
```

注意:CMN 指令与 ADDS 指令的区别在于 CMN 指令不保存运算结果。CMN 指令可用于负数比较,比如 CMN R0,#1 指令表示 R0 与−1 比较,若 R0 为−1(即 1 的补码),则 Z 置位;否则 Z 复位。

3）位测试指令

TST 指令将寄存器 Rn 的值与 operand2 的值按位作逻辑"与"操作,根据操作的结果更新 CPSR 中的相应条件标志位,以便后面的指令根据相应的条件标志判断是否执行。TST 指令格式如下。

```
TST{cond}    Rn, operand2
```

该指令的应用示例如下。

```
TST    R0,#0x01           ;判断 R0 的最低位是否为 0
TST    R1,#0x0F           ;判断 R1 的低 4 位是否为 0
```

注意:TST 指令与 ANDS 指令的区别在于 TST 指令不保存运算结果。TST 指令通常与 EQ、NE 条件码配合使用,当所有测试位均为 0 时,EQ 有效,而只要有一个测试位不为 0,则 NE 有效。

4）相等测试指令

TEQ 指令将寄存器 Rn 的值与 operand2 的值按位作逻辑"异或"操作,根据操作的结果更新 CPSR 中的相应条件标志位,以便后面的指令根据相应的条件标志判断是否执行。TEQ 指令格式如下。

```
TEQ{cond}    Rn, operand2
```

该指令的应用示例如下。

```
TEQ    R0,R1              ;比较 R0 与 R1 是否相等 (不影响 V 位和 C 位)
```

注意:TEQ 指令与 EORS 指令的区别在于 TEQ 指令不保存运算结果。使用 TEQ 进行相等测试时,常与 EQ、NE 条件码配合使用。当两个数据相等时,EQ 有效;否则 NE 有效。

4.1.4 分支跳转指令

ARM 指令集的分支跳转指令，支持带链接分支跳转以及带状态切换的分支跳转指令。表 4-11 为分支跳转指令的格式和说明。

表 4-11 分支跳转指令的格式和说明

助记符	说明	操作	条件码位置
B label	分支跳转指令	PC←label	B{cond}
BL label	带链接的分支跳转指令	LR←PC-4，PC←label	BL{cond}
BLX label	带链接及状态切换的分支跳转指令	LR←PC-4，PC←label，切换状态	BL{cond}
BX Rm	带状态切换的分支跳转指令	PC←label，切换处理器状态	BX{cond}

1）分支跳转指令

B 指令跳转范围限制在当前指令的±32M 地址内(ARM 指令为字对齐，最低 2 位地址固定为 0)。B 指令格式如下。

```
B{cond}    Label
```

该指令的应用示例如下。

```
B       WAITA               ;跳转到 WAITA 标号处
B       0x1234              ;跳转到绝对地址 0x1234 处
```

2）带链接的分支跳转指令

BL 指令适用于子程序调用，使用该指令后，下一条指令的地址被复制到 R14(即 LR)链接寄存器中，然后跳转到指定地址运行程序。跳转范围限制在当前指令的±32MB 字节地址内。BL 指令格式如下。

```
BL{cond}    Label
```

该指令的应用示例如下。

```
BL     DELAY                ;调用子程序 DELAY
```

3）带链接及状态切换的分支跳转指令

BLX 指令可以根据跳转地址(Rm)的最低位切换处理器状态。其跳转范围限制在当前指令的±32MB 地址内。BLX 指令格式如下。

```
BLX{cond}    Rm
```

4）带状态切换的分支跳转指令

BX 指令可以根据跳转地址(Rm)的最低位切换处理器状态。其跳转范围限制在当前指令的±32MB 地址内。BX 指令格式如下。

```
BX{cond}    Rm
```

该指令的应用示例如下。

```
ADRL  R0,ThumbFun+1         ;将 Thumb 程序入口地址加 1 存入 R0
BX    R0                    ;跳转到 R0 指定的地址,并根据 R0 的最低位来切换处理器状态
```

4.1.5 协处理器指令

ARM 的协处理器指令主要用于 ARM 处理器初始化,ARM 协处理器的数据处理操作,在 ARM 处理器的寄存器和协处理器的寄存器之间传送数据,以及在 ARM 协处理器的寄存器和存储器之间传送数据。

在程序执行的过程中,每个协处理器只执行针对自身的协处理指令,忽略 ARM 处理器和其他协处理器的指令。

这些指令在 ARM 流水线的译码阶段被处理,如果在译码阶段发现是一条协处理器指令,则把它送给相应的协处理器。如果该协处理器不存在,或不认识该指令,则 ARM 认为发生未定义指令异常。

ARM 协处理器指令包括以下 5 条。

- CDP：协处理器数据操作指令。
- LDC：协处理器数据加载指令。
- STC：协处理器数据存储指令。
- MCR：ARM 处理器寄存器到协处理器寄存器的数据传送指令。
- MRC：协处理器寄存器到 ARM 处理器寄存器的数据传送指令。

1. CDP 指令

CDP 指令格式如下。

```
CDP{<cond>} <coproc>,<opcode1>,<Rd>,<CRn>,<CRm>{, <opcode2>}
```

coproc：指定协处理器的编号,标准为 p0,p1…p15。

opcode1：指定协处理器执行的操作码,确定哪条协处理器指令执行。

Rd：目标寄存器,如果 PC 作为目标寄存器,结果可能不可预知。

CRn：包含第 1 个操作数的协处理器寄存器。

CRm：包含第 2 个操作数的协处理器寄存器。

opcode2：通常与 opcode1 配合使用。

该指令的应用示例如下。

```
CDP P3,2,C12,C10,C3,4            ;该指令完成协处理器 P3 的初始化
```

2. LDC 指令

LDC 指令从一系列连续的内存单元将数据读取到协处理器的寄存器中,如果协处理器不能成功执行该操作,将产生未定义的指令异常操作。LDC 指令格式如下。

```
LDC{<cond>} {L} <coproc>,<CRd >,<[Rm]>
```

LDC 指令用于将源寄存器所指向的存储器中的字数据传送到目的寄存器中,若协处理器不能成功完成传送操作,则产生未定义指令异常。其中,{L}选项表示指令为长读取操作,如用于双精度数据的传输。

该指令的应用示例如下。

```
LDC  P3,C4,[R0]                 ;将 ARM 处理器的寄存器 R0 所指向的存储器中的字数据
                                ;传送到协处理器 P3 的寄存器 C4 中
```

3. STC 指令

STC 指令将协处理器的寄存器中的数据写入一些列内存单元。STC 指令格式如下。

```
STC{<cond>} {L} <coproc>,< CRd> ,<[Rm]>
```

STC 指令用于将源寄存器中的字数据传送到目的寄存器所指向的存储器中，若协处理器不能成功完成传送操作，则产生未定义指令异常。其中，{L}选项表示指令为长读取操作，如用于双精度数据的传输。

STC 指令的应用示例如下。

```
STC P8,CR8,[R2,#4]!             ;将协处理器 P8 的 CR8 寄存器中的字数据
                                ;写入到内存单元(R2+4)中，然后执行 R2=R2+4 操作
```

4. MCR 指令

MCR 指令将 ARM 处理器的寄存器中的数据传送到协处理器的寄存器中，如果协处理器不能成功执行该操作，将产生未定义的指令异常中断。MCR 指令格式如下。

```
MCR {<cond>} <coproc>,<opcode1>,<Rd>,<CRn>,<CRm>{, <opcode2>}
```

MCR 指令的应用示例如下。

```
MCR P14,3,R7,c7,c11,6           ;指令从 ARM 寄存器中将数据
                                ;传送到协处理器 P14 的寄存器中
```

5. MRC 指令

MRC 指令将 ARM 处理器的寄存器中的数据传送到协处理器的寄存器中，如果协处理器不能成功执行该操作，将产生未定义的指令异常中断。MRC 指令格式如下。

```
MRC {<cond>} <coproc>,<opcode1>,<Rd>,<CRn>,<CRm>{, <opcode2>}
```

MRC 指令的应用示例如下。

```
MRC  P15,2,R5,c0,c2,4           ;指令将协处理器 P15 寄存器中的数据传送到 ARM 寄存器中
```

opcode1 在标准的 MRC 指令中，为协处理器的<opcode1>，即操作数 1。对于 CP15 来说，此操作数恒为 0，即 0b000。当针对 CP15 的 MRC 指令中<opcode1>不为 0 时，指令的操作结果不可预知。

Rd 为 ARM 寄存器，在 ARM 和协处理器交换数据时使用。在 MRC 指令中作为目的寄存器，在 MCR 中作为源寄存器。

CRn 是 CP15 协处理器指令中用到的主要寄存器。在 MRC 指令中为源寄存器，在 MCR 中为目的寄存器。CP15 协处理器的寄存器 C0、C1、…、C15 均可出现在这里。

CRm 是附加的协处理器寄存器，用于区分同一个编号的不同物理寄存器和访问类型。当指令中不需要提供附加信息时，将 CRm 指定为 C0，否则指令的操作结果不可预知。

opcode2 提供附加信息，用于区分同一个编号的不同物理寄存器，当指令中没有指定附加信息时，省略 opcode2 或者将其指定为 0，否则指令的操作结果不可预知。

6. 协处理器 CP15 的寄存器

1) CP15 的寄存器 C0

当使用 MRC 指令读寄存器 C0 时，根据第 2 个操作码 opcode2 的不同，读出的标识符也是不同的。寄存器 C0 是只读寄存器，当用 MCR 指令对其进行写操作时，指令的执行结果不可预知。

寄存器 C0 包含的是 ARM 本身或芯片生产厂商的一些标识信息。CP15 中寄存器 C0 对应两个标识符寄存器，由访问 CP15 中的寄存器指令中的<opcode2>指定要访问哪个具体物理寄存器，<opcode2>与两个标识符寄存器的对应关系如下。

opcode2 设置如下。

0b000：对应主标识符寄存器。

0b001：对应 Cache 类型寄存器。

其他：保留。

(1) 主标识符寄存器。

```
MRC   P15,0,R0,C0,C0,0          ;将主标识符寄存器的内容读到 AMR 寄存器 R0 中
```

主标识符的编码格式对于不同的 ARM 处理器版本有所不同。

对于 AMR7 之后的处理器，其主标识符编码格式如表 4-12 所示。

表 4-12　主标识符编码格式说明

31　　24	23　　20	19　　16	15　　4	3　　0
由生产商确定	产品子编号	ARM 体系版本号	产品主编号	处理器版本号

各部分的编码详细含义如表 4-13 所示。

表 4-13　主标识符寄存器位说明

位	说　明
[31:24]	生产厂商的编号，现在已经定义的有以下值。 0x41　=A　ARM 公司 0x44　=D　Digital Equipment 公司 0x69　=I　Intel 公司
[23:20]	生产商定义的产品子编号。当产品主编号相同时，使用子编号来区分不同的产品子类，如产品中不同的高速缓存的大小等
[19:16]	ARM 体系的版本号。 0x1　ARM 体系版本 4 0x2　ARM 体系版本 4T 0x3　ARM 体系版本 5 0x4　ARM 体系版本 5T 0x5　ARM 体系版本 5TE 其他　ARM 公司保留将来使用
[15:4]	生产商定义的产品主编号；[15:12]不能是 0x0 或 0x7。 0x0 表示 ARM7 之前的处理器，0x7 表示 ARM7 处理器
[3:0]	生产商定义的处理器版本号

(2) Cache 类型标识符寄存器。

访问 Cache 类型标识符寄存器指令如下。

```
MRC   P15,0,R0,C0,C0,1          ;将 cache 类型标识符寄存器的内容读到 AMR 寄存器 R0 中
```

ARM 处理器中 Cache 类型标识符寄存器的编码格式如表 4-14 所示。

表 4-14 Cache 类型标识符寄存器的编码格式说明

31 29	28 25	24	23 12	11 0
000	属性字段	S	数据 Cache 相关属性	指令 Cache 相关属性

Cache 类型标识符寄存器[28:25]位说明如表 4-15 所示。

表 4-15 Cache 类型标识符寄存器[28:25]位说明

编码	Cache 类型	Cache 内容清除方法	Cache 内容锁定方法
0b0000	写通类型	不需要内容清除	不支持内容锁定
0b0001	写回类型	数据块读取	不支持内容锁定
0b0010	写回类型	由寄存器 C7 定义	不支持内容锁定
0b0110	写回类型	由寄存器 C7 定义	支持格式 A
0b0111	写回类型	由寄存器 C7 定义	支持格式 B

[24]位为 0 时,系统的数据 Cache 和指令 Cache 是统一的;为 1 时,系统的数据 Cache 和指令 Cache 是分开的。

[23:12]用于定义数据 Cache 的属性,[11:0]用于定义指令 Cache 的属性,当 S 为 0 时,[23:12]和[11: 0]字段定义整个 Cache 的属性,其编码格式如表 4-16 所示。

表 4-16 Cache 属性编码格式说明

23 21	20 18	17 15	14	13 12
11 9	8 6	5 3	2	1 0
000	Cache 容量	Cache 相联特性	M	块大小

Cache 类型标识符寄存器块大小说明如表 4-17 所示。

表 4-17 Cache 类型标识符寄存器块大小说明

编码	Cache 块大小	编码	Cache 块大小
0b00	2 个字(8 字节)	0b10	8 个字(32 字节)
0b01	4 个字(16 字节)	0b11	16 个字(64 字节)

Cache 类型标识符寄存器 Cache 相联特性和 M 位说明如表 4-18 所示。

Cache 类型标识符寄存器 Cache 容量和 M 位说明如表 4-19 所示。

2) CP15 的寄存器 C1

CP15 中的寄存器 C1 是一个控制寄存器,有以下两个功能。

- 禁止或者使能 MMU,以及其他与存储系统相关的功能。
- 配置存储系统,以及 ARM 处理器中相关部分的功能。

表 4-18 Cache 类型标识符寄存器 Cache 相联特性和 M 位说明

编码	M=0 时	M=1 时
0b000	1 路相联(直接映射)	没有 Cache
0b001	2 路相联	3 路相联
0b010	4 路相联	6 路相联
0b011	8 路相联	12 路相联
0b100	16 路相联	24 路相联
0b101	32 路相联	48 路相联
0b110	64 路相联	96 路相联
0b111	128 路相联	192 路相联

表 4-19 Cache 类型标识符寄存器 Cache 容量和 M 位说明

编码	M=0 时	M=1 时
0b000	0.5KB	0.75KB
0b001	1KB	1.5KB
0b010	2KB	3KB
0b011	4KB	6KB
0b100	8KB	12KB
0b101	16KB	24KB
0b110	32KB	48KB
0b111	64KB	96KB

访问寄存器 C1 的指令如下。

```
MRC  P15, 0, r0, c1, c0{, 0}           ;将 CP15 的寄存器 C1 的值读到 r0 中
MRC  P15,0, r0, c1, c0{, 0}            ;将 R0 的值写到 CP15 的寄存器 C1 中
```

CP15 中的寄存器 C1 的编码格式及说明如表 4-20 所示。

表 4-20 CP15 中的寄存器 C1 的编码格式及说明

位	说　明
M(bit[0])	0：禁止 MMU 或者 PU 1：使能 MMU 或者 PU 如果系统中没有 MMU 及 PU,读取时该位返回 0,写入时忽略该位
A(bit[1])	0：禁止地址对齐检查 1：使能地址对齐检查
C(bit[2])	当数据 Cache 和指令 Cache 分开时,该控制位禁止/使能数据 Cache。当数据 Cache 和指令 Cache 统一时,该控制位禁止/使能整个 Cache。 0：禁止数据/整个 Cache 1：使能数据/整个 Cache 如果系统中不含 Cache,读取时该位返回 0;写入时忽略 当系统中不能禁止 Cache 时,读取时该位返回 1;写入时忽略

续表

位	说　明
W(bit[3])	0：禁止写缓冲 1：使能写缓冲 如果系统中不含写缓冲时，读取时该位返回 0；写入时忽略 当系统中不能禁止写缓冲时，读取时该位返回 1；写入时忽略
P(bit[4])	对于向前兼容 26 位地址的 ARM 处理器，本控制位控制 PROG32 控制信号 0：异常中断处理程序进入 32 位地址模式 1：异常中断处理程序进入 26 位地址模式 如果本系统中不支持向前兼容 26 位地址，读取该位时返回 1，写入时忽略
D(bit[5])	对于向前兼容 26 位地址的 ARM 处理器，本控制位控制 DATA32 控制信号 0：禁止 26 位地址异常检查 1：使能 26 位地址异常检查 如果本系统中不支持向前兼容 26 位地址，读取该位时返回 1，写入时忽略
L(bit[6])	对于 ARMv3 及以前的版本，本控制位可以控制处理器的中止模型 0：选择早期中止模型 1：选择后期中止模型
B(bit[7])	对于存储系统同时支持 big-endian 和 little-endian 的 ARM 系统，本控制位配置系统的存储模式 0：little endian 1：big endian 对于只支持 little-endian 的系统，读取时该位返回 0，写入时忽略 对于只支持 big-endian 的系统，读取时该位返回 1，写入时忽略
S(bit[8])	在基于 MMU 的存储系统中，本位用作系统保护
R(bit[9])	在基于 MMU 的存储系统中，本位用作 ROM 保护
F(bit[10])	由生产商定义
Z(bit[11])	对于支持跳转预测的 ARM 系统，本控制位禁止/使能跳转预测功能 0：禁止跳转预测功能 1：使能跳转预测功能 对于不支持跳转预测的 ARM 系统，读取该位时返回 0，写入时忽略
I(bit[12])	当数据 Cache 和指令 Cache 是分开的，本控制位禁止/使能指令 Cache 0：禁止指令 Cache 1：使能指令 Cache 如果系统中使用统一的指令 Cache 和数据 Cache 或者系统中不含 Cache，读取该位时返回 0，写入时忽略。当系统中的指令 Cache 不能禁止时，读取时该位返回 1，写入时忽略
V(bit[13])	对于支持高端异常向量表的系统，本控制位控制向量表的位置 0：选择低端异常中断向量 0x0～0x1C 1：选择高端异常中断向量 0xFFFF000～0xFFFF001C 对于不支持高端异常向量表的系统，读取时该位返回 0，写入时忽略
PR(bit[14])	如果系统中的 Cache 的淘汰算法可以选择的话，本控制位选择淘汰算法 0：常规的 Cache 淘汰算法，如随机淘汰 1：预测性淘汰算法，如 round-robin 淘汰算法 如果系统中 Cache 的淘汰算法不可选择，写入该位时忽略。读取该位时，根据其淘汰算法是否可以比较简单地预测最坏情况，返回 0 或者 1

续表

位	说 明
L4(bit[15])	对于ARMv5及以上的版本,本控制位可以提供兼容以前的ARM版本的功能 0:保持ARMv5以上版本的正常功能 1:将ARMv5以上版本与以前版本处理器兼容,不根据跳转地址的bit[0]进行ARM指令和Thumb状态切换:bit[0]等于0表示ARM指令,等于1表示Thumb指令
Bits([31:16])	这些位保留将来使用,应为UNP/SBZP

例如,使能MMU的指令如下。

```
MRC  P15,0,R0,C1,C0,0
ORR  R0,#01
MCR  P15,0,R0,C1,C0,0
```

3) CP15的寄存器C2

寄存器C2的别名:Translation table base (TTB) register。

寄存器C2用来保存页表的基地址,即一级映射描述符表的基地址(物理地址)。

4) CP15的寄存器C3

CP15中的寄存器C3定义了ARM处理器的16个域的访问权限。

每个域由2个比特位设置,

00:该内存区域不允许访问,任何访问都会引起错误。

01:当前级别下,该内存区域的访问必须配合该内存区域描述符中AP位进行权限检查。

10:保留状态。

11:对该内存区域的访问不进行权限检查。

因此,只有当相应域的编码为01时,才会根据AP位和协处理器CP15中的寄存器C1的R,S位进行权限检查。

5) CP15的寄存器C5

CP15中的寄存器C5是失效状态寄存器,分为指令状态失效和数据状态失效。

访问寄存器C5的指令如下。

```
MRC  p15, 0, < Rd>, c5, c0, 0        ;访问数据失效状态寄存器
MRC  p15, 0, < Rd>, c5, c0,1         ;访问指令失效状态寄存器
```

CP15的寄存器C5状态标识位编码格式如表4-21所示。

表4-21 CP15的寄存器C5状态标识位

31 9	8	7 4	3 0
UNP/SBZP	0	域标识	状态标识

其中,域标识位[7:4]表示存放引起存储访问失效的存储访问所属的域。

状态标识位[3:0]表示存放引起存储访问失效的存储访问类型,该字段含义如表4-22所示(优先级由上到下递减)。

表 4-22 CP15 的寄存器 C5 状态标识位说明

引起访问失效的原因	状态标识	域标识	C6
终端异常(Terminal Exception)	0b0010	无效	生产商定义
中断向量访问异常(Vector Exception)	0b0000	无效	有效
地址对齐	0b00x1	无效	有效
一级页表访问失效	0b1100	无效	有效
二级页表访问失效	0b1110	有效	有效
基于段的地址变换失效	0b0101	无效	有效
基于页的地址变换失效	0b0111	有效	有效
基于段的存储访问中域控制失效	0b1001	有效	有效
基于页的存储访问中域控制失效	0b1101	有效	有效
基于段的存储访问中访问权限控制失效	0b1111	有效	有效
基于页的存储访问中访问权限控制失效	0b0100	有效	有效
基于段的 Cache 预取时外部存储系统失效	0b0110	有效	有效
基于页的 Cache 预取时外部存储系统失效	0b1000	有效	有效
基于段的非 Cache 预取时外部存储系统失效	0b1010	有效	有效

6）CP15 的寄存器 C6

CP15 中的寄存器 C6 是失效地址寄存器，其中保存了引起存储访问失效的地址(即虚拟地址)，分为数据失效地址寄存器和指令失效地址寄存器。访问寄存器 C6 的指令如下。

```
MRC  p15, 0, < Rd>, c6, c0, 0          ;访问数据失效地址寄存器
MRC  p15, 0, < Rd>, c6, c0,2           ;访问指令失效地址寄存器
```

7）CP15 的寄存器 C7

CP15 中的寄存器 C7 用来控制 Cache 和写缓存，它是一个只写寄存器，读操作将产生不可预知的后果。

访问 CP15 的寄存器 C7 的指令格式如下所示。

```
MRC  p15, 0, <rd>, <c7>, crm, <opcode2>       ;rd、crm 和 opcode2 不同取值实现不同功能
```

其功能实现对应的取值如表 4-23 所示。

表 4-23 CP15 的 MRC 指令 C7 相关功能

Rd 中的数据	CRm	opcode2	含义
0	C0	4	等待中断激活
0	C5	0	使无效整个指令 Cache
虚拟地址	C5	1	使无效指令 Cache 中某块
组号/组内序号	C5	2	使无效指令 Cache 中某块
0	C5	4	清空预取缓冲区

续表

Rd 中的数据	CRm	opcode2	含　义
0	C5	6	清空整个跳转目标 Cache 中某块
生产商定义	C5	7	清空跳转目标 Cache 中某块
0	C6	0	使无效整个数据 Cache
虚拟地址	C6	1	使无效数据 Cache 中某块
组号/组内序号	C6	2	使无效数据 Cache 中某块
0	C7	0	使无效整个统一 Cache 或使无效整个指令 Cache 和数据 Cache
虚拟地址	C7	1	使无效统一 Cache 中某块
组号/组内序号	C7	2	使无效统一 Cache 中某块
0	C8	2	等待中断激活
虚拟地址	C10	1	清空数据 Cache 中某块
组号/组内序号	C10	2	清空数据 Cache 中某块
0	C10	4	清空写缓冲区
虚拟地址	C11	1	清空统一 Cache 中某块
组号/组内序号	C11	2	清空统一 Cache 中某块
虚拟地址	C13	1	预取指令 Cache 中某块
虚拟地址	C14	1	清空并使无效数据 Cache 中某块
组号/组内序号	C14	2	清空并使无效数据 Cache 中某块
虚拟地址	C15	1	清空并使无效统一 Cache 中某块
组号/组内序号	C15	2	清空并使无效统一 Cache 中某块

8）CP15 的寄存器 C8

CP15 中的寄存器 C8 就是清除 TLB 内容的相关操作。它是一个只写的寄存器。访问寄存器 C8 的指令格式如下。

```
MCR    p15,0,<Rd>,<c8>,<CRm>,<opcode2>
```

其中,Rd 中为要写入寄存器 C8 的内容,CRm 和 opcode2 的不同组合决定指令执行的不同操作。

其功能实现对应的取值如表 4-24 所示。

表 4-24　CP15 的 MRC 指令 C8 相关功能

Rd 中的数据	CRm	opcode2	含　义
0	C5	0	使无效整个指令 TLB
虚拟地址	C5	1	使无效指令 TLB 中的单个地址变换条目
0	C6	0	使无效整个数据 TLB
虚拟地址	C6	1	使无效数据 TLB 中的单个地址变换条目
0	C7	0	使无效整个数据和指令 TLB
虚拟地址	C7	1	使无效数据和指令 TLB 中的单个地址变换条目

9）CP15的寄存器C12

CP15中的寄存器C12用来设置异常向量基地址，其位[4:0]保留；位[31:5]设置异常向量地址。

注：ARM7,ARM9,ARM10只可以在0地址或0xFFFF0000中，不可以修改。

10）CP15的寄存器C13

CP15中的寄存器C13用于快速上下文切换，其位[24:0]保留；位[31:25]为进程的标识号PID值。访问寄存器C13的指令格式如下所示。

```
MCR    P15, 0,<Rd>,<c13>,c0,0
MRC    P15, 0,<Rd>,<c13>,c0,0
```

其中，在读操作时，结果中位[31:25]返回PID，其他位的数值是不可预知的。写操作将设置PID的值。

当PID的值为0时，MVA＝VA|(0(PID)＜＜25)，MVA＝VA，相当于禁止了FCSE。系统复位后PID即为0。

当PID的值不为0时，相当于使能了FCSE。

MCR和MRC指令只能操作在特权模式下，如果处理器运行在用户模式，指令的执行结果不可预知。

在用户模式下，如果要访问系统控制协处理器，通常的做法是由操作系统提供SWI软中断调用来完成系统模式的切换。由于不同型号的ARM处理器对此管理差别很大，所以建议用户在应用时将SWI作为一个独立的模块管理并向上提供通用接口，以屏蔽不同型号处理器之间的差异。

4.1.6 中断指令

1. 软件中断指令

软件中断(Software Interrupt，SWI)指令用于产生软中断，从而实现从用户模式变换到管理模式，CPSR保存到管理模式的SPSR中，执行转移到SWI向量，在其他模式下也可以使用SWI指令，处理器同样切换到管理模式。

SWI指令格式如下。

```
SWI {<cond>} <Immed_24
```

根据SWI指令传递的参数，SWI异常处理程序可以作出相应的处理。SWI指令传递参数有以下两种方法。

- 指令中的24位立即数指定用户请求的服务类型，参数通过通用寄存器传递。

```
MOV    R0,#34              ;设置子功能号为34
SWI    12                  ;调用12号软中断
```

- 指令中的24位立即数被忽略，用户请求的服务类型由寄存器R0的值决定，参数通过其他通用寄存器传递。

```
MOV    R0,#12              ;调用12号软中断
MOV    R1,#34              ;设置子功能号为34
SWI    0
```

2. 断点中断指令

断点(BKPT)中断指令可使处理器产生软件断点,可用于程序的调试。

BKPT 指令格式如下。

```
BKPT{<cond>} <Immed_16>
```

4.1.7 程序状态寄存器访问指令

1. MRS 读指令

在 ARM 处理器中,只有 MRS 指令可以对状态寄存器 CPSR 和 SPSR 进行读操作。通过读 CPSR 可以了解当前处理器的工作状态。读 SPSR 可以了解到进入异常前的处理器状态。

MRS 指令格式如下。

```
MRS{cond}    Rd,psr
```

该指令的应用示例如下。

```
MRS  R1,CPSR        ;读取 CPSR 状态寄存器,保存到 R1 中
MRS  R2,SPSR        ;读取 SPSR 状态寄存器,保存到 R2 中
```

2. MSR 写指令

在 ARM 处理器中,只有 MSR 指令可以对状态寄存器 CPSR 和 SPSR 进行写操作。与 MRS 配合使用,可以实现对 CPSR 或 SPSR 的读-修改-写操作,可以切换处理器模式、或者允许/禁止 IRQ/FIQ 中断等。

MSR 指令格式如下。

```
MSR{cond}      psr_fields,   Rm(或者#immed_8r)
```

{cond}:指令执行的条件码。

Psr:CPSR 或 SPSR。

指定传送的区域,可以为以下字母(必须小写)的一个或者组合(不写代表全部)。

c 控制域屏蔽字节(psr[7..0])。

x 扩展域屏蔽字节(psr[15..8])。

s 状态域屏蔽字节(psr[23..16])。

f 标志域屏蔽字节(psr[31..24])。

Rm:保存要传送到状态寄存器指定域数据的源寄存器。

#immed_8:要传送到状态寄存器指定域的立即数。

该指令的应用示例如下。

```
;使能 IRQ 中断
ENABLE_IRQ
    MRS    R0, CPSR
    BIC    R0, R0,#0x80
    MSR    CPSR_c,R0
    MOV    PC,LR
```

4.1.8 其他特殊指令

1. Fmxr/Fmrx ——NEON 下的扩展指令

在作浮点运算时，要先打开 VFP，因此需要 Fmxr 指令。

Fmxr：ARM 寄存器数据转移到协处理器。

Fmrx：协处理器数据转移到 ARM 寄存器。

FPEXC：浮点异常寄存器，该寄存器是一个可控制 SIMD 及 VFP 的全局使能寄存器，并指定这些扩展技术如何记录。

FPEXC[31]：EX 异常位，该位指定有多少信息需要存储记录 SIMD/VFP 协处理器的状态。

FPEXC[30]：EN NEON/VFP 使能位，设置 EN 位为 1 则开启，复位会将 EN 位清零。

FPEXC[29:0]：保留位。

该指令的应用示例如下。

```
MOV     R0,#0x40000000
Fmxr    fpexc, r0           ;打开 NEON 和 VFP 协处理器
```

2. 计算前导零数目指令

计算前导零数目(CLZ)用于计算操作数最高端 0 的个数，这条指令主要用于以下两个场合。

(1) 计算操作数规范化(使其最高位为 1)时，需要左移的位数。

(2) 确定一个优先级掩码中最高优先级。

CLZ 指令用于计算寄存器中操作数的最高位 0 的个数，如果操作数的位[31]为 1，则返回 0，如果操作数为 0，则指令返回 32。

CLZ 指令格式如下。

```
CLZ     {cond}Rd,Rm
```

该指令的应用示例如下。

```
CLZ  R1,R0            ;当 R0=0000 00101…0,R1=6
```

3. 饱和指令

饱和的 3 种情况如下。

- 对于有符号饱和运算，如果结果小于 -2^n，则返回结果将为 -2^n。
- 对于无符号饱和运算，如果整数结果是负值，那么返回的结果为 0。
- 对于结果大于 2^n-1 的情况，则返回结果为 2^n-1。

饱和指令的格式如下。

```
OP    {cond}{Rd},Rm,Rn
```

OP：包括 QADD\QSUB\有符号饱和加、减。

QDADD\QDSUB：有符号饱和加倍加、减。

SSAT\USAT：有符号饱和、无符号饱和。

4.2 Thumb 指令集

Thumb 指令集是 ARM 指令集的一个子集,允许指令编码为 16 位的长度。与等价的 32 位代码比较,Thumb 指令集在保留 32 位代码优势的同时,大大节省了系统的存储空间。

根据实现的功能,Thumb 指令可分为 4 类。

- 数据处理指令。
- 转移指令。
- 加载/存储指令。
- 异常中断指令。

Thumb 不是一个完整的体系结构,包含的指令集十分有限,常与 ARM 指令搭配使用。第一代 Thumb 指令集更新到 ARMv6T2 后,引入了第二代 Thumb 指令集,使用与 ARM 指令相同的 32 位指令,不仅性能与 32 位 ARM 指令相当,还保留了第一代指令的简洁特性。Thumb 指令和 ARM 指令除长度不同外,寄存器的使用也不同。Thumb 指令集中,寄存器 R11~R15 使用 FP、IP、SP、LR、PC 等命名,新的命名方式直接在名称上体现寄存器的用途,在使用上也有限制和差异(相较于 ARM 指令)。

第一代 Thumb 指令的宽度只有 16 位,在地址读取范围上比 ARM 指令小很多,在进行一些大范围的指令跳转操作时,只能切换到 ARM 模式,执行 ARM 指令。

第一代 Thumb 指令设计十分简洁,只有位[15:10]的 opcode 域确定指令及其分类。Thumb 指令的所有指令及分类方法如表 4-25 所示(其中 x 表示取值可为 0 或 1)。

表 4-25 Thumb 指令的所有指令及分类方法

opcode	指令说明
00xxxx	移位、加、减、移动与比较指令
010000	数据处理指令
010001	特殊数据指令,分支与交换指令
01001x	常量池加载指令,LDR 指令
0101xx	加载/存储单个数据指令
011xxx	加载/存储单个数据指令
100xxx	加载/存储单个数据指令
10100x	相对于 PC 寄存器的加法指令,ADR 指令
10101x	相对于 SP 寄存器的加法指令,ADD 指令
1011xx	杂项指令
11000x	多寄存器存储指令,STM、STMIA、STMEA 指令
11001x	多寄存器加载指令,LDM、LDMIA、LDMFD 指令
1101xx	条件分支跳转与中断指令
11100x	无条件分支跳转指令,B 指令

32 位的 Thumb 指令又称 Thumb-2 指令。Thumb 指令分为 16 位和 32 位两个版本，若一段汇编代码中包含 Thumb、Thumb-2、ARM 3 种类型的指令，处理器在执行代码时要正确区分它们。Thumb 与 ARM 间的切换采用 CPSR 的 T 标志位。Thumb 与 Thumb-2 间的指令识别依赖于指令编码格式的设计准则，如表 4-26 所示。

表 4-26 Thumb 指令编码格式

15　　13	12　　11	10　　　4	3　　0	15	14　　　　0
111	op1	op2		op	

ARM 规定，一条 Thumb 指令的位[15:11](高 5 位)有如下取值时，表示这是一条 Thumb-2 指令。

- 0b11101：高 4 位全为 1，当第 4 位为 0 时，第 5 位必须为 1(因为 0b11100 在 16 位 Thumb 指令中被无条件分支跳转指令占用)。
- 0b11110：高 4 位全为 1。
- 0b11111：高 4 位全为 1。

32 位的 Thumb 指令用两个 16 位表示。

第 1 个 16 位的高 3 位永远是 1，然后依次是第 1 个 16 位的位[12:11]的 op1 域、位[10:4]的 op2 域，及第 2 个 16 位的位[15]的 op 域，它们组合后的不同值表示不同的 32 位 Thumb 指令。完整的指令类别定义如表 4-27 所示。

表 4-27 Thumb-2 指令定义

op1	op2	op	指令说明
01	00xx0xx		多寄存器加载/存储指令
01	00xx1xx		寄存器加载/存储指令
01	01xxxxx		数据处理(寄存器移位)指令
01	1xxxxxx		协处理器指令
10	x0xxxxx	0	数据处理(立即数修改)指令
10	x1xxxxx	0	数据处理(二进制立即数)指令
10		1	分支与杂项指令
11	000xxx0		存储单数据指令
11	001xxx0		高级 SIMD 与结构化加载/存储指令
11	00xx001		字节加载指令
11	00xx011		半字加载指令
11	00xx101		字加载指令
11	00xx111		未定义
11	010xxxx		数据处理(寄存器)指令
11	0110xxx		乘法、乘积与绝对差指令
11	0111xxx		长型乘法、长型乘积与除法指令
11	1xxxxxx		协处理器指令

可以看出,32 位的 Thumb 指令比 16 位的丰富很多。在用 ARMv7-A 及以上版本的指令集时,要想编译生成 32 位的 Thumb 代码,要指定-mthumb 参数。在生成的代码中,编译器会根据场景选择用 16 位或 32 位指令,结果通常是在一段 Thumb 指令的汇编代码中同时包含 16 位与 32 位的 Thumb 指令。

4.3 ARM Cortex-A8 寻址方式

Cortex-A8 寻址方式

寻址方式就是处理器根据指令中给出的地址信息寻找有效地址的方式,是确定本条指令的数据地址以及下一条要执行的指令地址的方法。寻址可以根据指令中给出的地址码字段寻找真实操作数地址。ARM 处理器支持的基本寻址方式有以下几种。

1. 寄存器寻址

操作数的值在寄存器中,指令中的地址码字段指出的是寄存器编号,指令执行时直接取出寄存器值来操作。寄存器寻址指令举例如下。

```
MOV  R1,R2                ;将 R2 的值存入 R1
SUB  R0,R1,R2             ;将 R1 的值减去 R2 的值,结果保存到 R0
```

2. 立即寻址

立即寻址指令中的操作码字段后面的地址码部分即是操作数本身,也就是说,数据就包含在指令中,取出指令也就取出了可以立即使用的操作数(这样的数称为立即数)。立即寻址指令举例如下。

```
SUBS   R0,R0,#1           ;R0 减 1,结果放入 R0,并且影响标志位
MOV    R0,#0xFF00         ;将立即数 0xFF000 装入寄存器 R0
```

3. 寄存器移位寻址

寄存器移位寻址方式是 ARM 指令集中所特有的,第 2 个寄存器操作数在与第 1 个操作数结合之前,选择进行移位操作。可以采取的移位操作如下。

- LSL:逻辑左移,即寄存器中字的低端空出的位补 0。
- LSR:逻辑右移,即寄存器中字的高端空出的位补 0。
- ASR:算术右移。即算术移位的对象是带符号数。
- ROR:循环右移,即从低端移出的位填入高端空出的位。
- RRX:带扩展的循环右移,即操作数右移一位,空位用原 C 标志值填充。

寄存器移位寻址举例如下。

```
MOV  R2,R1,LSL #3         ;R2=8×R1
```

4. 寄存器间接寻址

寄存器间接寻址指令中的地址码给出的是一个通用寄存器的编号,所需的操作数保存在寄存器指定地址的存储单元中,即寄存器为操作数的地址指针。寄存器间接寻址指令举例如下。

```
LDR    R1,[R2]            ;将 R2 指向的存储单元的数据读出保存在 R1 中
SWP    R1,R1,[R2]         ;将寄存器 R1 的值和 R2 指定的存储单元的内容交换
```

5. 基址寻址

基址寻址就是将基址寄存器的内容与指令中给出的偏移量(小于 4KB)相加/减,形成操作数的有效地址。基址寻址用于访问基址附近的存储单元,常用于查表、数组操作、功能部件寄存器访问等。寄存器间接寻址是偏移量为 0 的基址加偏移寻址。基址寻址指令举例如下(前索引寻址)。

```
LDR    R2,[R3,#0x0C]        ;读取 R3+0x0C 地址上的存储单元的内容,放入 R2
STR    R1,[R0,#-4]!         ;先 R0=R0-4,然后把 R0 的值寄存到 R1 指定的存储单元
```

6. 变址寻址

变址寻址和基址寻址的区别如下。

基址寻址模式为 EA=A+(BR)。基址寻址需设有基址寄存器 BR,其操作数的有效地址 EA 等于指令字中的形式地址 A(偏移量)与基址寄存器中的地址(基地址)相加。其中的形式地址 A 是可变的,基址寄存器的内容是一定的。

变址寻址模式为 EA=A+(IX)。变址寻址其有效地址 EA 等于指令字中的形式地址 A 与变址寄存器 IX 中的内容相加。形式地址 A 不变,变址寄存器的内容可变,因此它可用于处理数组问题。

变址寻址可分为以下几种模式。

1) 前变址模式

```
LDR  R0,[R1,#4]              ;R0←[R1+4]
```

2) 自动变址模式

```
LDR  R0,[R1,#4]!             ;R0←[R1+4]、R1←R1+4
```

3) 后变址模式

```
LDR  R0,[R1],#4              ;R0←[R1]、R1←R1+4
```

4) 偏移地址

```
LDR  R0,[R1,R2]              ;R0←[R1+R2]
LDR  R0,[R1,R2,LSL#2]        ;R0←[R1+R2 * 4]
```

7. 多寄存器寻址

多寄存器寻址一次可传送几个寄存器值,允许一条指令传送 16 个寄存器的任何子集或所有寄存器。多寄存器寻址指令举例如下。

```
LDMIA R1!,{R2-R7,R12} ;将 R1 指向的单元中的数据读出到 R2～R7、R12 中(R1 自动加 4)
STMIA R1!,{R2-R7 }    ;将寄存器 R2～R7 的值保存到 R1 指向的存储单元中(R1 自动加 4)
```

8. 堆栈寻址

堆栈是一个按特定顺序进行存取的存储区,操作顺序为"后进先出"。堆栈寻址是隐含的,它使用一个专门的寄存器(堆栈指针)指向一块存储区域(堆栈),指针所指向的存储单元即是堆栈的栈顶。存储器堆栈可分为两种,如图 4-5 所示。

- 向上生长:向高地址方向生长,称为递增堆栈。
- 向下生长:向低地址方向生长,称为递减堆栈。

堆栈指针指向最后压入的堆栈的有效数据项,称为满堆栈;堆栈指针指向下一个待

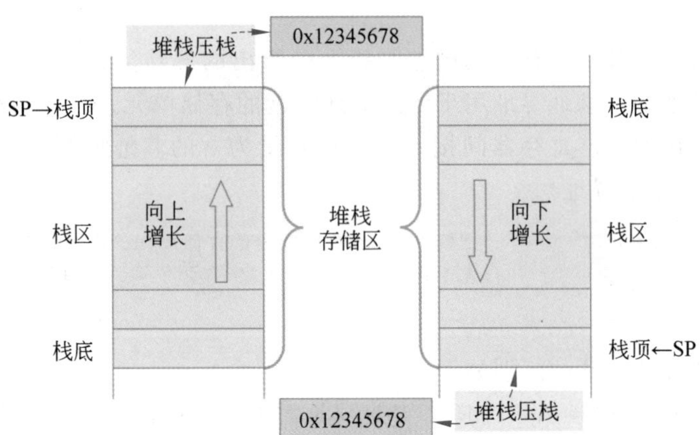

图 4-5 存储器堆栈向上生长和向下生长

压入数据的空位置,称为空堆栈,如图 4-6 所示。

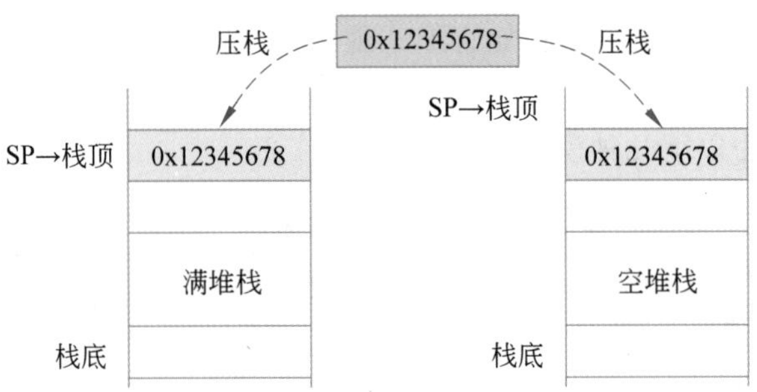

图 4-6 存储器堆栈满堆栈和空堆栈

因此,可以组合出 4 种类型的堆栈方式。

- 满递增:堆栈向上增长,堆栈指针指向内含有效数据项的最高地址。其指令如 LDMFA、STMFA 等。
- 空递增:堆栈向上增长,堆栈指针指向堆栈上的第一个空位置。其指令如 LDMEA、STMEA 等。
- 满递减:堆栈向下增长,堆栈指针指向内含有效数据项的最低地址。其指令如 LDMFD、STMFD 等。
- 空递减:堆栈向下增长,堆栈指针向堆栈下的第一个空位置。其指令如 LDMED、STMED 等。

在 ARM 指令中,堆栈寻址通过 Load/Store 指令来实现,例如下面的指令。

```
STMFD  SP! {R1-R7,LR}        ;将 R1~R7,LR 入栈
LDMFD  SP! {R1-R7,LR}        ;数据出栈,放入 R1~R7,LR 寄存器
```

在 Thumb 指令中,堆栈寻址通过 PUSH/POP 指令来实现,例如下面的指令。

```
PUSH    {R1-R7,LR}          ;将 R1~R7,LR 入栈
POP     {R1-R7,PC}          ;数据出栈,放入 R1~R7,PC 寄存器
```

9. 块复制寻址

块复制寻址指令是多寄存器传送指令 LDM/STM 的寻址方式,多寄存器传送指令

用于把一块数据从存储器的某一位置复制到另一位置。块复制指令的寻址操作取决于数据是存储在基址寄存器所指的地址之上还是之下、地址是递增还是递减，并与数据的存取操作有关，一组用于数据的存储和读取，对应于 IA、IB、DA、DB；一组用于堆栈操作，即进行压栈与出栈操作，对应于 FD、ED、FA、EA，如表 4-28 所示。

表 4-28 块复制寻址方式分类

数据/堆栈		向上生长		向下生长	
		满	空	满	空
数据	先增	STMIB STMFA			LDMIB LDMED
	后增		STMIA STMEA	LDMIA LDMFD	
堆栈	先减		LDMDB LDMEA	STMDB STMFD	
	后减	LDMDA LDMFA			STMDA STMED

10. 相对寻址

相对寻址是变址寻址的一种变通，由程序计数器 PC 提供基地址，指令中的地址码字段作为偏移量，两者相加后得到操作数的有效地址。偏移量指的是操作数与当前指令之间的相对位置，这个值由汇编器事先计算好。子程序调用指令即是相对寻址指令。

目标地址＝PC 当前值＋指令给出的标号偏移地址

```
BL     SUBR1              ;调用到 SUBR1 子程序
        …
SUBR1  …
```

4.4 ARM 处理器伪指令和伪操作

在 ARM 汇编语言程序中，有一些特殊指令助记符，这些助记符与指令系统的助记符不同，没有对应的操作码，通常称这些特殊指令助记符为伪指令，他们所完成的操作称为伪操作。伪指令在源程序中的作用是为完成汇编程序做各种准备工作的，这些伪指令仅在汇编过程中起作用，一旦汇编结束，伪指令的使命就完成。

- 伪指令：汇编语言程序里的特殊指令助记符，在汇编时被合适的机器指令替代。
- 伪操作：为汇编程序所用，在源程序进行汇编时由汇编程序处理，只在汇编过程起作用，不参与程序运行。
- 宏指令：通过伪操作定义的一段独立的代码。在调用它时将宏体插入到源程序中。也就是常说的宏。

注意：所有的伪指令、伪操作和宏指令，均与具体开发工具中的编译器有关。

4.4.1 伪指令

ARM 伪指令不属于 ARM 指令集中的指令，是为编程方便而定义的。伪指令可以像其他 ARM 指令一样使用,但在编译时这些指令将被等效的 ARM 指令代替。ARM 伪指令有 4 条,分别为 ADR 伪指令、ADRL 伪指令、LDR 伪指令和 NOP 伪指令。

1. ADR—小范围的地址读取

ADR 伪指令将基于 PC 相对偏移的地址值或基于寄存器相对偏移的地址值读取到寄存器中。在汇编编译器编译源程序时,ADR 伪指令被编译器替换成一条合适的指令。通常,编译器用一条 ADD 指令或 SUB 指令实现该 ADR 伪指令的功能,若不能用一条指令实现,则产生错误,编译失败。ADR 伪指令格式如下。

```
ADR{cond}    register, expr
```

{cond}:指令执行的条件码。

register:加载的目标寄存器。

expr:地址表达式。

expr 的取指范围如下。

当地址值不是字对齐时,其取值范围为 255～255。

当地址值是字对齐时,其取值范围为－1020～1020。

当地址值是 16 字节对齐时,其取值范围将更大。

2. ADRL—中等范围的地址读取

ADRL 伪指令将基于 PC 相对偏移的地址值或基于寄存器相对偏移的地址值读取到寄存器中,与 ADR 伪指令相比,可以读取更大范围的地址。在汇编编译器编译源程序时,ADRL 伪指令被编译器替换成两条合适的指令。若不能用两条指令实现,则产生错误,编译失败。ADRL 伪指令格式如下。

```
ADRL{cond}    register, expr
```

{cond}:指令执行的条件码。

register:加载的目标寄存器。

expr:地址表达式。

expr 的取指范围如下。

当地址值不是字对齐时,其取址范围为－64K～64K。

当地址值是字对齐时,其取址范围为－256K～256K。

当地址值是 16 字节对齐时,其取址范围将更大。

3. LDR——大范围的地址读取

LDR 伪指令用于加载 32 位的立即数或一个地址值到指定寄存器。在汇编编译器编译源程序时,LDR 伪指令被编译器替换成一条合适的指令。若加载的常数未超出 MOV 或 MVN 的范围,则使用 MOV 或 MVN 指令代替该 LDR 伪指令,否则汇编器将常量放入文字池,并使用一条程序相对偏移的 LDR 指令从文字池读出常量。LDR 伪指令格式如下。

```
LDR{cond}    register, =expr
```

{cond}:指令执行的条件码。

register:加载的目标寄存器。

expr:基于 PC 的地址表达式或外部表达式。

注意以下两点。

(1) 从指令位置到文字池的偏移量必须小于4KB。

(2) 与ARM指令的LDR相比,伪指令的LDR的参数有"="号。

4. NOP空操作

NOP伪指令在汇编时将被代替成ARM中的空操作,比如可能是"MOV R0,R0"指令等。NOP可用于延时操作。NOP伪指令格式如下。

```
NOP
```

4.4.2 伪操作

1. 符号定义(Symbol Definition)伪操作

1) 定义全局变量—GBLA、GBLL和GBLS

语法格式如下。

```
GBLA(GBLL 或 GBLS)      全局变量名
```

应用示例如下。

```
            GBLA   objectsize     ;全局的数字变量 objectsize,为 0
objectsize  SETA   0xff           ;将该变量赋值为 0xff
            SPACE objectsize      ;引用该变量
            GBLL   statusB        ;全局的逻辑变量 statusB,为{False}
statusB     SETL   {TRUE}         ;将该变量赋值为真
```

全局:作用范围为包含该变量的源程序。

2) 定义局部变量—LCLA、LCLL和LCLS

语法格式如下。

```
LCLA(LCLL 或 LCLS)      局部变量名
```

应用示例如下。

```
        LCLS   err                     ;声明一个局部变量 err,为空串
err     SETS   "error no: "            ;向该变量赋值
```

局部:作用范围为包含该局部变量的宏代码的一个实例。

3) 变量赋值—SETA、SETL、SETS

语法格式如下。

```
变量名    SETA(SETL 或 SETS)      表达式
```

在向变量赋值前,必须先声明该变量。

4) 通用寄存器列表定义名称—RLIST

语法格式如下。

```
名称     RLIST          {寄存器列表}
```

应用示例如下。

```
Context  RLIST  {r0-r6,r8,r10-r12,r15}
```

将寄存器列表名称定义为 Context,可在 ARM 指令 LDM/STM 中通过该名称访问寄存器列表,与排列顺序无关。

2. 数据定义(Data Definition)伪操作

1) LTORG

LTORG 用于声明一个数据缓冲池(也称文字池)的开始,默认数据缓冲池为空。

应用示例如下。

```
     LTORG                    ;定义数据缓冲池
Data SPACE     4200           ;从当前位置开始分配 4200 字节的内存单元,并初始化为 0
```

注意:ARM 汇编编译器一般把文字池放在代码段的最后,即下一个代码段开始之前,或 END 伪操作之前。LTORG 伪操作通常放在无条件分支跳转指令之后,或者子程序返回指令之后,这样处理器就不会错误地将文字池中的数据当作指令执行。

2) DCB(或"=")

DCB 用于分配一段字节内存单元,并初始化。

语法格式如下。

```
{label}    DCB   expr{,expr}
{label}    =     expr{,expr}
```

其中,expr 表示-128~255 的一个数值常量、表达式或者一个字符串。

注意:当 DCB 后面紧跟一个指令时,可能需要使用 ALIGN 确保指令是字对齐的。

应用示例如下。

```
short   DCB    1             ;为 short 分配一个字节,并初始化为 1
string  DCB    "string",0    ;构造一个以 0 结尾的字符串
```

3) DCW 和 DCWU

DCW 和 DCWU 用于分配一段半字内存单元,并初始化。DCW 分配的半字内存单元是半字对齐的,而 DCWU 分配的半字内存单元不是严格半字对齐的。

语法格式如下。

```
{label}    DCW(或 DCWU)    expr
```

expr 取值范围为-32768~65535。

应用示例如下。

```
data1    DCW    -128,num1+8        ;num1 必须是已经定义过的
```

4) DCD(或"&")和 DCDU

DCD 和 DCDU 用于分配一段字内存单元,并初始化。DCD 分配的字内存单元是字对齐的,而 DCDU 分配的字内存单元不是严格字对齐的。

语法格式如下。

```
{label}   DCD   expr{,expr}
{label}    &    expr{,expr}
```

其中,expr 为数字表达式或程序中的标号。

注意:DCD 伪操作可能在分配的第一个内存单元前插入填补字节以保证分配的内

存是字对齐的。

应用示例如下。

```
data1   DCD   1,5,20          ;其值为 1,5,20
data2   DCD   label+4         ;分配一个字单元,其值为程序中标号对应地址+4 个字节
```

5）DCFD 和 DCFDU

DCFD 和 DCFDU 用于双精度浮点数分配连续的字存储单元。DCFD：字对齐；DCFDU：不严格字对齐。

语法格式如下。

```
{label}    DCFD(或 DCFDU)    expr{,expr}
```

每个双精度的浮点数占据两个字单元。

应用示例如下。

```
DCFD       1E308,-4E-100
DCFDU      100000,-.1,3.1E26
```

6）DCFS 和 DCFSU

DCFS 和 DCFSU 用于单精度浮点数分配连续的字存储单元。DCFS：字对齐；DCFSU：不严格字对齐。

语法格式如下。

```
{label}  DCFS(或 DCFSU) expr{,expr}
```

每个单精度的浮点数占据一个字单元。

应用示例如下。

```
DCFS       1E3,-4E-9
DCFSU      1.0,-.1,3.1E6
```

7）SPACE（或“%”）

SPACE 用于分配一块字节内存单元，并初始化为 0。

语法格式如下。

```
{label}    SPACE    expr
```

分配一片连续的存储区域并初始化为 0。其中，表达式为要分配的字节数。

应用示例如下。

```
Datastruc  SPACE  280         ;分配连续 280 字节的存储单元,并初始化为 0
```

8）MAP（或“^”）

MAP 定义一个结构化的内存表的首地址，通常与 FIELD 伪指令配合使用来定义结构化的内存表。

语法格式如下。

```
MAP  expr  {,基址寄存器}
```

应用示例如下。

```
MAP     0x80,R9                ;定义结构化内存表首地址的值为 0x80+R9
```

9) FIELD(或"#")

FIELD 定义结构化内存表中的一个数据域。

语法格式如下。

```
{label}  FIELD  expr
```

应用示例如下。

```
        MAP             ;定义结构化内存表首地址为 0
consta  FIELD4          ;consta 的长度为 4 字节,相对位置为 0
constb  FIELD4          ;constb 的长度为 4 字节,相对位置为 4
x       FIELD8          ;x 的长度为 8 字节,相对位置为 0x8
y       FIELD8          ;y 的长度为 8 字节,相对位置为 0x10
string  FIELD256        ;y 的长度为 256 字节,相对位置为 0x18
LDR     R0,consta       ;将内存表中数据域 consta 读取到 R0 中
```

3. 汇编控制伪操作

汇编控制(Assembly Control)伪操作用于控制汇编程序的执行流程,常用的汇编控制伪操作包括以下几条。

1) IF、ELSE、ENDIF—有条件选择汇编

语法格式如下。

```
IF  逻辑表达式
指令序列 1
   ELSE
指令序列 2
   ENDIF
```

2) WHILE、WEND—有条件循环(重复)汇编

语法格式如下。

```
WHILE  逻辑表达式
       指令序列
WEND
```

3) MACRO、MEND 及 MEXIT—宏定义汇编

语法格式如下。

```
      MACRO
$标号  宏名  $参数 1,$参数 2,…
      指令序列
      MEND
```

应用示例如下。

在 ARM 中完成测试－跳转操作需要两条指令,定义一条宏指令完成测试－跳转操作。

```
        MACRO
$label  TestAndBranch   $dest, $reg, $cc
$label  CMP    $reg, #0
        B$cc   $dest
        MEND
```

MEXIT 用于从宏定义中跳转出去。

4. 其他杂项(Miscellaneous)伪操作

1) AREA

AREA 用于定义一个代码段或是数据段。

语法格式如下。

```
AREA   sectionname{,attr} {,attr}…
```

sectionname：所定义的段的名称。

attr：该段的属性，具有的属性如下。

- CODE：定义代码段。
- DATA：定义数据段。
- READONLY：指定本段为只读，代码段的默认属性。
- READWRITE：指定本段为可读可写，数据段的默认属性。
- ALIGN：指定段的对齐方式为 2expression。expression 的取值为 0～31。
- COMMON：指定一个通用段。该段不包含任何用户代码和数据。
- NOINIT：指定此数据段仅保留内存单元，而没有将各初始值写入内存单元，或将各个内存单元值初始化为 0。

注意：一个大的程序可包含多个代码段和数据段。一个汇编程序至少包含一个代码段。

应用示例如下。

```
AREA    Example,CODE,READONLY
```

2) CODE16 和 CODE32

CODE16 告诉汇编编译器后面的指令序列为 16 位的 Thumb 指令。

CODE32 告诉汇编编译器后面的指令序列为 32 位的 ARM 指令。

语法格式如下。

```
CODE16/CODE32
```

注意：CODE16 和 CODE32 只是告诉汇编编译器后面指令的类型，该伪操作本身不进行程序状态的切换。

应用示例如下。

```
AREA    ChangeState, CODE, READONLY
     ENTRY
         CODE32                      ;后面为 32 位 ARM 指令
         LDR   R0,=start+1
         BX    R0
             …
         CODE16                      ;后面为 16 位 Thumb 指令
start MOV   R1,#10
           …
       END
```

3) ENTRY

ENTRY 为指定程序的入口点。

语法格式如下。

```
ENTRY
```

注意:一个程序(也可包含多个源文件)中至少要有一个 ENTRY(也可以有多个 ENTRY),但一个源文件中最多只能有一个 ENTRY(也可以没有 ENTRY)。

4) ALIGN

ALIGN 伪操作通过填充 0 将当前的位置以某种形式对齐(ALIGN 或 ALIGN n:以字或 n 字节对齐)。

语法格式如下。

```
ALIGN    {expr{,offset}}
```

expr 是一个数字,表示对齐的单位。这个数字是 2 的整数次幂,范围为 20~231。如果没有指定 expr,则当前位置对齐到下一个字边界处。

offset 是偏移量,可以为常数或数值表达式。不指定 offset 表示将当前位置对齐到以 expr 为单位的起始位置。

应用示例如下。

```
short   DCB  1              ;本操作使字对齐被破坏
ALIGN                       ;重新使其为字对齐
MOV     R0,1
ALIGN   8                   ;当前位置以 2 个字的方式对齐
```

5) END

END 伪操作告诉编译器已经到了源程序结尾。

语法格式如下。

```
END
```

注意:每一个汇编源程序都必须包含 END 伪操作,以表明本源程序的结束。

6) EQU(或"*")

EQU 伪操作为数字常量、基于寄存器的值和程序中的标号定义一个字符名称。

语法格式如下。

```
name   EQU    expr{,type}
```

name:为 expr 定义的字符名称。

expr:基于寄存器的地址值、程序中的标号、32 位的地址常量或者它们的表达式。

type:当 expr 为 32 位常量时,可以使用 type 指示 expr 的数据的类型。type 取值为 CODE32、CODE16 或 DATA。

应用示例如下。

```
abcd  EQU  2                ;定义 abcd 符号的值为 2
abcd  EQU  label+16         ;定义 abcd 符号的值为(label+16)
abcd  EQU  0x1c,CODE32      ;定义 abcd 符号的值为绝对地址值 0x1c,且为 ARM 指令
```

7) EXPORT 和 GLOBAL

EXPORT 和 GLOBAL 声明一个源文件中的符号,使此符号可以被其他源文件

引用。

语法格式如下。

```
EXPORT/GLOBAL  symbol {[weak]}
```

symbol：声明的符号的名称(区分大小写)。

[weak]：声明其他同名符号优先于本符号被引用。

应用示例如下。

```
AREA     example,CODE,READONLY
EXPORT   DoAdd
DoAdd    ADD   R0,R0,R1
```

8）IMPORT 和 EXTERN

IMPORT 和 EXTERN 声明一个符号是在其他源文件中定义的。

语法格式如下。

```
IMPORT  symbol{[weak]}
EXTERN  symbol{[weak]}
```

symbol：声明的符号的名称。

[weak]：当没有指定此项时，如果 symbol 在所有的源文件中都没有被定义，则链接器会报告错误。当指定此项时，如果 symbol 在所有的源文件中都没有被定义，则链接器不会报告错误，而是进行下面的操作。如果该符号被 B 或者 BL 指令引用，则该符号被设置成下一条指令的地址，该 B 或 BL 指令相当于一条 NOP 指令。其他情况下，此符号被设置成 0。

应用示例如下。

```
IMPORT Main      ;通知编译器当前文件要引用符号 Main,但 Main 在其他文件中被定义
     …
END
```

9）GET 和 INCLUDE

GET 和 INCLUDE 将一个源文件包含到当前源文件中，并将被包含的文件在其当前位置进行汇编处理。

指令格式如下。

```
GET        filename
INCLUDE    filename
```

filename：包含的源文件名，可以使用路径信息(可包含空格)。

应用示例如下。

```
GET   d:\arm\file.s
```

10）INCBIN

INCBIN 将一个文件包含到当前源文件中，而被包含的文件不进行汇编处理。通常使用此伪操作将一个可执行文件或者任意数据包含到当前文件中。

指令格式如下。

```
INCBIN   filename
```

filename：被包含的文件名称，可使用路径信息(不能有空格)。

应用示例如下。

```
INCBIN    d:\arm\file.txt
```

11）REQUIRE8

REQUIRE8 指定当前文件要求堆栈 8 字节对齐。它设置 REQ8 生成属性以通知链接器。

12）PRESERVE8

PRESERVE8 指定当前文件保持堆栈 8 字节对齐。它设置 PRES8 编译属性以通知链接器。

在 ARM 上编程，但凡涉及调用，就需要遵循一套规约 AAPCS——Procedure Call Standard for the ARM Architecture。这套规约里面对栈使用的约定如下：栈任何时候都需 4 字节对齐，在调用入口需 8 字节对齐。例如，由于程序的入口点为复位中断响应函数，一般都写在启动代码里，通常是一个汇编文件，然后经由汇编文件进入 C 程序的 main 入口处，在调用 main 的时刻，为遵循 AAPCS，就需在此时保持 8 字节对齐。

4.5 ARM 汇编程序规范

由于高级编程语言隐藏了 CPU 执行指令的许多细节，在只关心系统所具有功能的设计中，采用高级编程语言编写程序更合适。但是，CPU 执行指令的细节差异会反应在系统的非功能特性上，如系统程序的规模和运行速度。因此，掌握汇编语言程序设计对于嵌入式系统的设计者来说是非常必要的。

4.5.1 ARM 汇编语言格式

1. ARM(Thumb)汇编语言的语句格式

语句格式如下。

```
{标号}    {指令或伪指令}    {; 注释}
```

标号：从一行的行头开始，不能包含空格。

指令或伪指令：指令的前面必须有空格或符号。

注释：以“;”开头，到该行结束为止。

每一条指令的助记符可以全部用大写或全部用小写，但不允许在一条指令中大、小写混用。

语句之间可以插入空行。

如果一条语句太长，可将该长语句分为若干行书写，在行的末尾用“\”表示下一行与本行为同一条语句。

2. 段

段(section)是相对独立的、具有特定名称的指令或数据序列，有代码段和数据段两种，代码段存放执行代码，数据段存放代码运行时需要用到的数据。

一个汇编程序至少应该有一个代码段。

在程序编译链接时最终形成一个可执行的映像文件(ELF 格式)。

可执行映像文件通常由以下几部分构成。

- 一个或多个代码段，代码段的属性通常为只读。
- 零个或多个包含初始化数据的数据段，数据段的属性为可读写。
- 零个或多个不包含初始化数据的数据段，数据段的属性为可读写。

链接器(ARM Linker)根据系统默认或用户设定的规则，将各个段安排在存储器中的相应位置。

3. 汇编语言的子程序调用

语句格式如下。

```
BL        子程序名
```

调用时，将子程序的返回地址存放在链接寄存器(LR)中，将程序计数器(PC)指向子程序的入口点；返回时将存放在 LR 中的返回地址重新复制给 PC。参数传递可以使用寄存器 R0～R3 完成。

任何一个子程序进入前，处理器需要保存主程序中的现场，即需要保存当前工作寄存器(注意，当采用子程序嵌套调用时，应该保存 LR)。汇编指令 BL 的功能是将 BL 指令的下一条指令地址放到 LR 中，作为返回地址，并将子程序的第一条指令地址赋予 PC 寄存器，实现程序转移，即进入子程序执行。子程序执行完后，通过把 LR 值赋予 PC 寄存器，实现返回。

子程序 subr 调用示例如下。

```
start
        BL   subr
        B    .
subr
        MOV PC,LR
        END
```

4.5.2 ARM 汇编语言中的符号

ARM 汇编语言中的符号(symbols)仅存在于程序构建过程中，而不存在于最终目标文件中，常配合编译和链接脚本使用，其保存的是地址信息。

符号的命名规则如下。

- 符号由大小写字母、数字以及下画线组成。
- 符号是区分大小写的。
- 符号中的所有字符都是有意义的。
- 符号在其作用范围内必须唯一，即在其作用范围内不可有同名的符号。
- 程序中的符号不能与系统内部变量或者系统预定义的符号同名。
- 程序中的符号通常不要与指令助记符或者伪操作同名。当同名时，用双竖线将符号括起来。

在 ARM 汇编语言中,符号可以代表地址(addresses)、变量(variables)和数字常量(numeric constants)。

1. 地址

当符号代表地址时,又称为标号(lable)。当标号以数字开头时,其作用范围为当前段(当前段没有使用 ROUT 伪操作时),这种标号又称为局部标号(local lable)。

标号代表一个地址,段内标号的地址值在汇编时确定,段外标号的地址值在链接时确定。在此要区别程序相对寻址和寄存器相对寻址。在程序段中,标号代表其所在位置与段首地址的偏移量,根据 PC 和偏移量计算地址称为程序相对寻址。在映像中定义的标号代表标号到映像首地址的偏移量,映像的首地址通常被赋予一个寄存器,根据该寄存器值与偏移量计算地址称为寄存器相对寻址。

基于 PC 的标号:位于目标指令前或程序中数据定义伪操作前的标号;汇编时将被处理成 PC 值加上(或减去)一个数字常量;常用于表示跳转指令的目标地址,或者代码段中的少量数据。

基于寄存器的标号:用 MAP,FIELD 伪操作定义;汇编时将被处理成寄存器的值加上(或减去)一个数字常量;常用于访问位于数据段中的数据。

绝对地址:32 位数字量。

2. 变量

在程序中,变量的值在汇编处理过程中可能会发生改变。

1)定义变量

在 ARM 汇编中,变量有数字变量、逻辑变量和字符串变量 3 种类型。变量的类型在程序中是不可改变的。数字变量的取值范围为数字常量和数字表达式所能表示的数值,逻辑变量的取值范围为{true}和{false},字符串变量的取值范围为串表达式可以表达的范围。在 ARM 汇编语言中,使用 GBLA、GBLL 及 GBLS 声明全局变量;使用 LCLA、LCLL 及 LCLS 声明局部变量;使用 SETA、SETL 及 SETS 为这些变量赋值。

2)内置变量

ARM 汇编器所定义的内置变量如下。值得注意的是,内置变量不能用 SETA、SETL 或 SETS 等指示符设置。

{PC}或“.”:当前指令的地址。

{VAR}或“@”:存储区位置计数器的当前值。

{TRUE}:逻辑常量真。

{FALSE}:逻辑常量假。

{OPT}:当前设置列表选项值,OPT 用来保存当前列表选项,改变选项值,恢复它的原始值。

{CONFIG}:如果汇编器汇编 ARM 代码,则值为 32;如果汇编器汇编 Thumb 代码,则值为 16。

{ENDIAN}:如果汇编器在大端模式下,则值为 big;如果汇编器在小端模式下,则值为 little。

{CODESIZE}:如果汇编器汇编 ARM 代码,则值为 32;如果汇编器汇编 Thumb 代码,则值为 16,与{CONFIG}同义。

{CPU}：选定的CPU名。

{FPU}：选定的FPU名。

{ARCHITECTURE}：选定的ARM体系结构的值。

{PCSTOREOFFSET}：STR pc,[…]或STM Rb,[…PC]指令的地址和PC存储值之间的偏移量。

{ARMASM_VERSION}或|ads $ version|：ARM汇编器的版本号，为整数。

3）汇编时变量的替换

如果在串变量前有一个$字符，在汇编时编译器将用该串的数值取代该串变量。

对于数字变量来说，如果该变量前面有一个$字符，在汇编时编译器将该数字变量的数值转换成十六进制的串，然后用该十六进制的串取代$字符后的数字变量。

对于逻辑变量来说，如果该逻辑变量前面有一个$字符，在汇编时编译器将该逻辑变量替换成它的取值(T或者F)。

如果程序中需要字符$，则用$$表示，编译器将不进行变量替换，而是将$$当作$。通常情况下，包含在两个竖线(即"|")之间的$并不表示进行变量替换。但是如果竖线是在双引号内，则将进行变量替换。

使用"."表示变量名称的结束。

3. 数字常量

数字常量是32位的整数，包括以下两种。

无符号数：$0\sim2^{32}-1$。

有符号数：$-2^{31}\sim2^{31}-1$。

使用EQU定义数字常量。

4.5.3 ARM汇编语言中的表达式

表达式由符号、数值、单目或多目操作符以及括号组成。在一个表达式内，各种元素的优先级如下。

- 括号内的表达式优先级最高。
- 各种操作符有一定的优先级。
- 相邻的单目操作符的执行顺序为由右到左，单目操作符优先级高于其他操作符。
- 优先级相同的双目操作符执行顺序为由左到右。

1. 字符串表达式

字符串：双引号" "；注意，$$->$；""->"。

操作符有以下几种。

1）LEN

返回字符串的长度，格式如下。

```
: LEN: A
```

其中，A为字符串变量。

2）CHR

可以将0～255的整数作为含一个ASCII字符的字符串。当有些ASCII字符不方便

放在字符串中时,可以使用CHR将其放在字符串表达式中,格式如下。

```
: CHR: A
```

其中,A为某一字符的ASCII值。

3) STR

STR表示将一个数字量或者逻辑表达式转换成串。对于32位的数字量而言,STR将其转换成8个十六进制数组成的串;对于逻辑表达式而言,STR将其转换成字符串T或者F,格式如下。

```
: STR: A
```

其中,A为数字量或者逻辑表达式。

4) LEFT

LEFT表示返回一个字符串最左端一定长度的子串,格式如下。

```
A: LEFT: B
```

其中,A为源字符串,B为数字量,表示LEFT将返回的字符个数。

5) RIGHT

RIGHT表示返回一个字符串最右端一定长度的子串,格式如下。

```
A: RIGHT: B
```

其中,A为源字符串,B为数字量,表示RIGHT将返回的字符个数。

6) CC

CC用于连接两个字符串,格式如下。

```
A: CC: B
```

其中,A为第1个源字符串,B为第2个源字符串,CC操作符将字符串B连接在字符串A的后面。

2. 数字表达式

数字表达式由数字常量、数字变量、操作符和括号组成。

算术操作符包含以下几种。

1) NOT:按位取反

格式如下。

```
: NOT: A
```

其中,A为一个32位数字量。

2) +、-、×、/及MOD算术操作符

格式如下。

```
A+B, A-B, A×B, A/B
```

A:MOD:B表示A除以B的余数。

3) ROL、ROR、SHL、SHR移位

格式如下。

A:ROL:B,表示将整数A循环左移B位。

A：SHL：B，表示将整数 A 左移 B 位。

4）AND、OR 及 EOR 按位逻辑操作符

A：AND：B，表示将数字表达式 A 和 B 按位作逻辑与操作。

3. 逻辑表达式

逻辑表达式由逻辑量、逻辑操作符、关系操作符以及括号组成，取值范围为{FLASE}和{TRUE}。关系操作符用于表示两个同类表达式之间的关系。关系操作符和它的两个操作数组成一个逻辑表达式，其取值为{FALSE}或{TRUE}。

关系操作符包括 A=B，A>B，A<B，A>=B，A<=B，A/=B，A<>B。

逻辑操作符包含以下几种。

(1) ：LNOT：A，表示逻辑非。

(2) A：LAND：B，表示逻辑与。

(3) A：LOR：B，表示逻辑或。

(4) A：LEOR：B，表示逻辑异或。

4. 基于寄存器和基于 PC 的表达式

基于寄存器的表达式表示某个寄存器的值加上(或减去)一个数字表达式。

基于 PC 的表达式表示 PC 寄存器的值加上(或减去)一个数字表达式。基于 PC 的表达式通常由程序中的标号与一个数字表达式组成。相关的操作符如下。

1）BASE

BASE 用于返回基于寄存器的表达式中的寄存器编号，格式如下。

```
: BASE: A
```

A 为基于寄存器的表达式。

2）INDEX

INDEX 用于返回基于寄存器的表达式相对于其基址寄存器的偏移量，格式如下。

```
: INDEX: A
```

A 为基于寄存器的表达式。

3）+、-（正负号）

"+、-"可以放在数字表达式或者基于 PC 的表达式前面，格式如下。

```
+A(-A)
```

A 为基于 PC 的表达式或者数字表达式。

5. 其他的一些操作符

1）?

格式如下：

```
? A
```

返回定义符号 A 的代码行所生成的可执行代码的字节数？其中 A 为一个符号。

2）DEF

DEF 用于判断某个符号是否已定义，格式如下。

```
: DEF: A
```

如果符号 A 已经定义,上述结果为{TRUE},否则为{FLASE}。

3) OFFSET

用于取得某标号的偏移地址指令,格式如下。

```
: SB_OFFSET_11_0: label;
```

其中,label 为一个标号,返回(label-SB)的 bits[11:0]。

4.6 ARM 处理器编程

4.6.1 ARM 编程中的文件格式

ARM 编程中源文件的文件格式有以下几种。

- *.s:汇编程序文件,用 ARM 汇编语言编写的 ARM 程序或 Thumb 程序。
- *.c:C 程序文件,用 C 语言编写的程序代码。
- *.h:头文件,为了简化源程序,把程序中常用的常量命名、宏定义、数据结构定义等单独放在一个文件中,一般称为头文件。

经过编译生成 relocatable 文件,即可重定向文件,这个文件是由编译器汇编源文件(.c/.s)而生成的。直接生成的重定向文件叫 object file(*.o),经过封装的重定向文件称为 library file(*.a)。可重定向文件属于可执行链接格式(Executable and Linkable Format,ELF)文件的分支。

ELF 文件最早用于存储 Linux 程序,后演变到 ARM 系统上存储 ARM 程序。ELF 文件(目标文件)格式主要有 3 种:①可重定向文件,用来和其他目标文件一起创建一个可执行文件或者共享目标文件(也称 object 文件或者静态库文件,通常后缀为.o 和.a 的文件),这个文件是用于编译和链接阶段。②可执行文件,用于生成应用 image,载入存储器执行(后缀通常为.out 或者.elf)。这个文件是用于加载执行阶段。③共享目标文件,用于和其他共享目标文件或者 object 文件一起生成可执行文件,或者和可执行文件一起创建应用 image(也称共享库文件,后缀为.so 的文件)。这个文件既可用于编译和链接阶段,也可用于加载执行阶段。

这里 object 文件和 library 文件,仅是一个中间过渡文件,其本身也不能被 ARM 直接执行,需经过第 2 步转换,即链接,所以这两个文件都是链接器的输入文件。

链接最终生成的文件有以下两种。

- *.Hex 文件,一般是指 Intel 标准的十六进制文件。Intel Hex 文件常用来保存单片机或其他处理器的目标程序代码。它保存物理程序存储区中的目标代码映像。一般编程器均支持生成此种格式文件。
- *.Bin 文件是最纯粹的二进制机器代码,或者说是“顺序格式”。按照 assembly code 顺序翻译成 binary machine code,内部没有地址标记。Bin 是直接的内存映像表示,二进制文件大小即为文件所包含的数据的实际大小。

Hex 文件包含地址信息,而 Bin 文件只包含数据本身,烧写或下载 Hex 文件时,一般不需要用户指定地址,因为 Hex 文件内部已经包含地址信息。烧写 Bin 文件时则需要用户指定烧录的地址信息。Hex 文件是用 ASCII 码表示二进制的数值。例如,8-BIT 的二进制数值 0x4E,用 ASCII 表示就需要分别表示字符“4”和字符“E”,每个字符均需要一个字节,因此 Hex 文件至少需要 2 倍 Bin 文件的空间。

在 ARM 编译器产生 *.Axf 文件,除包含 Bin 的内容外,还附加其他调试信息,这些调试信息加在可执行的二进制数据前。调试时这些调试信息不会下载到 RAM 中,真正下载到 RAM 中的信息仅是可执行代码。因此,如果 RAM 的大小小于 Axf 文件的大小,程序是完全有可能在 RAM 中调试的,只要 Axf 除去调试信息后文件大小小于 RAM 的大小即可。

调试信息的功用包括:可将源代码包括注释夹在反汇编代码中,可随时切换到源代码中进行调试;对程序中的函数调用情况进行跟踪(通过 Watch & Call Stack Window 查看);对变量进行跟踪(利用 Watch & Call Stack Window)。

调试信息虽然有用,但程序功能实现后,在目标文件和库中减少调试信息却是非常有益的。减少调试信息可减少目标文件和库大小、加快链接速度、减小最终映像代码。以下几种方法可用来减少每个源文件产生的调试信息:避免在头文件中条件性使用 #define,链接器不能移除共用的调试部分,除非这些部分是完全一样的。更改 C/C++ 源文件,使 #included 包含的所有头文件有相同顺序。尽量使用数量较多的小头文件,而不是较大的单一头文件,这有利于链接器获取更多通用块。程序中最好只包含必须用到的头文件。为避免重复包含头文件,可使用编译器选项--remarks 产生警告信息;使用编译命令行选项--no_debug_macros,从调试表中丢弃预处理宏定义。

Elf 文件转换为 Hex 和 Bin 两种文件,Hex 文件也可以直接转换为 Bin 文件,但是 Bin 文件要转换为 Hex 文件必须要给定一个基地址。而 Hex 和 Bin 不能转换为 Elf 文件,因为 Elf 的信息量大。Axf 文件可以转换为 Bin 文件。它们的区别如下。

Axf 和 Elf 都是编译器生成的可执行文件。ADS 编译出来的是 Axf 文件。Gcc 编译出来的是 Elf 文件。两者虽然很像,但还是有差别的。这是文件格式的差别,不涉及调试格式。

Axf/Elf 是带格式的映像,Bin 是直接的内存映像的表示。

Linux OS 下,Elf 通常就是可执行文件,通常 gcc -o test test.c,生成的 test 文件就是 Elf 格式的,在 Linux Shell 下输入./test 就可以执行。在嵌入式系统中,上电开始运行,没有 OS,如果将 Elf 格式的文件烧写进去,包含一些 Elf 格式的东西,ARM 运行碰到这些指令,就会导致失败,如果用 Bin 文件,程序就可以一步一步运行。

因此,Hex 和 Bin 文件可以在裸机上运行,而 Elf 文件是在有 OS 的环境中运行的。

4.6.2 ARM 处理器编程实例

1. C、C++ 语言程序中内嵌汇编指令

为了实现某些 C 语言中不具备,但为不同的机器所特有的功能,有时需要在 C 语言内嵌汇编指令。

Turbo C 中有两种方法,一种使用预处理程序的伪指令 #asm 开始一个汇编程序块,#endasm 指令用于该块的结束。另一种使用 asm 语句,格式为 asm<汇编语句>。

举例如下。

```
int  main(void)
{ const  char  * string1 = "test example";
  char  s[20];
    { #asm
        MOV  R0,string1
        MOV  R1,s
      #endasm }
}
```

Visual C++ 中使用__asm { 汇编指令 } [;],注意 asm 前面是两条下画线,后面方括号内容表示分号可有可无。

举例如下。

```
int main(void)
{ const char  * string1 = "test example";
  char  s[20];
    __asm
       { MOV  R0,string1
         MOV  R1,s
       }
}
```

GNU GCC 中使用"__asm__"或"asm" 表示后面代码为内嵌汇编,"__volatile__"或"volatile"表示编译器不要优化代码,后面指令保留原样。

举例如下。

```
int main(void)
{ const char  * string1 = "test example";
  char  s[20];
    asm(MOV  R0,string1
        MOV  R1,s);
}
```

2. 在汇编程序中调用 C 程序

在汇编程序中调用 C 程序,可以直接使用 BL 指令。

3. S5PV210 汇编启动文件

一般地,在汇编启动文件中包含以下内容。

(1) 关看门狗定时器。

(2) 有时需要设置系统 CPU 的速度和时钟频率。

(3) 设置好堆栈。系统堆栈初始化取决于用户使用哪些异常,以及系统需要处理哪些错误类型。一般情况下,管理模式堆栈必须设置;若使用 IRQ 中断,则 IRQ 中断堆栈必须设置。

如果系统应用程序运行在用户模式下,可在系统引导程序中将系统改为用户模式并初始化用户堆栈指针。

若系统使用 DRAM 或其他外设,需要设置相关寄存器,以确定其刷新频率、总线宽度等信息。

(4) 初始化所需的存储器空间。将系统需要读写的数据和变量从 ROM 复制到 RAM;要求快速响应的程序,如中断程序,也需要在 RAM 中运行;对 Flash 的擦除和写入操作也一定要在 RAM 运行。

跳转到 C 程序的入口点。

```
PRESERVE8
IMPORT      main
;------------------------------------------------------------
;  Memory Start Entry 内存里直接启动时入口
;------------------------------------------------------------
    AREA  RESET, CODE, READONLY
    ENTRY
    _start
;-------------------------------------------
;    Disable Watchdog
;-------------------------------------------
    ldr     r0, =0xE2700000
    mov     r1, #0
    str     r1, [r0]
;------------------------------------------------------
;    设置 CPU 为 SVC32 模式,并禁用 irq、fiq 中断
;------------------------------------------------------
      msr         cpsr_cxsf, #0xd3
;-------------------------------------------
;   disable mmu stuff and caches
;-------------------------------------------
    mrc     p15, 0, r0, c1, c0, 0
    bic     r0, r0, #0x00002000     ;clear bits 13 (--V-)
    bic     r0, r0, #0x00000007     ;clear bits 2:0 (-CAM)
    orr     r0, r0, #0x00000002     ;set bit 1 (--A-) Align
    orr     r0, r0, #0x00000800     ;set bit 12 (Z---) BTB
    mcr       p15, 0, r0, c1, c0, 0
    ldr       sp,=0x38000000        ;设置栈以便调用 C 语言程序
    bl main
```

4.7 本章小结

本章介绍了 ARM 处理器的指令集,包括 ARM 指令集和 Thumb/Thumb-2 指令集,并结合实例阐述了每个指令的格式、作用和用法。同时,概括了 Cortex-A8 的指令对应的寻址方式。然后,对汇编程序中针对 ARM 处理器的伪指令和伪操作进行了归纳和说明。最后,介绍 ARM 汇编程序中的编程规范,以及如何和 C 语言联合使用,并以 S5PV210 的启动代码为例演示了汇编程序实例。

4.8 练　　习

1. ARM 指令和 Thumb 指令的区别是什么？

2. 处理器如何区分 ARM 指令和 32 位 Thumb 指令？

3. ARM 指令集有哪些分类？

4. 概括一下寻址方式有哪些。

5. 什么是伪指令？ARM 中的伪指令有哪些？伪指令是如何对应 ARM 指令集中的指令的？

6. ARM 汇编中的符号命名规则是什么？

7. ARM 汇编中的变量有什么？

8. ARM 汇编中的表达式有什么？

第三部分

第5章 chapter 5

GPIO端口编程

GPIO(General Purpose I/O)意思为通用输入/输出,通俗地说,就是一些引脚(Pin),可以通过它们输出高/低电平或者通过它们读入引脚的状态——是高电平或是低电平。嵌入式系统需要控制许多结构简单的外部设备或者电路,GPIO引脚可以供使用者由程控自由使用,根据应用需求可作为通用输入(GPI)、通用输出(GPO)或通用输入/输出(GPIO)。GPIO端口(Port)是一个比较重要的概念,端口和引脚的区别,可以简单地理解为引脚是单个的,而端口会包含多个引脚,例如,USB端口,需要4或5个引脚。

GPIO的应用非常广泛,用户可以通过GPIO端口的独立引脚功能控制硬件工作(如LED、蜂鸣器等),和硬件进行数据交互(UART、USB),读取硬件的工作状态信号(如中断信号)等。在嵌入式微处理器上通常提供一种"通用可编程I/O端口",也就是GPIO。本章介绍S5PV210的GPIO端口原理、寄存器配置及相关实验编程。

5.1 S5PV210封装和引脚

S5PV210芯片是584引脚的FCFBGA封装,引脚间距为0.65mm,面积为17mm×17mm,图5-1是S5PV210的封装和引脚示意图,其中右上角为A1标志,A~AE共25行,1~25共25列。引脚分类如下。

- 电源引脚分配。
- 地线引脚分配。
- UART涉及的引脚。
- SPI端口引脚。
- PWM/I^2C引脚。
- I^2S/PCM/SPDIF/AC97引脚。
- 摄像处理器引脚。
- LCD引脚。
- EINT/KEYPAD引脚。
- Modem/CAMIF等引脚。
- 内存端口引脚。
- JTAG引脚。
- Clock引脚。

S5PV210
引脚

- ADC/DAC/HDMI 等引脚。
- USB OTG/USB HOST 引脚。
- E-fuse 引脚。

……

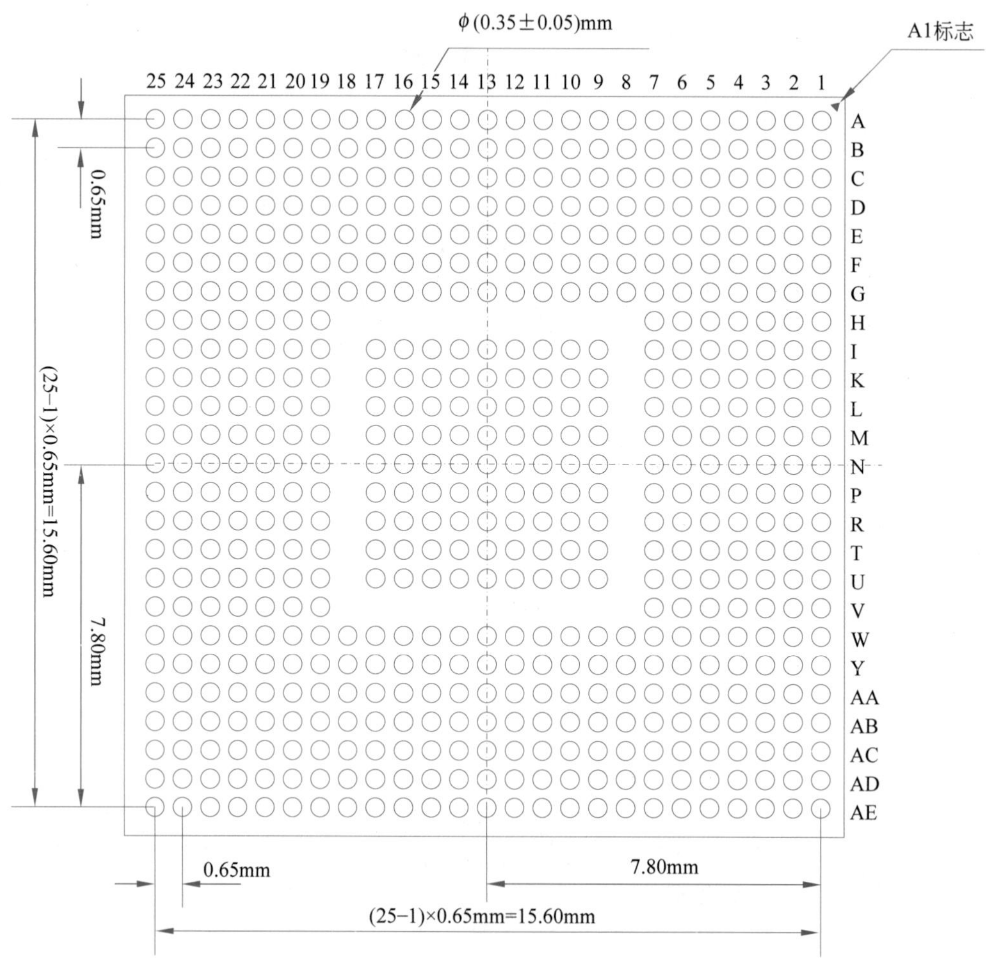

图 5-1 S5PV210 的封装和引脚

S5PV210 的电源引脚分配如表 5-1 所示。

表 5-1 S5PV210 的电源引脚分配表

<table>
<tr><th>引脚名称</th><th>引脚位</th><th>引脚说明</th></tr>
<tr><td>VDD_UHOST_A</td><td>Y16</td><td rowspan="5">3.3V 电源</td></tr>
<tr><td>VDD_HDMI_OSC</td><td>T7</td></tr>
<tr><td>VDD_M0</td><td>K9,M9</td></tr>
<tr><td>VDD_LCD</td><td>U10</td></tr>
<tr><td>VDD_CAM</td><td>V19</td></tr>
</table>

续表

<table>
<tr><th>引脚名称</th><th>引脚位</th><th>引脚说明</th></tr>
<tr><td>VDD_AUD</td><td>U9,U19</td><td rowspan="14">3.3 V 电源</td></tr>
<tr><td>VDD_MODEM</td><td>J7</td></tr>
<tr><td>VDD_KEY</td><td>T17</td></tr>
<tr><td>VDD_SYS0</td><td>P9,U16,U17</td></tr>
<tr><td>VDD_SYS1</td><td>T19</td></tr>
<tr><td>VDD_EXT0</td><td>J10</td></tr>
<tr><td>VDD_EXT1</td><td>T9,W18</td></tr>
<tr><td>VDD_EXT2</td><td>G11</td></tr>
<tr><td>VDD_CKO</td><td>P17</td></tr>
<tr><td>VDD_RTC</td><td>P21</td></tr>
<tr><td>VDD_ADC</td><td>W10</td></tr>
<tr><td>VDD_DAC_A</td><td>U7</td></tr>
<tr><td>VDD_DAC</td><td>V7</td></tr>
<tr><td>VDD_UOTG_A</td><td>W16</td></tr>
<tr><td>VDD_M2</td><td>J17,K17,L17,M17</td><td rowspan="3">1.8V 电源</td></tr>
<tr><td>VDD_M1</td><td>J13,J14,J15,J16</td></tr>
<tr><td>VDD_MIPI_A</td><td>Y13</td></tr>
<tr><td>VDD_ARM</td><td>L13,L14,L15,M13,M14,M15,N14,N15,N16,P14,P15</td><td rowspan="2">1.2V 电源</td></tr>
<tr><td>VDD_ALIVE</td><td>R17,W15</td></tr>
<tr><td>VDD_INT</td><td>K13,K14,K15,L10,L11,M11,N10,N11,P11,R11,R12,R13,T11</td><td rowspan="12">1.1V 电源</td></tr>
<tr><td>VDD_MIPI_D</td><td>U12,U13</td></tr>
<tr><td>VDD_MIPI_PLL</td><td>W14</td></tr>
<tr><td>VDD_HDMI</td><td>P6</td></tr>
<tr><td>VDD_HDMI_PLL</td><td>R6</td></tr>
<tr><td>VDD_UOTG_D</td><td>U15</td></tr>
<tr><td>VDD_UHOST_D</td><td>W13</td></tr>
<tr><td>VDD_APLL</td><td>M20</td></tr>
<tr><td>VDD_MPLL</td><td>N20</td></tr>
<tr><td>VDD_VPLL</td><td>P20</td></tr>
<tr><td>VDD_EPLL</td><td>R20</td></tr>
</table>

S5PV210 的地线引脚分配如表 5-2 所示。

表 5-2 S5PV210 的地线引脚分配表

引脚名称	引 脚 位	引脚说明
VSS	A1,A25,AE1,AE25,G19,G7,J12,K10,K11,K12,K16,K19,L12,L16,L9,M10,M16,M19,N12,N17,N19,P10,P12,P13,P16,P19,R10,R14,R15,R16,R19,R9,T10,T12,T13,T14,T15,T16,W19,W7	地信号
VSS_APLL	M20	地信号
VSS_EPLL	R20	地信号
VSS_MPLL	N20	地信号
VSS_VPLL	P20	地信号
VSS_ADC	W11	地信号
VSS_DAC	V6	地信号
VSS_DAC_A	U6	地信号
VSS_HDMI	R7	地信号
VSS_HDMI_OSC	T6	地信号
VSS_HDMI_PLL	P7	地信号
VSS_MIPI	U11,U14	地信号
VSS_UHOST_A	AA15	地信号
VSS_UHOST_AC	AA16	地信号
VSS_UHOST_D	Y14	地信号
VSS_UOTG_A	Y17	地信号
VSS_UOTG_AC	Y15	地信号
VSS_UOTG_D	W17	地信号

S5PV210 的 UART 涉及的引脚分配如表 5-3 所示。

表 5-3 S5PV210 的 UART 涉及的引脚分配表

引脚名称	引脚位	方向	引脚说明
XURXD_0	C8	I	串口 0 接收数据信号/通用 IO 端口 PA0_0
XUTXD_0	D8	O	串口 0 发送数据信号/通用 IO 端口 PA0_1
XUCTSN_0	D9	I	串口 0 清除发送信号/通用 IO 端口 PA0_2
XURTSN_0	A7	O	串口 0 请求发送信息/通用 IO 端口 PA0_3
XURXD_1	G10	I	串口 1 接收数据信号/通用 IO 端口 PA0_4
XUTXD_1	F10	O	串口 1 发送数据信号/通用 IO 端口 PA0_5
XUCTSN_1	B8	I	串口 1 清除发送信号/通用 IO 端口 PA0_6
XURTSN_1	E10	O	串口 1 请求发送信号/通用 IO 端口 PA0_7
XURXD_2	AC20	I	串口 2 接收数据信号/音频串口接收数据信号/通用 IO 端口 PA1_0
XUTXD_2	AC14	O	串口 2 发送数据信号/音频串口发送数据信号/通用 IO 端口 PA1_1
XURXD_3	AC13	I	串口 3 接收数据信号/串口 2 清除发送信号/通用 IO 端口 PA1_2
XUTXD_3	AB13	O	串口 3 发送数据信号/串口 2 请求发送信号/通用 IO 端口 PA1_3

S5PV210 的 SPI 端口涉及的引脚分配如表 5-4 所示。

表 5-4 S5PV210 的 SPI 端口涉及的引脚分配表

引脚名称	引脚位	方向	引脚说明
XSPICLK_0	B7	IO	通道 0 的 SPI 时钟/通用 IO 端口 PB0
XSPICSN_0	E9	IO	通道 0 的芯片使能(从模式)/通用 IO 端口 PB1
XSPIMISO_0	J9	IO	通道 0 的 SPI 主输入/从输出线/通用 IO 端口 PB2
XSPIMISO_0	J11	IO	通道 0 的 SPI 主输入/从输入线/通用 IO 端口 PB3
XSPICLK_1	G12	IO	通道 1 的 SPI 时钟/通用 IO 端口 PB4
XSPICSN_1	B11	IO	通道 1 的 SPI 芯片使能(从模式)/通用 IO 端口 PB5
XSPIMISO_1	G13	IO	通道 1 的 SPI 主输入/从输出线/通用 IO 端口 PB6
XSPIMOSI_1	A11	IO	通道 1 的 SPI 主输出/从输入线/通用 IO 端口 PB7

S5PV210 的 PWM/I^2C 引脚分配如表 5-5 所示。

表 5-5 S5PV210 的 PWM/I^2C 引脚分配表

引脚名称	引脚位	方向	引脚说明
XPWMTOUT_0	E8	O	PWM 计数器输出 0
XPWMTOUT_1	B9	O	PWM 计数器输出 1
XPWMTOUT_2	A8	O	PWM 计数器输出 2
XPWMTOUT_3	F12	O	PWM 计数器输出 3
XI^2C0SDA	F11	IO	通道 0 的 I^2C 数据
XI^2C0SCL	C9	IO	通道 0 的 I^2C 时钟
XI^2C1SDA	AE23	IO	通道 1 的 I^2C 数据
XI^2C1SCL	AD22	IO	通道 1 的 I^2C 时钟
XI^2C2SDA	AC16	IO	通道 2 的 I^2C 数据
XI^2C2SCL	AE22	IO	通道 2 的 I^2C 时钟

S5PV210 的 I^2S/PCM/SPDIF/AC97 引脚分配如表 5-6 所示。

表 5-6 S5PV210 的 I^2S/PCM/SPDIF/AC97 引脚分配表

引脚名称	引脚位	方向	引脚说明
XI^2S1SCLK	AD1	IO	通道 1 的 I^2S 总线串行时钟/通道 1 的 PCM 串行移位时钟/从 AC97 编解码器到 AC97 控制器的 AC-link 位时钟(12.288MHz)/通用 IO 端口 PC0_0
XI^2S1CDCLK	AB3	IO	通道 1 的 I^2S 编解码器系统时钟/通道 1 的 PCM 外部时钟/AC97 编解码器的 AC-link 复位/通用 IO 端口 PC0_1
XI^2S1CDCLK	AC2	IO	通道 1 的 I^2S 总线通道选择时钟/通道 1 的 PCM 同步指示/从 AC97 控制器到 AC97 编解码器的 AC-link 帧同步(采样率 48kHz)/通用 IO 端口 PC0_2
XI^2S1SDI	AA5	I	通道 1 的 I^2S 总线串行数据输入/通道 1 的串行数据输入/AC97 编解码器的 AC-link 串行数据输入/通用 IO 端口 PC0_3

续表

引脚名称	引脚位	方向	引脚说明
XI²S1SDO	AB4	O	通道 1 的 I²S 总线串行数据输出/通道 1 的串行数据输出/AC97 编解码器的 AC-link 串行数据输出/通用 IO 端口 PC0_4
XPCM0SCLK	AA2	O	通道 0 的 PCM 串行移位时钟/SPDIF 音频数据输出/通道 2 的 I²S 总线串行时钟/通用 IO 端口 PC1_0
XPCM0EXTCLK	AA1	I	通道 0 的 PCM 外部时钟/SPDIF 全局音频主时钟输入/通道 2 的 I²S 编解码器系统时钟/通用 IO 端口 PC1_1
XPCM0FSYNC	AB1	O	通道 0 的 PCM 字同步指示/帧同步信号/通道 2 的 I²S 总线通道选择时钟/通用 IO 端口 PC1_2
XPCM0SIN	AB2	I	通道 0 的串行数据输入/通道 2 的 I²S 总线串行数据输入/通用 IO 端口 PC1_3
XPCM0SOUT	AC1	O	通道 0 的串行数据输出/通道 2 的 I²S 总线串行数据输出/通用 IO 端口 PC1_4

S5PV210 的摄像处理器涉及的引脚分配如表 5-7 所示。

表 5-7 S5PV210 的摄像处理器涉及的引脚分配表

引脚名称	引脚位	方向	引脚说明
XCIPCLK	AC21	I	摄像处理器 A 的像素时钟/通用 IO 端口 PE0_0
XCIVSYNC	AA14	I	摄像处理器 A 的垂直同步/通用 IO 端口 PE0_1
XCIHREF	AB14	I	摄像处理器 A 的水平同步/通用 IO 端口 PE0_2
XCIDATA_0	AB15	I	摄像处理器 A 的 YCbCr 像素值(8 位模式)或 Y 像素值(16 位模式)/通用 IO 端口 PE0_3 到 PE0_7,通用 IO 端口 PE1_0 到 PE1_2
XCIDATA_1	AB16	I	
XCIDATA_2	AB20	I	
XCIDATA_3	AA19	I	
XCIDATA_4	AB21	I	
XCIDATA_5	Y18	I	
XCIDATA_6	AB17	I	
XCIDATA_7	AA17	I	
XCICLKENB	AA18	O	摄像处理器 A 的主时钟/通用 IO 端口 PE1_3
XCIFIELD	AB19	I	外部摄像处理器 A 的指定字段的信号/通用 IO 端口 PE1_4

S5PV210 微处理器的 LCD 引脚分配如表 5-8 所示。

表 5-8 S5PV210 微处理器的 LCD 引脚分配表

引脚名称	引脚位	方向	引脚说明
XVHSYNC	AA13	O	RGB 接口的水平同步信号/i80 接口 LCD 的 LCD0 芯片使能信号/601 接口的水平同步信号/通用 IO 端口 PF0_0
XVVSYNC	Y10	O	RGB 接口的垂直同步信号/i80 接口 LCD 的 LCD1 芯片使能信号/601 接口的垂直同步信号/通用 IO 端口 PF0_1

续表

引脚名称	引脚位	方向	引脚说明
XVVDEN	AB10	O	RGB接口的数据使能/i80接口LCD的寄存器/状态选择信号/601接口的数据使能信号/通用IO端口PF0_2
XVVCLK	AA10	O	RCB接口的视频时钟/i80接口LCD的写使能信号/601接口的数据时钟信号/通用IO端口PF0_3
XVVD.0	AA9	IO	RGB接口的LCD像素数据输出/i80接口LCD的输入/输出视频数据/601接口的YUV422格式数据输出/通用IO端口PF0_4
XVVD.1	AB9	IO	RGB接口的LCD像素数据输出/i80接口LCD的输入/输出视频数据/601接口的YUV422格式数据输出/通用IO端口PF0_5
XVVD.2	AB8	IO	RGB接口的LCD像素数据输出/i80接口LCD的输入/输出视频数据/601接口的YUV422格式数据输出/通用IO端口PF0_6
XVVD.3	AB7	IO	RGB接口的LCD像素数据输出/i80接口LCD的输入/输出视频数据/601接口的YUV422格式数据输出/通用IO端口PF0_7
XVVD.4	Y9	IO	RGB接口的LCD像素数据输出/i80接口LCD的输入/输出视频数据/601接口的YUV422格式数据输出/通用IO端口PF1_0
XVVD.5	AB6	IO	RGB接口的LCD像素数据输出/i80接口LCD的输入/输出视频数据/601接口的YUV422格式数据输出/通用IO端口PF1_1
XVVD.6	AE7	IO	RGB接口的LCD像素数据输出/i80接口LCD的输入/输出视频数据/601接口的YUV422格式数据输出/通用IO端口PF1_2
XVVD.7	AC9	IO	RGB接口的LCD像素数据输出/i80接口LCD的输入/输出视频数据/601接口的YUV422格式数据输出/通用IO端口PF1_3
XVVD.8	AA8	IO	RGB接口的LCD像素数据输出/i80接口LCD的输入/输出视频数据/656接口的YUV422格式数据输出/通用IO端口PF1_4
XVVD.9	W9	IO	RGB接口的LCD像素数据输出/i80接口LCD的输入/输出视频数据/656接口的YUV422格式数据输出/通用IO端口PF1_5
XVVD.10	AE6	IO	RGB接口的LCD像素数据输出/i80接口LCD的输入/输出视频数据/656接口的YUV422格式数据输出/通用IO端口PF1_6
XVVD.11	AC8	IO	RGB接口的LCD像素数据输出/i80接口LCD的输入/输出视频数据/656接口的YUV422格式数据输出/通用IO端口PF1_7
XVVD.12	Y8	IO	RGB接口的LCD像素数据输出/i80接口LCD的输入/输出视频数据/656接口的YUV422格式数据输出/通用IO端口PF2_0
XVVD.13	AC7	IO	RGB接口的LCD像素数据输出/i80接口LCD的输入/输出视频数据/656接口的YUV422格式数据输出/通用IO端口PF2_1
XVVD.14	AD6	IO	RGB接口的LCD像素数据输出/i80接口LCD的输入/输出视频数据/656接口的YUV422格式数据输出/通用IO端口PF2_2
XVVD.15	AE5	IO	RGB接口的LCD像素数据输出/i80接口LCD的输入/输出视频数据/656接口的YUV422格式数据输出/通用IO端口PF2_3
XVVD.16	AD7	IO	RGB接口的LCD像素数据输出/i80接口LCD的输入/输出视频数据/通用IO端口PF2_4

续表

引脚名称	引脚位	方向	引脚说明
XVVD.17	AA7	IO	RGB 接口的 LCD 像素数据输出/i80 接口 LCD 的输入/输出视频数据/通用 IO 端口 PF2_5
XVVD.18	AD5	IO	RGB 接口的 LCD 像素数据输出/i80 接口 LCD 的输入/输出视频数据/通用 IO 端口 PF2_6
XVVD.19	AA6	IO	RGB 接口的 LCD 像素数据输出/i80 接口 LCD 的输入/输出视频数据/通用 IO 端口 PF2_7
XVVD.20	AB5	IO	RGB 接口的 LCD 像素数据输出/i80 接口 LCD 的输入/输出视频数据/通用 IO 端口 PF3_0
XVVD.21	AC5	IO	RGB 接口的 LCD 像素数据输出/i80 接口 LCD 的输入/输出视频数据/通用 IO 端口 PF3_1
XVVD.22	AC6	IO	RGB 接口的 LCD 像素数据输出/i80 接口 LCD 的输入/输出视频数据/通用 IO 端口 PF3_2
XVVD.23	Y7	IO	RGB 接口的 LCD 像素数据输出/i80 接口 LCD 的输入/输出视频数据/656 接口的数据时钟信号/通用 IO 端口 PF3_3
XVVSYNC_LD1	W8	O	i80 接口的垂直同步信号/通用 IO 端口 PF3_4
XVSYS_OE	AE4	0	RGB 接口的输出使能信号/601 接口的场信号/通用 IO 端口 PF3_5

S5PV210 微处理器的 EINT/KEYPAD 引脚分配如表 5-9 所示。

表 5-9 S5PV210 微处理器的 EINT/KEYPAD 引脚分配表

引脚名称	引脚位	方向	引脚说明
XEINT_0	Y21	I	外部中断 0/通用 IO 端口 PH0_0
XEINT_1	W25	I	外部中断 1/通用 IO 端口 PH0_1
XEINT_2	W23	I	外部中断 2/通用 IO 端口 PH0_2
XEINT_3	Y25	I	外部中断 3/通用 IO 端口 PH0_3
XEINT_4	AA22	I	外部中断 4/通用 IO 端口 PH0_4
XEINT_5	W24	I	外部中断 5/通用 IO 端口 PH0_5
XEINT_6	W21	I	外部中断 6/通用 IO 端口 PH0_6
XEINT_7	AA25	I	外部中断 7/通用 IO 端口 PH0_7
XEINT_8	V20	I	外部中断 8/通用 IO 端口 PH1_0
XEINT_9	V22	I	外部中断 9/通用 IO 端口 PH1_1
XEINT_10	Y24	I	外部中断 10/通用 IO 端口 PH1_2
XEINT_11	W22	I	外部中断 11/通用 IO 端口 PH1_3
XEINT_12	AA24	IO	外部中断 12/HDMI 的 CEC 端口/通用 IO 端口 PH1_4
XEINT_13	AC23	I	外部中断 13/HDMI 的热插拔信号/通用 IO 端口 PH1_5
XEINT_14	AB25	I	外部中断 14/通用 IO 端口 PH1_6
XEINT_15	W20	I	外部中断 15/通用 IO 端口 PH1_7

续表

引脚名称	引脚位	方向	引脚说明
XEINT_16	U20	IO	外部中断16/键盘列数据/通用IO端口PH2_0
XEINT_17	Y23	IO	外部中断17/通用IO端口PH2_1
XEINT_18	V21	IO	外部中断18/通用IO端口PH2_2
XEINT_19	AB24	IO	外部中断19/通用IO端口PH2_3
XEINT_20	AA21	IO	外部中断20/通用IO端口PH2_4
XEINT_21	AA23	IO	外部中断21/通用IO端口PH2_5
XEINT_22	AC25	IO	外部中断22/通用IO端口PH2_6
XEINT_23	Y20	IO	外部中断23/通用IO端口PH2_7
XEINT_24	AC24	I	外部中断24/键盘行数据/通用IO端口PH3_0
XEINT_25	AB22	I	外部中断25/通用IO端口PH3_1
XEINT_26	AD25	I	外部中断26/通用IO端口PH3_2
XEINT_27	Y22	I	外部中断27/通用IO端口PH3_3
XEINT_28	AD24	I	外部中断28/通用IO端口PH3_4
XEINT_29	AA20	I	外部中断29/通用IO端口PH3_5
XEINT_30	Y19	I	外部中断30/通用IO端口PH3_6
XEINT_31	AB23	I	外部中断31/通用IO端口PH3_7

S5PV210微处理器的I²S0/PCM2引脚分配如表5-10所示。

表5-10 S5PV210微处理器的I²S0/PCM2引脚分配表

引脚名称	引脚位	方向	引脚说明
XI²S0SCLK	AD2	IO	通道0的I²S总线串行时钟(低功耗音频)/通道2的PCM串行移位时钟
XI²S0CDCLK	AC4	IO	通道0的I²S编解码系统时钟(低功耗音频)/通道2的PCM外部时钟
XI²S0LRCK	AE3	IO	通道0的I²S总线通道选择时钟(低功耗音频)/通道2的PCM词同步指示
XI²S0SDI	AE2	I	通道0的I²S总线串行数据输入(低功耗音频)/通道2的串行数据输入
XI²S0SDO_0	AD3	O	通道0的I²S总线串行数据输出(低功耗音频)/通道2的串行数据输出
XI²S0SDO_1	AC3	O	通道1的I²S总线串行数据输出(低功耗音频)
XI²S0SDO_2	AA3	O	通道2的I²S总线串行数据输出(低功耗音频)

S5PV210处理器的Modem/CAMIF/CFCON/MIPI/KEYPAD/SROM引脚分配如表5-11所示。

表 5-11 S5PV210 处理器的 Modem/CAMIF/CFCON/MIPI/KEYPAD/SROM 引脚分配表

引脚名称	引脚位	方向	引脚说明
XMSMADDR_0	H1	I	调制解调器接口地址(XMSMADDR_13 应为“0”)/外部视频播放器的像素数据输入/ATAPI 标准的 CF 卡地址信号/MIPI 位时钟/通用 IO 端口 PJ0_0
XMSMADDR_1	G6	I	调制解调器接口地址(XMSMADDR_13 应为“0”)/外部视频播放器的像素数据输入/ATAPI 标准的 CF 卡地址信号/MIPI 退出时钟/通用 IO 端口 PJ0_1
XMSMADDR_2	E4	I	调制解调器接口地址(XMSMADDR_13 应为“0”)/外部视频播放器的像素数据输入/ATAPI 标准的 CF 卡地址信号/TSI 系统时钟(66MHz)/通用 IO 端口 PJ0_2
XMSMADDR_3	H7	I	调制解调器接口地址(XMSMADDR_13 应为“0”)/外部视频播放器的像素数据输入/CF 卡的 CF 等待信号/TSI 同步控制信号/通用 IO 端口 PJ0_3
XMSMADDR_4	G1	I	调制解调器接口地址(XMSMADDR_13 应为“0”)/外部视频播放器的像素数据输入/CF 卡的中断信号/TSI 有效信号/通用 IO 端口 PJ0_4
XMSMADDR_5	H2	I	调制解调器接口地址(XMSMADDR_13 应为“0”)/外部视频播放器的像素数据输入/CF 卡的 DMA 请求信号/TSI 输入数据/通用 IO 端口 PJ0_5
XMSMADDR_6	F5	I	调制解调器接口地址(XMSMADDR_13 应为“0”)/外部视频播放器的像素数据输入/CF 卡的 DMA 复位信号/TSI 错误指示信号/通用 IO 端口 PJ0_6
XMSMADDR_7	D5	I	调制解调器接口地址(XMSMADDR_13 应为“0”)/外部视频播放器的像素数据输入 CF 卡的 DMA 应答信号/通用 IO 端口 PJ0_7
XMSMADDR_8	F6	I	调制解调器接口地址(XMSMADDR_13 应为“0”)/外部视频播放器的像素时钟信号/SROM 地址总线[22:16]/通用 IO 端口 PJ1_0
XMSMADDR_9	G2	I	调制解调器接口地址(XMSMADDR_13 应为“0”)/外部视频播放器的帧同步信号/SROM 地址总线[22:16]/通用 IO 端口 PJ1_1
XMSMADDR_10	F1	I	调制解调器接口地址(XMSMADDR_13 应为“0”)/外部视频播放器的水平同步信号/SROM 地址总线[22:16]/通用 IO 端口 PJ1_2
XMSMADDR_11	G3	I	调制解调器接口地址(XMSMADDR_13 应为“0”)/外部视频播放器的场信号/SROM 地址总线[22:16]/通用 IO 端口 PJ1_3
XMSMADDR_12	E5	I	调制解调器接口地址(XMSMADDR_13 应为“0”)/视频处理器 B 的主时钟/ROM 地址总线[22:16]/通用 IO 端口 PJ1_4
XMSMADDR_13	F2	I	调制解调器接口地址(XMSMADDR13 应为“0”)/按键接口的 8 位列数据/SROM 地址总线[22:16]/通用 IO 端口 PJ_5
XMSMDATA_0	F3	IO	调制解调器接口数据/按键接口的 8 位列数据/CF 卡数据/通用 IO 端口 PJ2_0

续表

引脚名称	引脚位	方向	引脚说明
XMSMDATA_1	E2	IO	调制解调器接口数据/按键接口的 8 位列数据/CF 卡数据/通用 IO 端口 PJ2_1
XMSMDATA_2	E1	IO	调制解训器接口数据/按键接口的 8 位列数据/CF 卡数据/通用 IO 端口 PJ2_2
XMSMDATA_3	D3	IO	调制解调器接口数据/按键接口的 8 位列数据/CF 卡数据/通用 IO 端口 PJ2_3
XMSMDATA_4	D1	IO	调制解调器接口数据/按键接口的 8 位列数据/CF 卡数据/通用 IO 端口 PJ2_4
XMSMDATA_5	E3	IO	调制解调器接口数据/按键接口的 8 位列数据/CF 卡数据/通用 IO 端口 PJ2_5
XMSMDATA_6	D2	IO	调制解调器接口数据/按键接口的 8 位列数据/CF 卡数据/通用 IO 端口 PJ2_6
XMSMDATA_7	C1	IO	调制解调器接口数据/按键接口的 14 位行数据/CF 卡数据/通用 IO 端口 PJ2_7
XMSMDATA_8	C2	IO	调制解调器接口数据/按键接口的 14 位行数据/CF 卡数据/通用 IO 端口 PJ3_0
XMSMDATA_9	D4	IO	调制解调器接口数据/按键接口的 14 位行数据/CF 卡数据/通用 IO 端口 PJ3_1
XMSMDATA_10	B1	IO	调制解调器接口数据/按键接口的 14 位行数据/CF 卡数据/通用 IO 端口 PJ3_2
XMSMDATA_11	C3	IO	调制解调器接口数据/按键接口的 14 位行数据/CF 卡数据/通用 IO 端口 PJ3_3
XMSMDATA_12	C4	IO	调制解调器接口数据/按键接口的 14 位行数据/CF 卡数据/通用 IO 端口 PJ3_4
XMSMDATA_13	B2	IO	调制解调器接口数据/按键接口的 14 位行数据/CF 卡数据/通用 IO 端口 PJ3_5
XMSMDATA_14	B3	IO	调制解调器接口数据/按键接口的 14 位行数据/CF 卡数据/通用 IO 端口 PJ3_6
XMSMDATA_15	A2	IO	调制解调器接口数据/按键接口的 14 位行数据/CF 卡数据/通用 IO 端口 PJ3_7
XMSMCSn	G8	I	调制解调器接口的片选信号/按键接口的 14 位行数据/CF 卡的内存条 0 片选信号/通用 IO 端口 PJ4_0
XMSMWEn	B4	I	调制解调器接口的写使能信号/按键接口的 14 位行数据/CF 卡的内存条 1 片选信号/通用 IO 端口 PJ4_1
XMSMRn	G9	I	调制解调器接口的读使能信号/按键接口的 14 位行数据/I/O 模式下的 CF 卡读选通脉冲/通用 IO 端口 PJ4_2
XMSMIROn	A3	O	调制解调器接口的中断信号/按键接口的 14 位行数据/I/O 模式下的 CF 卡写选通脉冲/通用 IO 端口 PJ4_3
XMSMADVn	A4	I	调制解调器接口的选址有效信号/按键接口的 14 位行数据/SROM 地址总线[22：16]/通用 IO 端口 PJ4_4

S5PV210 微处理器的内存端口 0 引脚分配如表 5-12 所示。

表 5-12　S5PV210 微处理器的内存端口 0 引脚分配表

引脚名称	引脚位	方向	引脚说明
XM0CSN_0	U3	O	内存端口 0 的 SROM 片选信号(最多支持两条)/通用 IO 端口 PO1_0
XM0CSN_1	T4	O	内存端口 0 的 SROM 片选信号(最多支持两条)/通用 IO 端口 PO1_1
XM0CSN_2	J1	O	内存端口 0 的 SROM 片选信号(最多支持两条)/内存端口 0 的 NAND 片选信号(内存条 0)/通用 IO 端口 PO1_2
XM0CSN_3	N9	O	内存端口 0 的 SROM 片选信号(最多支持两条)/内存端口 0 的 NAND 片选信号(内存条 1)/通用 IO 端口 PO1_3
XM0CSN_4	N3	O	内存端口 0 的 SROM 片选信号(最多支持两条)/内存端口 0 的 NAND 片选信号(内存条 2)/OneNANDXL Flash 片选信号/通用 IO 端口 PO1_4
XM0CSN_5	N7	O	内存端口 0 的 SROM 片选信号(最多支持两条)/内存端口 0 的 NAND 片选信号(内存条 3)/OneNANDXL Flash 片选信号/通用 IO 端口 PO1_5
XM0OEN	R4	O	内存端口 0 的 SROM/OneNAND 输出使能信号/通用 IO 端口 PO1_6
XM0WEN	P4	O	内存端口 0 的 SROM/OneNAND 写使能信号/通用 IO 端口 PO1_7
XM0BEN_0	T3	O	内存端口 0 的 SROM 位使能信号/通用 IO 端口 PO2_0
XM0BEN_1	N6	O	内存端口 0 的 SROM 位使能信号/通用 IO 端口 PO2_1
XM0WAITN	W2	I	内存端口 0 的 SROM 等待信号/通用 IO 端口 PO2_2
XM0DATA_RDN	M7	O	内存端口 0 的 SROM/OneNAND/NAND/CF 输出使能信号/通用 IO 端口 PO2_3
XM0FCLF	K1	O	内存端口 0 的 NAND 命令锁存器使能信号/OneNANDXL Flash 地址有效信号/通用 IO 端口 PO3_0
XM0FALE	K2	O	内存端口 0 的 NAND 地址锁存器使能信号/OneNANDXL Flash 时钟信号/通用 IO 端口 PO3_1
XM0FWEN	J2	O	内存端口 0 的 NAND Flash 写使能信号/OneNANDXL Flash 复位信号/通用 IO 端口 PO3_2
XM0FREN	M2	O	内存端口 0 的 NAND Flash 读使能信号/通用 IO 端口 PO3_3
XM0FRNB_0	R3	I	内存端口 0 的 NAND Flash 准备/忙信号/OneNANDXL Flash 中断信号(来自 OneNAND 设备)/通用 IO 端口 PO3_4
XM0FRNB_1	M6	I	内存端口 0 的 NAND Flash 准备/忙信号/OneNANDXL Flash 中断信号(来自 OneNAND 设备)/通用 IO 端口 PO3_5
XM0FRNB_2	V3	I	内存端口 0 的 NAND Flash 准备/忙信号/通用 IO 端口 PO3_6
XM0FRNB_3	L6	I	内存端口 0 的 NAND Flash 准备/忙信号/通用 IO 端口 PO3_7

续表

引脚名称	引脚位	方向	引脚说明
XM0ADDR_0	K5	O	内存端口 0 的地址总线/通用 IO 端口 PO4_0
XM0ADDR_1	L7	O	内存端口 0 的地址总线/通用 IO 端口 PO4_1
XM0ADDR_2	J4	O	内存端口 0 的地址总线/通用 IO 端口 PO4_2
XM0ADDR_3	H5	O	内存端口 0 的地址总线/通用 IO 端口 PO4_3
XM0ADDR_4	J6	O	内存端口 0 的地址总线/通用 IO 端口 PO4_4
XM0ADDR_5	K4	O	内存端口 0 的地址总线/通用 IO 端口 PO4_5
XM0ADDR_6	K6	O	内存端口 0 的地址总线/通用 IO 端口 PO4_6
XM0ADDR_7	J5	O	内存端口 0 的地址总线/通用 IO 端口 PO4_7
XM0ADDR_8	H4	O	内存端口 0 的地址总线/通用 IO 端口 PO5_0
XM0ADDR_9	G4	O	内存端口 0 的地址总线/通用 IO 端口 PO5_1
XM0ADDR_10	J3	O	内存端口 0 的地址总线/通用 IO 端口 PO5_2
XM0ADDR_11	K7	O	内存端口 0 的地址总线/通用 IO 端口 PO5_3
XM0ADDR_12	H6	O	内存端口 0 的地址总线/通用 IO 端口 PO5_4
XM0ADDR_13	G5	O	内存端口 0 的地址总线/通用 IO 端口 PO5_5
XM0ADDR_14	F4	O	内存端口 0 的地址总线/通用 IO 端口 PO5_6
XM0ADDR_15	H3	O	内存端口 0 的地址总线/通用 IO 端口 PO5_7
XM0DATA_0	K3	IO	内存端口 0 的数据总线/通用 IO 端口 PO6_0
XM0DATA_1	L3	IO	内存端口 0 的数据总线/通用 IO 端口 PO6_1
XM0DATA_2	L5	IO	内存端口 0 的数据总线/通用 IO 端口 PO6_2
XM0DATA_3	M4	IO	内存端口 0 的数据总线/通用 IO 端口 PO6_3
XM0DATA_4	N1	IO	内存端口 0 的数据总线/通用 IO 端口 PO6_4
XM0DATA_5	N2	IO	内存端口 0 的数据总线/通用 IO 端口 PO6_5
XM0DATA_6	P1	IO	内存端口 0 的数据总线/通用 IO 端口 PO6_6
XM0DATA_7	N4	IO	内存端口 0 的数据总线/通用 IO 端口 PO6_7
XM0DATA_8	L1	IO	内存端口 0 的数据总线/通用 IO 端口 PO7_0
XM0DATA_9	I2	IO	内存端口 0 的数据总线/通用 IO 端口 PO7_1
XM0DATA_10	L4	IO	内存端口 0 的数据总线/通用 IO 端口 PO7_2
XM0DATA_11	M1	IO	内存端口 0 的数据总线/通用 IO 端口 PO7_3
XM0DATA_12	M3	IO	内存端口 0 的数据总线/通用 IO 端口 PO7_4
XM0DATA_13	M5	IO	内存端口 0 的数据总线/通用 IO 端口 PO7_5
XM0DATA_14	N5	IO	内存端口 0 的数据总线/通用 IO 端口 PO7_6
XM0DATA_15	P2	IO	内存端口 0 的数据总线/通用 IO 端口 PO7_7

S5PV210 微处理器的内存端口 1 引脚分配如表 5-13 所示。

表 5-13 S5PV210 微处理器的内存端口 1 引脚分配表

引脚名称	引脚位	方向	引脚说明
XM1ADDR_0	E21	O	内存端口 1 的 DRAM 地址总线(16 位)
XM1ADDR_1	E20	O	内存端口 1 的 DRAM 地址总线(16 位)
XM1ADDR_2	E17	O	内存端口 1 的 DRAM 地址总线(16 位)
XM1ADDR_3	E15	O	内存端口 1 的 DRAM 地址总线(16 位)
XM1ADDR_4	D18	O	内存端口 1 的 DRAM 地址总线(16 位)
XM1ADDR_5	F15	O	内存端口 1 的 DRAM 地址总线(16 位)
XM1ADDR_6	D19	O	内存端口 1 的 DRAM 地址总线(16 位)
XM1ADDR_7	D20	O	内存端口 1 的 DRAM 地址总线(16 位)
XM1ADDR_8	E18	O	内存端口 1 的 DRAM 地址总线(16 位)
XM1ADDR_9	F16	O	内存端口 1 的 DRAM 地址总线(16 位)
XM1ADDR_10	F19	O	内存端口 1 的 DRAM 地址总线(16 位)
XM1ADDR_11	F14	O	内存端口 1 的 DRAM 地址总线(16 位)
XM1ADDR_12	E19	O	内存端口 1 的 DRAM 地址总线(16 位)
XM1ADDR_13	F18	O	内存端口 1 的 DRAM 地址总线(16 位)
XM1ADDR_14	E16	O	内存端口 1 的 DRAM 地址总线(16 位)
XM1ADDR_15	D21	O	内存端口 1 的 DRAM 地址总线(16 位)
XM1DATA_0	A24	IO	内存端口 1 的 DRAM 地址总线(32 位)
XM1DATA_1	C22	IO	内存端口 1 的 DRAM 地址总线(32 位)
XM1DATA_2	B23	IO	内存端口 1 的 DRAM 地址总线(32 位)
XM1DATA_3	A23	IO	内存端口 1 的 DRAM 地址总线(32 位)
XM1DATA_4	B21	IO	内存端口 1 的 DRAM 地址总线(32 位)
XM1DATA_5	A21	IO	内存端口 1 的 DRAM 地址总线(32 位)
XM1DATA_6	C20	IO	内存端口 1 的 DRAM 地址总线(32 位)
XM1DATA_7	C19	IO	内存端口 1 的 DRAM 地址总线(32 位)
XM1DATA_8	B19	IO	内存端口 1 的 DRAM 地址总线(32 位)
XM1DATA_9	B20	IO	内存端口 1 的 DRAM 地址总线(32 位)
XM1DATA_10	A20	IO	内存端口 1 的 DRAM 地址总线(32 位)
XM1DATA_11	A19	IO	内存端口 1 的 DRAM 地址总线(32 位)
XM1DATA_12	C18	IO	内存端口 1 的 DRAM 地址总线(32 位)
XM1DATA_13	A17	IO	内存端口 1 的 DRAM 地址总线(32 位)
XM1DATA_14	B17	IO	内存端口 1 的 DRAM 地址总线(32 位)
XM1DATA_15	C17	IO	内存端口 1 的 DRAM 地址总线(32 位)
XM1DATA_16	D16	IO	内存端口 1 的 DRAM 地址总线(32 位)
XM1DATA_17	C16	IO	内存端口 1 的 DRAM 地址总线(32 位)

续表

引脚名称	引脚位	方向	引脚说明
XM1DATA_18	D15	IO	内存端口 1 的 DRAM 地址总线(32 位)
XM1DATA_19	C15	IO	内存端口 1 的 DRAM 地址总线(32 位)
XM1DATA_20	E13	IO	内存端口 1 的 DRAM 地址总线(32 位)
XM1DATA_21	E14	IO	内存端口 1 的 DRAM 地址总线(32 位)
XM1DATA_22	F13	IO	内存端口 1 的 DRAM 地址总线(32 位)
XM1DATA_23	C14	IO	内存端口 1 的 DRAM 地址总线(32 位)
XM1DATA_24	D13	IO	内存端口 1 的 DRAM 地址总线(32 位)
XM1DATA_25	B14	IO	内存端口 1 的 DRAM 地址总线(32 位)
XM1DATA_26	A14	IO	内存端口 1 的 DRAM 地址总线(32 位)
XM1DATA_27	C13	IO	内存端口 1 的 DRAM 地址总线(32 位)
XM1DATA_28	B13	IO	内存端口 1 的 DRAM 地址总线(32 位)
XM1DATA_29	A13	IO	内存端口 1 的 DRAM 地址总线(32 位)
XM1DATA_30	B12	IO	内存端口 1 的 DRAM 地址总线(32 位)
XM1DATA_31	A12	IO	内存端口 1 的 DRAM 地址总线(32 位)
XM1DQS_0	B22	IO	内存端口 1 的 DRAM 数据选通信号(4 位)
XM1DQS_1	B18	IO	内存端口 1 的 DRAM 数据选通信号(4 位)
XM1DQS_2	A15	IO	内存端口 1 的 DRAM 数据选通信号(4 位)
XM1DQS_3	D12	IO	内存端口 1 的 DRAM 数据选通信号(4 位)
XM1DOSn_0	A22	IO	内存端口 1 的 DRAM 差分选通信号(4 位)
XM1DOSn_1	A18	IO	内存端口 1 的 DRAM 差分选通信号(4 位)
XM1DOSn_2	B15	IO	内存端口 1 的 DRAM 差分选通信号(4 位)
XM1DOSn_3	C12	IO	内存端口 1 的 DRAM 差分选通信号(4 位)
XM1DQM_0	C21	O	内存端口 1 的 DRAM 数据屏蔽信号(4 位)
XM1DQM_1	D17	O	内存端口 1 的 DRAM 数据屏蔽信号(4 位)
XM1DQM_2	D14	O	内存端口 1 的 DRAM 数据屏蔽信号(4 位)
XM1DQM_3	C11	O	内存端口 1 的 DRAM 数据屏蔽信号(4 位)
XM1CKE_0	G15	O	内存端口 1 的 DRAM 时钟使能信号(2 位)
XM1CKE_1	G16	O	内存端口 1 的 DRAM 时钟使能信号(2 位)
XM1SCLK	A16	O	内存端口 1 的 DRAM 时钟信号
XM1nSCLK	B16	O	内存端口 1 的 DRAM 反时钟信号
XM1CSn_0	G18	O	内存端口 1 的 DRAM 片选信号(最多支持 2 个内存条)
XM1CSn_1	G14	O	内存端口 1 的 DRAM 片选信号(最多支持 2 个内存条)
XM1RASn	E12	O	内存端口 1 的 DRAM 行地址选通信号
XM1CASn	F17	O	内存端口 1 的 DRAM 列地址选通信号
XM1WEn	G17	O	内存端口 1 的 DRAM 写使能信号

S5PV210 微处理器的内存端口 2 引脚分配如表 5-14 所示。

表 5-14　S5PV210 微处理器的内存端口 2 引脚分配表

引脚名称	引脚位	方向	引脚说明
XM2ADDR_0	L20	O	内存端口 2 的 DRAM 地址总线(16 位)
XM2ADDR_1	L19	O	内存端口 2 的 DRAM 地址总线(16 位)
XM2ADDR_2	L21	O	内存端口 2 的 DRAM 地址总线(16 位)
XM2ADDR_3	R23	O	内存端口 2 的 DRAM 地址总线(16 位)
XM2ADDR_4	F21	O	内存端口 2 的 DRAM 地址总线(16 位)
XM2ADDR_5	F20	O	内存端口 2 的 DRAM 地址总线(16 位)
XM2ADDR_6	H22	O	内存端口 2 的 DRAM 地址总线(16 位)
XM2ADDR_7	J19	O	内存端口 2 的 DRAM 地址总线(16 位)
XM2ADDR_8	G20	O	内存端口 2 的 DRAM 地址总线(16 位)
XM2ADDR_9	H19	O	内存端口 2 的 DRAM 地址总线(16 位)
XM2ADDR_10	K22	O	内存端口 2 的 DRAM 地址总线(16 位)
XM2ADDR_11	H23	O	内存端口 2 的 DRAM 地址总线(16 位)
XM2ADDR_12	J22	O	内存端口 2 的 DRAM 地址总线(16 位)
XM2ADDR_13	H20	O	内存端口 2 的 DRAM 地址总线(16 位)
XM2ADDR_14	J20	O	内存端口 2 的 DRAM 地址总线(16 位)
XM2ADDR_15	K20	O	内存端口 2 的 DRAM 地址总线(16 位)
XM2DATA_0	P23	IO	内存端口 2 的 DRAM 数据总线(32 位)
XM2DATA_1	R24	IO	内存端口 2 的 DRAM 数据总线(32 位)
XM2DATA_2	R25	IO	内存端口 2 的 DRAM 数据总线(32 位)
XM2DATA_3	P24	IO	内存端口 2 的 DRAM 数据总线(32 位)
XM2DATA_4	N23	IO	内存端口 2 的 DRAM 数据总线(32 位)
XM2DATA_5	M22	IO	内存端口 2 的 DRAM 数据总线(32 位)
XM2DATA_6	N22	IO	内存端口 2 的 DRAM 数据总线(32 位)
XM2DATA_7	M23	IO	内存端口 2 的 DRAM 数据总线(32 位)
XM2DATA_8	M21	IO	内存端口 2 的 DRAM 数据总线(32 位)
XM2DATA_9	M24	IO	内存端口 2 的 DRAM 数据总线(32 位)
XM2DATA_10	L23	IO	内存端口 2 的 DRAM 数据总线(32 位)
XM2DATA_11	M25	IO	内存端口 2 的 DRAM 数据总线(32 位)
XM2DATA_12	K25	IO	内存端口 2 的 DRAM 数据总线(32 位)
XM2DATA_13	K23	IO	内存端口 2 的 DRAM 数据总线(32 位)
XM2DATA_14	J25	IO	内存端口 2 的 DRAM 数据总线(32 位)
XM2DATA_15	K24	IO	内存端口 2 的 DRAM 数据总线(32 位)
XM2DATA_16	H25	IO	内存端口 2 的 DRAM 数据总线(32 位)
XM2DATA_17	H24	IO	内存端口 2 的 DRAM 数据总线(32 位)
XM2DATA_18	G23	IO	内存端口 2 的 DRAM 数据总线(32 位)

续表

引脚名称	引脚位	方向	引脚说明
XM2DATA_19	G22	IO	内存端口 2 的 DRAM 数据总线(32 位)
XM2DATA_20	F23	IO	内存端口 2 的 DRAM 数据总线(32 位)
XM2DATA_21	E25	IO	内存端口 2 的 DRAM 数据总线(32 位)
XM2DATA_22	E24	IO	内存端口 2 的 DRAM 数据总线(32 位)
XM2DATA_23	E23	IO	内存端口 2 的 DRAM 数据总线(32 位)
XM2DATA_24	D25	IO	内存端口 2 的 DRAM 数据总线(32 位)
XM2DATA_25	D24	IO	内存端口 2 的 DRAM 数据总线(32 位)
XM2DATA_26	D23	IO	内存端口 2 的 DRAM 数据总线(32 位)
XM2DATA_27	F22	IO	内存端口 2 的 DRAM 数据总线(32 位)
XM2DATA_28	D22	IO	内存端口 2 的 DRAM 数据总线(32 位)
XM2DATA_29	B25	IO	内存端口 2 的 DRAM 数据总线(32 位)
XM2DATA_30	C23	IO	内存端口 2 的 DRAM 数据总线(32 位)
XM2DATA_31	B24	IO	内存端口 2 的 DRAM 数据总线(32 位)
XM2DQS_0	N24	IO	内存端口 2 的 DRAM 数据选通信号(4 位)
XM2DQS_1	L24	IO	内存端口 2 的 DRAM 数据选通信号(4 位)
XM2DQS_2	F24	IO	内存端口 2 的 DRAM 数据选通信号(4 位)
XM2DQS_3	C24	IO	内存端口 2 的 DRAM 数据选通信号(4 位)
XM2DQSn_0	N25	IO	内存端口 2 的 DRAM 差分选通信号(4 位)
XM2DQSn_1	L25	IO	内存端口 2 的 DRAM 差分选通信号(4 位)
XM2DQSn_2	F25	IO	内存端口 2 的 DRAM 差分选通信号(4 位)
XM2DQSn_3	C25	IO	内存端口 2 的 DRAM 差分选通信号(4 位)
XM2DQM_0	P25	O	内存端口 2 的 DRAM 数据屏蔽信号(4 位)
XM2DQM_1	L22	O	内存端口 2 的 DRAM 数据屏蔽信号(4 位)
XM2DQM_2	H21	O	内存端口 2 的 DRAM 数据屏蔽信号(4 位)
XM2DQM_3	E22	O	内存端口 2 的 DRAM 数据屏蔽信号(4 位)
XM2CKE_0	J24	O	内存端口 2 的 DRAM 时钟使能信号 (2 位)
XM2CKE_1	G21	O	内存端口 2 的 DRAM 时钟使能信号 (2 位)
XM2SCLK	G24	O	内存端口 2 的 DRAM 时钟信号
XM2nSCLK	G25	O	内存端口 2 的 DRAM 反时钟信号
XM2CSn_0	N21	O	内存端口 2 的 DRAM 片选信号 (最多支持 2 个内存条)
XM2CSn_1	K21	O	内存端口 2 的 DRAM 片选信号 (最多支持 2 个内存条)
XM2RASn	J21	O	内存端口 2 的 DRAM 行地址选通信号
XM2CASn	J23	O	内存端口 2 的 DRAM 列地址选通信号
XM2WEn	P22	O	内存端口 2 的 DRAM 写使能信号

S5PV210 微处理器的 JTAG 引脚分配如表 5-15 所示。

表 5-15 S5PV210 微处理器的 JTAG 引脚分配表

引脚名称	引脚位	方向	引脚说明
XJTRSTN	P5	I	测试复位
XJTMS	R5	I	测试模式选择
XJTCK	U4	I	测试时钟输入
XJTDI	T5	I	测试数据输入
XJTDO	W3	O	测试数据输出
XJDBGSEL	P3	I	JTAG 选择信号(0：内核;1：外设)

S5PV210 微处理器的 RESET 引脚分配如表 5-16 所示。

表 5-16 S5PV210 微处理器的 RESET 引脚分配表

引脚名称	引脚位	方向	引脚说明
XOM_0	T23	I	操作模式控制信号
XOM_1	T22	I	操作模式控制信号
XOM_2	V23	I	操作模式控制信号
XOM_3	U21	I	操作模式控制信号
XOM_4	V25	I	操作模式控制信号
XOM_5	V24	I	操作模式控制信号
XDDR2SEL	AB18	I	DDR 类型选择信号(0：LPDDR1;1：LPDDR2/DDR2)
APWRRGTON	U22	O	功率调节使能信号
XNRESET	U23	I	系统复位信号
XCLKOUT	AE24	O	时钟输出信号
XNRSTOUT	T20	O	外部设备复位控制信号
XNWRESET	T21	I	系统热启动信号
XRTCCLKO	R22	O	RTC 时钟输出信号

S5PV210 微处理器的 Clock 引脚分配如表 5-17 所示。

表 5-17 S5PV210 微处理器的 Clock 引脚分配表

引脚名称	引脚位	方向	引脚说明
XRTCXTI	T24	I	32kHz 时钟输入(RTC)
XRTCXTO	T25	O	32kHz 时钟输出(RTC)
XXTI	U24	I	内部振荡电路时钟输入
XXTO	U25	O	内部振荡电路时钟输出
XUSBXTI	AD20	I	内部 USB 电路时钟输入
XUSBXTO	AE20	O	内部 USB 电路时钟输出

S5PV210 微处理器的 ADC/DAC/HDMI/MIPI 引脚分配如表 5-18 所示。

表 5-18 S5PV210 微处理器的 ADC/DAC/HDMI/MIPI 引脚分配表

引脚名称	引脚位	方向	引脚说明
XADCAIN_0	AC11	I	ADC 模拟输入(10 位)
XADCAIN_1	AC12	I	ADC 模拟输入(10 位)
XADCAIN_2	AB11	I	ADC 模拟输入(10 位)
XADCAIN_3	AC10	I	ADC 模拟输入(10 位)
XADCAIN_4	Y11	I	ADC 模拟输入(10 位)
XADCAIN_5	W12	I	ADC 模拟输入(10 位)
XADCAIN_6	Y12	I	ADC 模拟输入(10 位)
XADCAIN_7	AA12	I	ADC 模拟输入(10 位)
XADCAIN_8	AA11	I	ADC 模拟输入(10 位)
XADCAIN_9	AB12	I	ADC 模拟输入(10 位)
XDACOUT	U5	O	DAC 模拟输出
XDACIREF	W5	I	外部电阻连接端
XDACVREF	V5	I	参考电压输入
XDACCOMP	V4	O	外部电容连接端
XHDMITX0P	T2	O	HDMI 物理层 TX0+
HDMITX0N	T1	O	HDMI 物理层 TX0−
XHDMITX1P	U2	O	HDMI 物理层 TX1+
HDMITX1N	U1	O	HDMI 物理层 TX1−
XHDMITX2P	V2	O	HDMI 物理层 TX2+
HDMITX2N	V1	O	HDMI 物理层 TX2−
XHDMITXCP	R2	O	HDMI 物理层 TX 时钟+
HDMITXCN	R1	O	HDMI 物理层 TX 时钟−
XHDMIREXT	W1	I	HDMI 物理层阻抗
XHDMIXTI	Y2	I	HDMI 物理层时钟输入
XHDMIXTO	Y1	O	HDMI 物理层时钟输出
XMIPIMDP0	AE17	IO	MIPI-DPHY 接口主数据线 0 的 D+信号
XMIPIMDP1	AE16	IO	MIPI-DPHY 接口主数据线 1 的 D+信号
XMIPIMDP2	AE14	IO	MIPI-DPHY 接口主数据线 2 的 D+信号
XMIPIMDP3	AE13	IO	MIPI-DPHY 接口主数据线 3 的 D+信号
XMIPIMDN0	AD17	IO	MIPI-DPHY 接口主数据线 0 的 D−信号
XMIPIMDN1	AD16	IO	MIPI-DPHY 接口主数据线 1 的 D−信号
XMIPIMDN2	AD14	IO	MIPI-DPHY 接口主数据线 2 的 D−信号

续表

引脚名称	引脚位	方向	引脚说明
XMIPIMDN3	AD13	IO	MIPI-DPHY 接口主数据线 3 的 D−信号
XMIPISDP0	AD12	IO	MIPI-DPHY 接口从数据线 0 的 D+信号
XMIPISDP1	AD11	IO	MIPI-DPHY 接口从数据线 1 的 D+信号
XMIPISDP2	AD9	IO	MIPI-DPHY 接口从数据线 2 的 D+信号
XMIPISDP3	AD8	IO	MIPI-DPHY 接口从数据线 3 的 D+信号
XMIPISDN0	AE12	IO	MIPI-DPHY 接口从数据线 0 的 D−信号
XMIPISDN1	AE11	IO	MIPI-DPHY 接口从数据线 1 的 D−信号
XMIPISDN2	AE9	IO	MIPI-DPHY 接口从数据线 2 的 D−信号
XMIPISDN3	AE8	IO	MIPI-DPHY 接口从数据线 3 的 D−信号
XMIPIMDPCLK	AE15	IO	MIPI-DPHY 接口主时钟线的 D+信号
XMIPIMDNCLK	AD15	IO	MIPI-DPHY 接口主时钟线的 D−信号
XMIPISDPCLK	AD10	IO	MIPI-DPHY 接口从时钟线的 D+信号
XMIPISDNCLK	AE10	IO	MIPI-DPHY 接口从时钟线的 D−信号
XMIPIVREG_0P4V	AC15	IO	MIPI-DPHY 接口的调节电容

S5PV210 微处理器的 USB OTG/USB HOST1.1 引脚分配如表 5-19 所示。

表 5-19　S5PV210 微处理器的 USB OTG/USB HOST1.1 引脚分配表

引脚名称	引脚位	方向	引脚说明
XUOTGDRVVURS	AC19	O	USB OTG 电荷泵使能信号
XUHOSTPWREN	AD23	O	主 USB 电荷泵使能信号
XUHOSTOVERCUR	AC22	I	主 USB 过电流标志信号
XUOTGDP	AD21	IO	USB OTG 数据信号线 D+
XUOTGREXT	AE18	IO	USB OTG 外部链接电阻 44.2Ω(±1%)
XUOTGDM	AE21	IO	USB OTG 数据信号线 D−
XUHOSTDP	AE19	IO	主 USB 数据信号线 D+
XUHOSTREXT	AC17	IO	主 USB 外部链接电阻 44.2Ω(±1%)
XUHOSTDM	AD19	IO	主 USB 数据信号线 D−
XUOTGID	AD18	IO	USB OTG 迷你接口识别信号
XUOTGVBUS	AC18	IO	USB OTG 迷你接口电源

S5PV210 微处理器的 E-fuse 引脚分配如表 5-20 所示。

表 5-20　S5PV210 微处理器的 E-fuse 引脚分配表

引脚名称	引脚位	方向	引脚说明
XEFFSOURCE_0	AD4	I	用于熔断 ROM 保护器的控制信号

5.2 S5PV210的GPIO功能

GPIO由两部分组成，即带电部分和断电部分。S5PV210 GPIO功能概括图如图5-2所示。

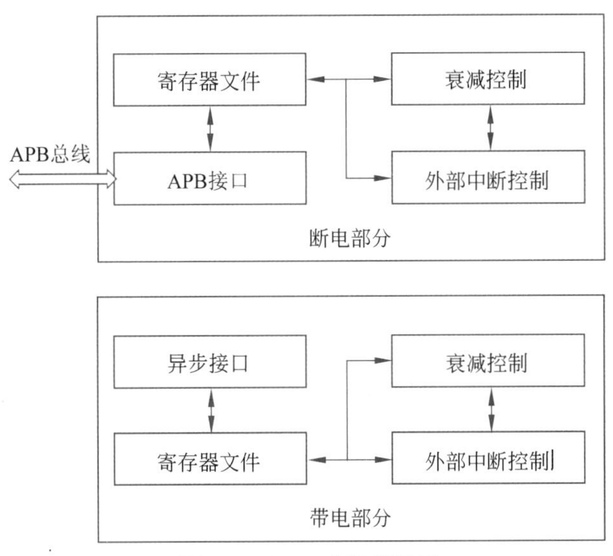

图5-2 GPIO功能概括图

5.2.1 S5PV210的GPIO分组

S5PV210芯片包含237根多功能的GPIO引脚和142根内存接口引脚，共分为35组通用GPIO端口和2组内存端口，用GPn表示，其中n为分组编号，有下列GPIO端口和内存端口。

- GPA0：8线输入/输出端口，或2×UART带流控制端口。
- GPA1：5线输入/输出端口，或2×UART不带流控制或1×UART带流控制端口。
- GPB：8线输入/输出端口，或2×SPI端口。
- GPC0：5线输入/输出端口，或I^2S、PCM、AC97端口。
- GPC1：5线输入/输出端口，或I^2S、SPDIF、LCD_FRM端口。
- GPD0：4线输入/输出端口，或PWM端口。
- GPD1：6线输入/输出端口，或3×I^2C、PWM、IEM端口。
- GPE0,1：13线输入/输出端口，或Camera I/F端口。
- GPF0,1,2,3：30线输入/输出端口，或LCD I/F端口。
- GPG0,1,2,3：28线输入/输出端口，或4×MMC通道端口。
- GPH0,1,2,3：32线输入/输出端口，或键盘及最大32位睡眠可唤醒接口。
- GPI：低功率I^2S、PCM或AUDIO_SS PDN寄存器控制PDN断电配置端口。
- GPJ0,1,2,3,4：35线输入/输出端口，或Modem IF、CAMIF、CFCON、KEYPAD、SROM ADDR[22:16]端口。

- MP0_1,2,3:20 线输入/输出端口,或 EBI(SROM、NF、OneNAND)控制信号口。
- MP0_4,5,6,7:32 线输入/输出内存端口,或 EBI(外部总线结构)。
- MP1_0-8:71 线 DRAM1 端口。
- MP2_0-8:71 线 DRAM2 端口。
- ETC0,ETC1,ETC2,ETC4:28 线输入/输出 ETC 端口,或 JTAG 端口等。

5.2.2 S5PV210 的 GPIO 端口的复用功能

GPIO 的引脚的电路模式有很多,在实际处理器中,为了使用方便,会提供上拉/下拉电阻,或推挽电路、开漏电路,这在电路设计中,外围电路就可以简化不少。

推挽电路:可以输出高、低电平,连接数字器件。推挽结构一般是指两个三极管分别受两个互补信号的控制,总是在一个三极管导通的时候另一个截止。高/低电平由 IC 的电源决定。

开漏电路,即输出端相当于三极管的集电极,要得到高电平状态需要上拉电阻才行,适合作为电流型的驱动,其吸收电流的能力相对强(一般在 20mA 以内)。

上拉电阻,即把一个不确定的信号通过电阻连接到高电平,使电信号初始化为高电平。

下拉电阻,即把一个不确定的信号通过电阻连接到地,使电信号初始为低电平。

浮空就是逻辑器件的输入引脚既不接高电平,也不接低电平。由于逻辑器件的内部结构,当它输入引脚浮空时,相当于该引脚接了高电平。一般实际运用时,引脚不建议浮空,易受干扰。通俗地讲,就是让引脚什么都不接,浮空着。

GPIO 可作为 I^2C、SPI、UART 等通信接口,这就是所谓的复用功能。通用,也就是 GPIO 作为通用输入/输出模式;复用,可以理解为 GPIO 端口被用作第二功能时的配置情况。具体功能通过与引脚相关的控制寄存器设置,S5PV210 的 GPIO、A0\A1\B 端口对应的复用功能如表 5-21 所示,其他的端口对应的复用功能可以从芯片手册中查找。

表 5-21 GPIO 端口复用功能

引脚名称	GPIO	功能 0	功能 1	功能 2
XuRXD[0]	GPA0[0]	UART_0_RXD		
XuTXD[0]	GPA0[1]	UART_0_TXD		
XuCTSn[0]	GPA0[2]	UART_0_CTSn		
XuRTSn[0]	GPA0[3]	UART_0_RTSn		
XuRXD[1]	GPA0[4]	UART_1_RXD		
XuTXD[1]	GPA0[5]	UART_1_TXD		
XuCTSn[1]	GPA0[6]	UART_1_CTSn		
XuRTSn[1]	GPA0[7]	UART_1_RTSn		
XuRXD[2]	GPA1[0]	UART_2_RXD		UART_AUDIO_RXD
XuTXD[2]	GPA1[1]	UART_2_TXD		UART_AUDIO_TXD
XuRXD[3]	GPA1[2]	UART_3_RXD	UART_2_CTSn	

续表

引脚名称	GPIO	功能0	功能1	功能2
XuTXD[3]	GPA1[3]	UART_3_TXD	UART_2_RTSn	
XspiCLK[0]	GPB[0]	SPI_0_CLK		
XspiCSn[0]	GPB[1]	SPI_0_nSS		
XspiMISO[0]	GPB[2]	SPI_0_MISO		
XspiMOSI[1]	GPB[3]	SPI_0_MOSI		
XspiCLK[1]	GPB[4]	SPI_1_CLK		
XspiCSn[1]	GPB[5]	SPI_1_nSS		
XspiMISO[1]	GPB[6]	SPI_1_MISO		
XspiMOSI[1]	GPB[7]	SPI_1_MOSI		

5.2.3 S5PV210的GPIO端口电源域

在S5PV210芯片中,GPIO按照供电电压可以被分为以下3类,如表5-22所示。

表5-22 GPIO电源域

I/O类型	I/O组	描述
A	GPA0,GPA1,GPC0,GPC1,GPD0,GPD1,GPE0,GPE1,GPF0,GPF1,GPF2,GPF3,GPH0,GPH1,GPH2,GPH3,GPI,GPJ0,CPJ1,GPJ2,GPJ3,GPJ4	正常I/O(3.3V I/O)
B	GPB,GPG0,GPG1,GPG2,GPG3,MP0	快速I/O(3.3 I/O)
C	MP1,MP2	DRAM I/O (1.8 V I/O)

5.3 S5PV210的GPIO寄存器

在ARM微处理器中,功能是通过设置对应的寄存器实现的。S5PV210的每一个GPIO端口包含两类寄存器:一种工作在正常模式;另一种工作在断电模式。

GPIO寄存器

- 正常模式下的寄存器,包括以下几种(其中n为寄存器端口编号)。

GPnCON:端口控制寄存器,配置各引脚的工作模式。

GPnDAT:端口数据寄存器,引脚为输入/输出模式时,寄存器相应位和引脚高低电平一致。

GPnPUD:端口上拉/下拉寄存器,控制引脚内部上拉、下拉。

GPnDRV:驱动能力寄存器配置引脚的驱动能力。

- 断电模式下的寄存器,包括以下两种。

GPnCONPDN:断电模式配置寄存器。

GPnPUDPDN:断电模式上拉/下拉寄存器。

这里仅对正常模式下的相关寄存器进行详细介绍。

1. 端口控制寄存器

在 S5PV210 芯片中,大多数的引脚都可以复用,因此必须对每个引脚进行配置。端口控制寄存器(GPnCON)定义了每个引脚的功能。

GPnCON 控制寄存器定义如表 5-23 所示。

表 5-23 GPnCON 控制寄存器定义

GPnCON	位	描 述	初始状态
GPnCON[7]	[31:28]	0000=输入 0001=输出 0010=UART_1_RTSn 0011~1110=保留 1111=GPA0_INT[7]	0000
GPnCON[6]	[27:24]	0000=输入 0001=输出 0010=UART_1_CTSn 0011~1110=保留 1111=GPA0_INT[6]	0000
GPnCON[5]	[23:20]	0000=输入 0001=输出 0010 =UART_1_TXD 0011~1110=保留 1111 =GPA0_INT[5]	0000
GPnCON[4]	[19:16]	0000=输入 0001=输出 0010=UART_1_RXD 0011~1110=保留 1111 =GPA0_INT[4]	0000
GPnCON[3]	[15:12]	0000=输入 0001=输出 0010 =UART_0_RTSn 0011~110=保留 1111 =GPA0_INT[3]	0000
GPnCON[2]	[11:8]	0000=输入 0001=输出 0010=UART_0_CTSn 0011~1110=保留 1111=GPA0_INT[2]	0000
GPnCON[1]	[7:4]	0000=输入 0001=输出 0010 =UART_0_TXD 0011~1110=保留 1111 =GPA0_INT[1]	0000
GPnCON[0]	[3:0]	0000=输入 0001=输出 0010 =UART_0_TXD 0011~1110=保留 1111 =GPA0_INT[0]	0000

2. 端口数据寄存器

如果端口被配置为输出端口,可以向端口数据寄存器(GPnDAT)的相应位写数据。如果端口被配置成输入端口,可以从 GPnDAT 的相应位读出数据。

GPnDAT 端口数据寄存器定义如表 5-24 所示。

表 5-24 GPnDAT 端口数据寄存器定义

GPnDAT	位	描 述	初始状态
GPnDAT[7:0]	[7:0]	当端口设置为输入端口时,相应的位是引脚状态。当端口设置为输出端口时,引脚状态与相应的位相同。当端口被描述为功能引脚时,将读取不确定的值	0x00

3. 端口上拉寄存器

端口上拉寄存器(GPnPUD)控制了每个端口的上拉电阻的允许/禁止。如果端口的上拉电阻被允许,无论在哪种状态下(如输入、输出、DATAn、EINTn 等),上拉电阻都起作用。GPnPUD 端口上拉寄存器定义如表 5-25 所示。

表 5-25 GPnPUD 端口上拉寄存器定义

GPnPUD	位	描　述	初始状态
GPnPUD[x]	[2x+1：2x] x=0～7	00=禁止上拉/下拉 01=允许下拉 10=允许上拉 11=保留	0x5555

5.4 GPIO 编程实例

要控制 GPIO 需要几步呢?

首先,要确定控制过程所用的 GPIO 端口的功能,如果只是作为基本输入/输出引脚进行控制,则大部分情况下不需要进行 GPIO 端口上拉/下拉寄存器的设置;如果需要使用引脚其他功能,则需对照芯片手册进行相应位的设定。

其次,要进行引脚输入/输出方向控制,通过端口控制寄存器进行相应设置,完成端口作为输入/输出功能或者第二功能引脚的配置。

最后,对端口数据寄存器进行操作,完成输入/输出功能的实现。如果设置为输入/输出引脚,则通过读取端口数据寄存器就能实现引脚状态的读取,反之,如果设置为输出引脚,则通过写寄存器就能实现引脚状态的设置。

如果外部电流通过芯片引脚向芯片内"流入"称为灌电流(即被灌入);反之,如果内部电流通过芯片引脚从芯片内"流出"称为拉电流(即被拉出)。由于 GPIO 作为输出状态时,灌电流的能力更强,因此,当引脚为 0 时,LED 灯亮;引脚为 1 时,LED 灯灭,如图 5-3 所示。

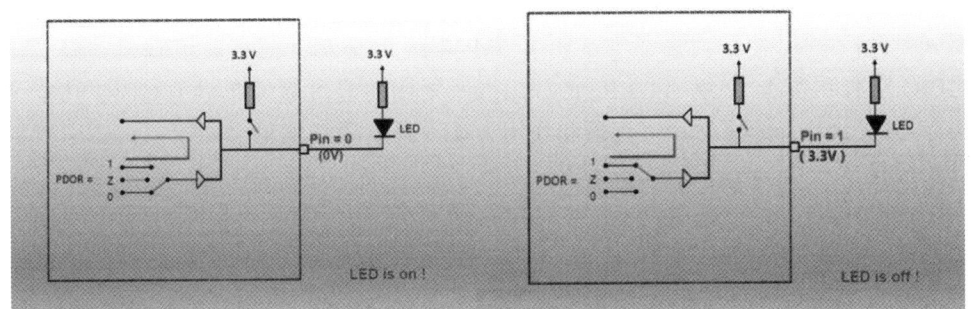

图 5-3 GPIO 驱动 LED 电路

如图 5-4 所示,有 8 个 LED 的引脚 P00～P07 接在 GPA0 端口,那么使用 C 语言实现 LED 灯闪烁的步骤如下。

- 设置延迟。
- 把引脚所在端口配置成 GPIO 功能。
- 对 GPIO 进行编程。

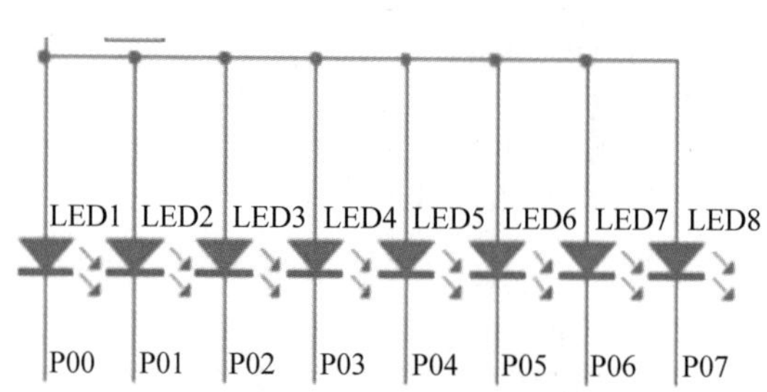

图 5-4　GPIO 接口电路

```
main.c
{
  #define GPA0CON ((*(volatile unsigned *)0xE0200000))
  #define GPA0DAT ((*(volatile unsigned *)0xE0200004))
    //延时函数
    static void delays(int time)
    {
      volatile unsigned int i,j; for(i = 0; i < 50000; i++) for(j = 0; j < time;
      j++);
    }
    //GPIO 初始化
    GPA0CON  =0x0
    GPA0DAT    =   0xFF
      for(: ; :)
      {delays(2000)
      GPA0DAT=~ GPA0DAT
    }
}
```

5.5　本章小结

本章首先介绍了 S5PV210 微处理器的封装和引脚，根据引脚功能的不同按照手册说明分类进行描述，使用列表详细说明了 S5PV210 各个部件的相关引脚及其定义。针对 GPIO 引脚和功能，介绍了 GPIO 的分组以及复用功能。然后介绍了 GPIO 功能的相关寄存器，并详细介绍了常用寄存器和使用方法。最后通过实例介绍了 GPIO 引脚的操作以及编程。

5.6　练　　习

1. S5PV210 微处理器有多少个 GPIO 端口？有多少个 GPIO 引脚？
2. 如何对复用的 GPIO 引脚进行配置？
3. 端口上拉寄存器的功能是什么？在什么情况下需要上拉？
4. 如何给端口数据寄存器中的某几位置 1 而不影响其他位的值？
5. 如何给端口数据寄存器中的某几位清零而不影响其他位的值？
6. S5PV210 的 GPIO 带电部分和断电部分有什么区别？
7. S5PV210 的 GPIO 的输出状态应该如何设置？

第6章 chapter 6

通信接口

通信接口是指中央处理器和标准通信子系统之间的接口。第 2 章的硬件部分简单介绍了通信接口,按照传输方式,通信接口可以分为串行方式和并行方式。本章将介绍 S5PV210 中的 3 种常用的串行接口——UART、I^2C 和 SPI。

6.1 通用异步收发传送接口

6.1.1 UART 接口概念

通用异步收发传送(Universal Asynchronous Receiver/Transmitter,UART),也叫通用串口。

数据通信的基本方式可分为并行通信与串行通信两种。并行通信是指利用多条数据传输线将数据的各位同时传送。它的特点是传输速率快,适用于短距离通信,但要求通信速率较高的应用场合;串行通信是指利用一条传输线将数据一位一位地顺序传送,其特点是通信线路简单,利用简单的线缆就可实现通信,降低成本,适用于远距离通信,但传输速率慢的应用场合。图 6-1 显示了串行通信和并行通信的区别。

UART 概念

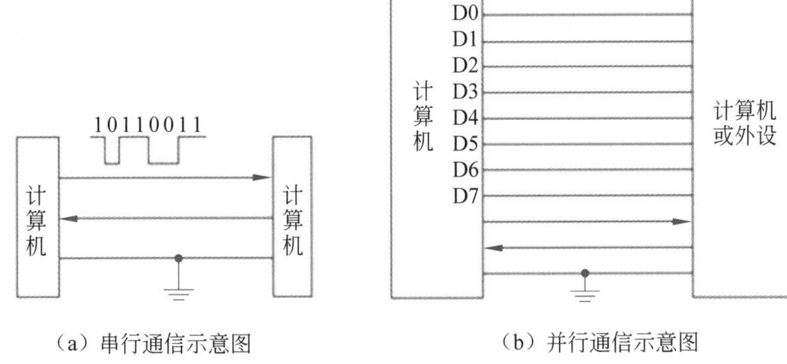

图 6-1　串行通信和并行通信

串行通信又分同步串行通信和异步串行通信两种方式。异步串行通信以一个字符为传输单位,通信中两个字符间的时间间隔是不固定的,然而在同一个字符中的两个相邻位代码间的时间间隔是固定的。UART 就属于异步串行通信,如图 6-2 所示。

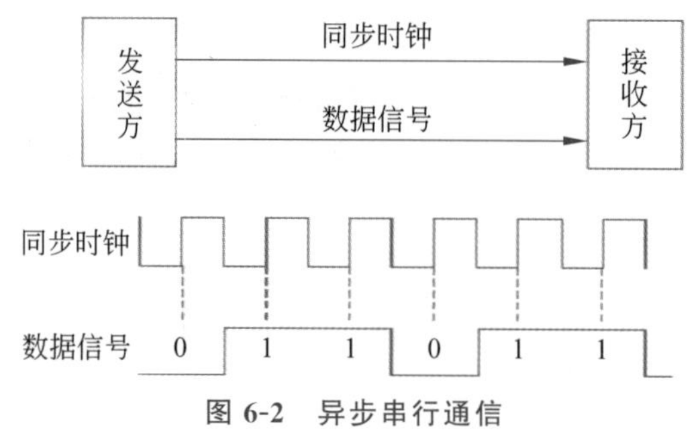

图 6-2 异步串行通信

1. UART 通信协议

通信过程中发送和接收双方需要约定好规则,才能确保信号有效传输,这些规则就是通信协议(或通信规程)。在使用异步串口传送一个字符的信息时,对数据格式有如下约定。规定有起始位、有效数据位、奇偶校验位、停止位、空闲位。其时序图如图 6-3 所示。

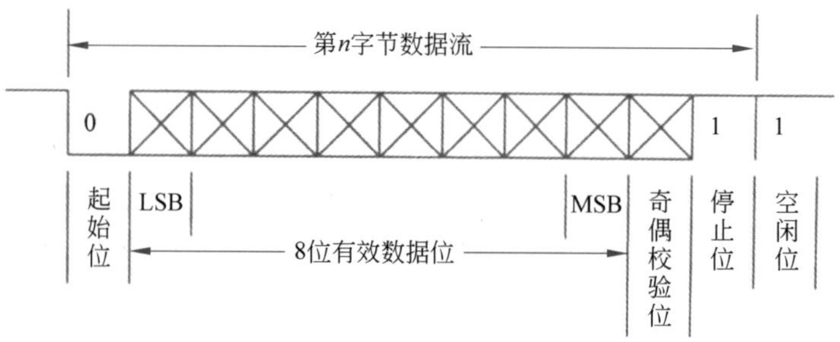

图 6-3 异步串行通信的时序图

- 起始位:先发出一个逻辑"0"信号,表示传输字符的开始。
- 有效数据位:紧接着起始位之后。有效数据位的个数可以是 4、5、6、7、8 等,构成一个字符。通常采用 ASCII 码,从最低位开始传输,靠时钟定位。
- 奇偶校验位:有效数据位加上这一位后,使得"1"的位数应为偶数(偶校验)或奇数(奇校验),以此来校验有效数据传输的正确性。
- 停止位:它是一个字符数据的结束标志。可以是 1 位、1.5 位或 2 位的高电平。
- 空闲位:处于逻辑"1"状态,表示当前线路上没有数据传输。

异步通信是按字符传输的,接收设备在收到起始信号后只要在一个字符的传输时间内能和发送设备保持同步就能正确接收。下一个字符起始位的到来又使同步重新校准(依靠检测起始位来实现发送方与接收方的时钟自同步)。

2. 波特率

波特率是衡量数据传输速率的指针,表示每秒钟传输的二进制位数。例如,数据传输速率为 960 字符/s,而每一个字符为 10 位,则其传输的波特率为 10×960 位/s=9600 位/s=9600bit/s。

6.1.2 RS-232 物理层标准

UART 是一种异步串行通信的方式,而 RS-232 是一种所对应的接口或者标准。可以理解成,UART是异步串行通信的一种方式,实际应用中根据RS-232具体实现这种方式。

RS-232是一种串行数据通信接口标准,原始编号全称是EIA-RS-232(简称RS-232),它被广泛用于DCE(Data Communication Equipment)和DTE(Data Terminal Equipment)之间的连接。DCE可以理解为数据通信端,比如Modem设备;DTE可以理解为数据终端,比如计算机。该标准详细定义了信号的电气特性、时序、逻辑电平和连接器的物理尺寸及引脚定义功能,经历了如下多个版本的发展。①

RS-232

- EIA RS-232(1960)
- EIA RS-232-A(1963)
- EIA RS-232-B(1965)
- EIA RS-232-C(1969)
- EIA RS-232-D(1986)
- TIA TIA/EIA-232-E (1991)
- TIA TIA/EIA-232-F (1997)
- ANSI/TIA-232-F-1997(R2002)
- TIA TIA-232-F(R2012)

最早的台式计算机都会保留9针的232接口,用于串口通信,目前基本被USB接口取代。现在RS-232接口常用于仪器仪表设备,PLC以及嵌入式领域当作调试口使用。

1. 接口形态

按照引脚数量分类,接口形态有以下两种。

25pin-DB25,协议标准推荐的接口形态,由于接口物理尺寸较大,很少使用,此处不做具体介绍。

9pin-DE9(也被称作DB9),自IBM PC/AT开始改用9针连接器起,目前是主流接口形态。9针RS-232接口按照接口类型,又可以分为公头和母头,如图6-4所示。

图6-4 左为公头,右为母头

2. 引脚信号定义

9针RS-232的引脚信号定义和说明如表6-1所示。

表6-1 9针RS-232的引脚信号定义和说明

引脚编号	引脚定义	传输方向	说明
1	DCD-Data Carrier Detect	输入	载波检测通知给DTE
2	RXD-Receive Data	输入	接收数据
3	TXD-Transmit Data	输出	发送数据

① EIA: Electronic Industry Association,美国电子工业联盟
RS: Recommended Standard,推荐标准
A/B/C/D/E/F: 修改版本
TIA: Telecommunications Industry Association,美国电信工业协会——EIA的一个分支
ANSI: American National Standards Institute,美国国家标准协会

续表

引脚编号	引 脚 定 义	传输方向	说　明
4	DTR-Data Terminal Ready	输出	DTE 告诉 DCE 准备就绪
5	GND	——	接地
6	DSR-Data Set Ready	输入	DCE 告诉 DTE 准备就绪
7	RTS-Request to Send	输出	请求发送—(DTE 向 DCE)
8	CTS-Clear to Send	输入	清除发送—(DCE 向 DTE)
9	RI-Ring Indicator	输入	振铃指示—DCE 通知 DTE 有振铃信号

其中,DTR/DSR 和 RTS/CTS 用于硬件流控。

DTR/DSR 状态表明 DTE 和 DCE 处于可用状态,有时候设备上电这两个信号即有效,表示设备本身可以使用,但要开始进行数据传输通信,则需要 RTS/CTS 流控信号。

RTS 即 DTE 发送数据时,该信号有效(ON),向 DCE 请求发送数据;CTS 是对请求发送 RTS 信号的响应,当 DCE 已经准备好接收数据时,该信号有效(ON),通知 DTE 可以使用 TXD 发送数据。

比如,A 向 B 发送数据的简单逻辑如下。

① A 先设置 RTS 为 1,表示要发送数据给 B。

② B 检测到 RTS 为 1,先看自己是否准备好。

③ 如果 B 准备好了,就设置 CTS 为 1,表示 A 可以发送数据给 B。

④ 如果 B 没有准备好,继续处理自己的数据。处理完毕后,再将 CTS 设置为 1,让 A 发送数据。

⑤ A 发现 CTS 置 1,将数据通过 TXD 信号线发送出去。

⑥ A 每发送一次数据给 B 前,都会继续上面的逻辑。

⑦ A 发送完数据后,就将 RTS 清零,表示数据发送完毕。

3. 引脚接线方式

引脚的接线方式如图 6-5 所示。

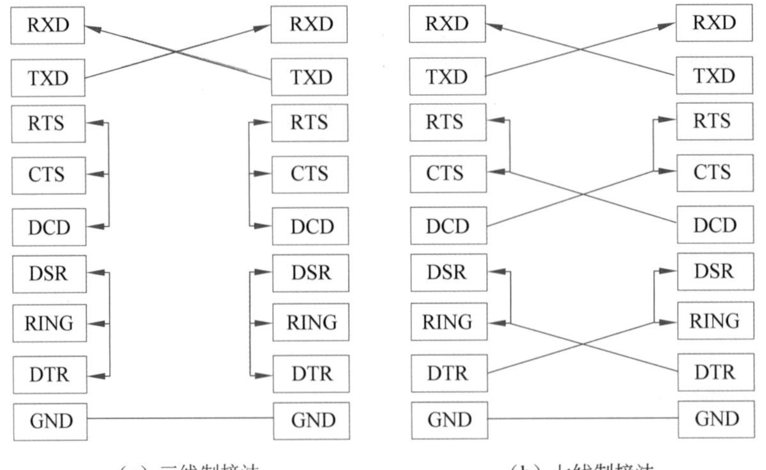

(a) 三线制接法　　(b) 七线制接法

图 6-5　引脚的接线方式

在 RS-232 中，通信线有以上三条(即 TXD、RXD 和信号地)就能工作，其余信号主要用于双方设备通信过程中的联络(即握手信号)，而且有些信号仅用于和 Modem 的联络。若采取微型机对微型机直接通信，且双方可直接对异步串行通信电路芯片编程，若设置成不要任何联络信号，则其他线都可不接。有时在通信线的同一端将相关信号短接以“自握手”方式满足联络要求。

三线制也是零 Modem 的简单连接方式，双方的 TXD 和 RXD 互连，把通信双方都当作数据终端设备看待，双方都可发也可收。在这种方式下，通信双方的任何一方，只要请求发送 RTS 有效和数据终端准备好 DTR 有效，就能开始发送和接收。在三线制连接中，DTE 使用 TXD 和 RXD 两条数据线，无法实现硬件流控功能，对于数据量较大的情况建议采用七线制。

七线制也是零 Modem 的标准连接方式，当一方发出 DTR 信号，该信号直接连至另一方的 RI 和 DSR。一旦一方请求发送(RTS)，便立即得到允许(CTS)，同时使另一方的 DCD 有效，即检测到载波信号。七线制在无 Modem 情况下，DTE 对 DCE 之间异步串行通信线路完整连接，只是 DTE 将自己的发送信号当作对方 DCE 发来的信号，因此，又把这种连接称为双叉环回应接口。它不仅适用于微型机和微型机之间的通信，还适用于微型机和异步串行外部设备(如终端机、绘图仪、数字化仪等)的连接。

4. 逻辑电平

RS-232C 标准采用 EIA 电平，在信号线上，规定如下。

“1”的逻辑电平为－3～－15V。

“0”的逻辑电平为＋3～＋15V。

TTL 电平逻辑高为 3.5～5.0V，逻辑 0 为小于 0.4V。

由于 EIA 电平与 TTL 电平完全不同，必须进行相应的电平转换。例如，MCl488 完成 TTL 电平到 EIA 电平的转换，MCl489 完成 EIA 电平到 TTL 电平的转换，还有 MAX232 可以同时完成 TTL→EIA 和 EIA→TTL 的电平转换。

协议最初规定设备最大速率为 20kb/s，当速率下降时，传输距离会成倍增加。为改进 RS-232 通信距离短、速率低的缺点，RS-422 定义了一种平衡通信接口，将传输速率提高到 10Mb/s，传输距离延长到 1219.2m(速率低于 100kb/s 时)，并允许在一条平衡总线上连接最多 10 个接收器。RS-422 是一种单机发送、多机接收的单向、平衡传输规范，被命名为 TIA/EIA-422-A 标准。

为扩展应用范围，EIA 又于 1983 年在 RS-422 基础上制定了 RS-485 标准，增加了多点、双向通信能力，即允许多个发送器连接到同一条总线上，同时增加了发送器的驱动能力和冲突保护特性，扩展了总线共模范围，后命名为 TIA/EIA-485-A 标准。由于 EIA 提出的建议标准都是以“RS”作为前缀，所以在通信工业领域，仍然习惯将上述标准以“RS”作前缀称谓。

RS-232、RS-422 与 RS-485 标准只对接口的电气特性做出规定，而不涉及接插件、电缆或协议，在此基础上用户可以建立自己的高层通信协议。

6.1.3 S5PV210 的 UART

S5PV210 的 UART 提供 4 个独立的异步串行输入/输出端口。所有端口均可以基于中断或查询和基于 DMA 的方式传输数据,该 UART 产生一个中断或 DMA 请求,以便在 CPU 和 UART 之间传输数据,支持高达 3Mb/s 的比特率。每个 UART 通道包含两个 FIFO 来接收和传输数据: CH0 为 256 字节,CH1 为 64 字节,CH2 和 CH3 为 16 字节。

UART 包括可编程波特率发生器(波特时钟生成可由非整数时钟分割),红外(IR)发射机/接收机,一个或两个停止位插入,5 位、6 位、7 位或 8 位数据宽度和奇偶校验。

S5PV210 提供 4 个独立的 UART 端口,每个 UART 端口包含一个波特率发生器、一个发射机、一个接收机和一个控制单元,如图 6-6 所示。波特率发生器决定 UART 数据的传输速率,波特率发生器需要处理器为之提供时钟信号。波特率发生器又为 UART 的收发器提供时钟信号,使收发器根据时钟的节拍接收和发送数据。控制单元则在总体上起管理和协调作用,负责 UART 与数据总线之间的数据交互,对 UART 数据传输中

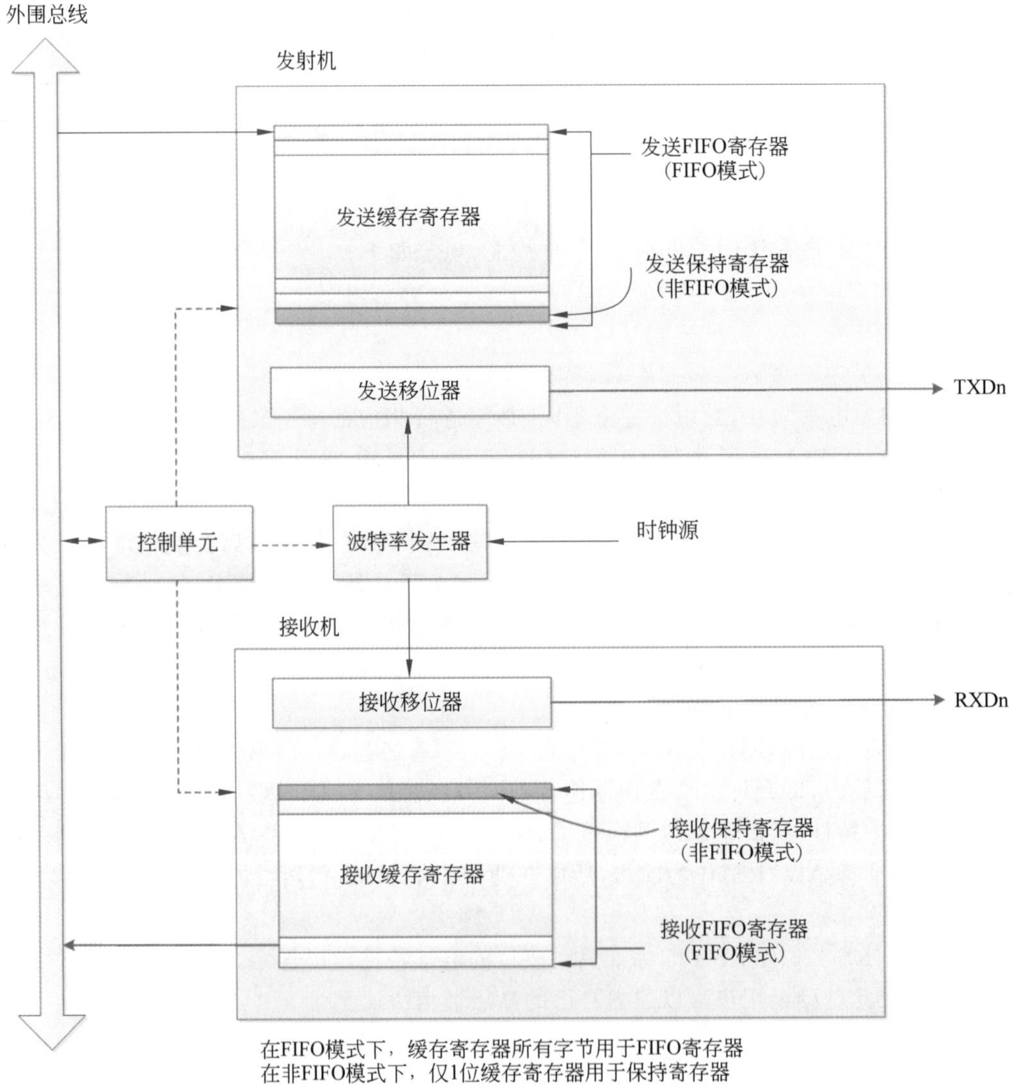

外围总线
发射机
发送FIFO寄存器
(FIFO模式)
发送缓存寄存器
发送保持寄存器
(非FIFO模式)
发送移位器
TXDn
控制单元
波特率发生器
时钟源
接收机
接收移位器
RXDn
接收保持寄存器
(非FIFO模式)
接收缓存寄存器
接收FIFO寄存器
(FIFO模式)

在FIFO模式下,缓存寄存器所有字节用于FIFO寄存器
在非FIFO模式下,仅1位缓存寄存器用于保持寄存器

图 6-6 S5PV210 中的 UART 结构

出现的错误作出处理,控制收发器和波特率发生器的工作状态。

S5PV210 的 UART 的特点如下。

- RXD0,TXD0,RXD1,TXD1,RXD2,TXD2,RXD3 和 TXD3 具有基于 DMA 或基于中断的操作。
- UART 0,1,2 和 3 支持 IrDA 1.0 SIR(Serial InfraRed,它是基于 HP-SIR 开发出的一种异步的、半双工的红外通信方式,速率为 115.2kb/s) 模式。
- UART0 支持 RX/TX 独立的 256 字节 FIFO,UART1 支持 64 字节 FIFO,UART2 和 UART3 支持 16 字节 FIFO。
- UART 0,1 和 2 具有 nRTS0,nCTS0,nRTS1,nCTS1,nCTS2 和 nRTS2,用于自动流控制。
- 支持握手传输/接收。

波特率发生器的时钟源可以是 PCLK_PSYS 和 SCLK_UART。发射机和接收机包含 FIFOs 和数据移位器。在波特率发生器时钟脉冲的控制下,接收机将接收引脚(RXDn)端的数据串行地接收到接收移位寄存器中,然后将接收移位寄存器中的数据复制到 RX FIFO 中;而发射机将要发送的数据写进 TX FIFO,然后被复制到发送移位寄存器中,最后数据通过发送引脚(TXDn)被移位出去。

下面描述 UART 操作,如数据传输、数据接收、中断生成、波特率生成、回路模式、红外模式和自动流控制。

1. 发射机和接收机

串口控制器包含发射机和接收机,这两部分功能彼此独立,发射机负责向外部发送信息,接收机负责从外部接收信息到 CPU 内部。串口控制器是接在 APB 总线上的,其源时钟是以 APB 总线来计算的。

1) 发射机

发射机由发送缓存寄存器和发送移位器构成。

CPU 要发送信息时,首先将信息进行编码(一般用 ASCII 码)转换成二进制流,然后将一帧数据写入发送缓存寄存器,发送移位器会自动从发送缓存寄存器中读取一帧数据,然后自动移位(移位的目的是将一帧数据的各位分别拿出来)将其发送到 TXDn 上。在发送一帧数据的过程中,可由发射机产生一个中断条件从而强制将串行输出清零。当前一个字发送完成后,这个模块将发送一个中断信号。发送完中断信号后,发射机将继续向 TX FIFO 中发送数据。

2) 接收机

接收机由接收缓存寄存器和接收移位器构成。

当通过串口线向 CPU 发送信息时,信息通过 RXDn 进入接收移位器,然后接收移位器自动移位,将该二进制位存入接收缓存寄存器,接收完一帧数据后接收机会产生一个中断信号给 CPU,CPU 收到中断信号后即可知道接收机接收满一帧来读取这帧数据。

接收机检测超限运转错误、奇偶校验错误、帧错误和中断条件值,每一项错误都会将错误标志置位。

- 超限运转错误指在旧数据还未被读取前新数据将旧数据覆盖。
- 奇偶校验错误指检测到一个非预定的奇偶条件。

- 帧错误指接收到的数据不含有一个有效的停止位。
- 中断条件指 RXDn 输入被清零超过一帧的传输时间。

当在 3 个字的接收时间内都没有接收到数据,并且在 FIFO 模式下 RX FIFO 不是空的条件下,UART 将会发生接收超时。

这里注意,发送移位器和接收移位器的工作都是自动的,不用编程控制。

2. 波特率发生器

波特率发生器的作用是产生串口发送/接收的节拍时钟,实际上是一个时钟分频器。它的工作需要源时钟,源时钟信号是外部 APB 总线(PCLK_PSYS,66MHz)提供给串口模块的,然后其内部将源时钟进行分频(由软件设置寄存器配置)得到目标时钟,然后再用这个目标时钟产生波特率(硬件自动实现)。

寄存器源设置(为串口控制器选择源时钟,一般选择 PCLK_PSYS,也可以是 SCLK_UART);波特率发生器包含 2 个寄存器:UBRDIVn 和 UDIVSLOTn。UBRDIVn 是主要的设置波特率的寄存器,UDIVSLOTn 用来辅助设置,其目的是校准波特率。

3. 中断/DMA 请求

1) FIFO 模式及其作用

FIFO 模式是典型的串口设计,发送/接收缓存寄存器只有 1 字节,每次发送/接收只能处理 1 帧数据。这在单片机中没问题,但是在复杂 SoC 中(即一般有操作系统的)就会有问题,会导致系统效率低下,因为 CPU 需要不断切换上下文。解决方案是扩展串口控制器的发送/接收缓存寄存器,比如将发送/接收缓存寄存器设置为 64 字节,CPU 一次直接给发送缓存寄存器 64 字节的待发送数据,然后发射机可以依次发,发完再从 CPU 加载 64 字节。由于串口控制器本来的发送/接收缓存寄存器是固定的 1 字节长度,因此做了变相的扩展,就是 FIFO。

FIFO 就是 first in first out,即先进先出。这个缓存寄存器叫 FIFOs,是因为这个缓存寄存器的工作方式类似于 FIFO 这种数据结构。

2) DMA 模式及其作用

直接内存访问(direct memory access,DMA)本来是 DSP 中的一种技术,DMA 技术的核心就是在交换数据时不需要 CPU 参与,模块可以自己完成。

DMA 模式要解决的问题和 FIFO 模式是同一个问题,就是串口发送/接收要频繁地调用 CPU,造成 CPU 反复切换上下文,从而导致系统效率低下。

传统的串口工作方式(即无 FIFO 无 DMA)效率是最低的,适合低端单片机;高端单片机上 CPU 事务繁忙,所以都需要串口能够自己完成大量数据发送/接收。

FIFO 模式是一种轻量级的解决方案,DMA 模式适合大量数据迸发式的发送/接收。

3) 中断信号

S5PV210 中的每一个 UART 都包括 7 个状态信号,即超限运转错误、奇偶校验错误、帧错误、中断、接收缓存寄存器数据准备就绪、发送缓存寄存器空和发送移位寄存器空。这些状态由相应的 UART 状态寄存器决定(UTRSTATn/UERSTATn)。

超限运转错误、奇偶校验错误、帧错误和中断状态指定接收错误状态。如果控制寄存器(UCONn)中的接收错误中断使能位置为 1,则接收错误状态产生接收错误状态中断。如果一个接收错误状态中断请求被检测到,可以通过读取 UERSTATn 中的值确定中断源。

在 FIFO 模式下，如果接收机将接收到的数据个数大于或等于 RX FIFO 触发电平，同时控制寄存器(UCONn)中的接收模式为 1(中断请求或轮询模式)，将产生 RX 中断。在非 FIFO 模式下，将接收移位寄存器中的数据发送到接收保持寄存器中，将在中断请求和轮询模式中产生 RX 中断。

如果发送机将发送 FIFO 寄存器中的数据发送到发送移位器中，并且留在发送 FIFO 中的数据个数小于或等于 TX FIFO 触发电平，将产生 TX 中断(控制寄存器中的发送模式被选为中断请求或轮询模式)。在非 FIFO 模式下，数据从发送保持寄存器发送到发送移位器，将在中断请求和轮询模式中产生 TX 中断。

当发送 FIFO 中的数据个数小于触发电平时总会产生 TX 中断请求，这意味着只要将 TX 中断使能就会产生中断请求，除非将 TX 缓存中填入数据。建议先将 TX 缓存中填入数据后再将 TX 中断使能。

S5PV210 中的中断控制器是电平触发方式的，如果对 UART 控制寄存器进行编程，应将中断方式设为"电平"。如果在控制寄存器中将接收和发送模式选为 DMAn 请求模式，以上所有情况都将产生 DMAn 请求，而不是 RX 或 TX 中断。

4) 串口通信与中断的关系

串口通信分为发送/接收两部分。发送方一般不需要(也可以使用)中断即可完成发送，接收方必须(也可以轮询方式接收)使用中断接收。

使用中断，即发送方先设置好中断并绑定一个中断处理程序，然后发送方将一帧数据给发射机，发射机发送数据的时间 CPU 可以去做别的事情，等发送完成后会产生一个 TX 中断，该中断会导致事先绑定的中断处理程序执行，在中断处理程序中 CPU 会切换回来继续给发射机发送一帧数据，然后 CPU 切换离开。

不使用中断，即发送方事先禁止 TX 中断，发送方将一帧数据给发射机，发射机发送数据的时间 CPU 没有切换去做别的事情，待发送方发送完成后 CPU 再给它一帧数据继续发送，直到所有数据发送完。

CPU 是怎么知道发射机已经发送完毕的？通过状态寄存器 UERSTATn 中的发送缓存寄存器空标志，发射机发送完成(发送缓冲寄存器空)就会给这个标志位置位，CPU 就是通过不断查询这个标志位是 1 还是 0 来指导发送是否已经完成的。

因为串口通信是异步的，异步的意思就是说发送方占主导权，也就是说发送方随时想发就能发，但是接收方只有时刻等待才不会丢失数据。因此，这个差异就导致发送方可以不用中断，而接收方不得不使用中断模式。

UART 中断条件如表 6-2 所示。

表 6-2 UART 中断条件

类型	FIFO 模式	非 FIFO 模式
RX 中断	如果 RX FIFO 计数大于或等于接收 FIFO 的触发值，就会产生 RX 中断； 如果 FIFO 里数据的数量没有到达 RX FIFO 的触发值，并且在 3 个字长时间内没有收到任何数据就会产生中断	当接收缓存寄存器满时，由接收保持寄存器产生

续表

类型	FIFO 模式	非 FIFO 模式
TX 中断	如果 TX FIFO 的计数小于或等于发送 FIFO 的触发值则会产生此中断	当发送缓存寄存器为空时，由发送保持寄存器产生
错误中断	如果发生帧错误，校验错误或检测到中断信号即产生此中断；当 RX FIFO 已满时，UART 接收到新数据(溢出错误)即产生此中断	由错误引发，当多个错误同时发生时，只产生一个中断

4. 自动流控制

S5PV210 中的 UART0 和 UART1 支持使用 nRTS 和 nCTS 信号的自动流控制(AFC)。当由 GPA1CON(GPIO SFR)将 TXD3 和 RXD3 置为 nRTS2 和 nCTS2 时，UART2 也可以实现 AFC。当 UART 与调制解调器连接时，需将 UMCONn 寄存器 AFC 位禁用，并通过软件控制 nRTS 信号。

在 AFC 中，nRTS 信号取决于接收机的状态，nCTS 信号控制发射机的操作。当 nCTS 信号处于激活状态时，UART 发射机将数据发送到 FIFO 中(在 AFC 中，nCTS 信号意味着对方的 UART FIFO 已准备好接收数据)。在 UART 接收数据之前，如果其接收 FIFO 有超过 2 字节作为备用，则 nRTS 被激活。如果其接收 FIFO 有少于 1 字节作为备用，则 nRTS 处于非激活状态(在 AFC 中，nRTS 信号意味着自己的接收 FIFO 已准备好接收数据)。

5. UART 错误状态描述

S5PV210 的 UART

UART 除包含 RX FIFO 寄存器外，还包含错误状态 FIFO。错误状态 FIFO 指 FIFO 寄存器接收到的数据存在错误。只有当数据存在错误并将要被读出时才会产生一个错误中断。为清除错误状态 FIFO，必须将带一个错误的 URXHn 和 UERSTATn 读出。

例如，假设 UART RX FIFO 依次接收 a、b、c、d 和 e 字符，接收 b 时发生帧错误，接收 d 时发生奇偶校验错误。实际的 UART 接收错误不会产生任何错误中断，因为接收错误的字符没有被读出。如果字符被读出，则发生错误中断。

6. 红外模式

S5PV210 中的 UART 模块支持红外(IR)发送和接收，通过将 UART 线控寄存器(ULCONn)中的红外模式位置位进行选择。图 6-7 说明了如何实现红外模式。

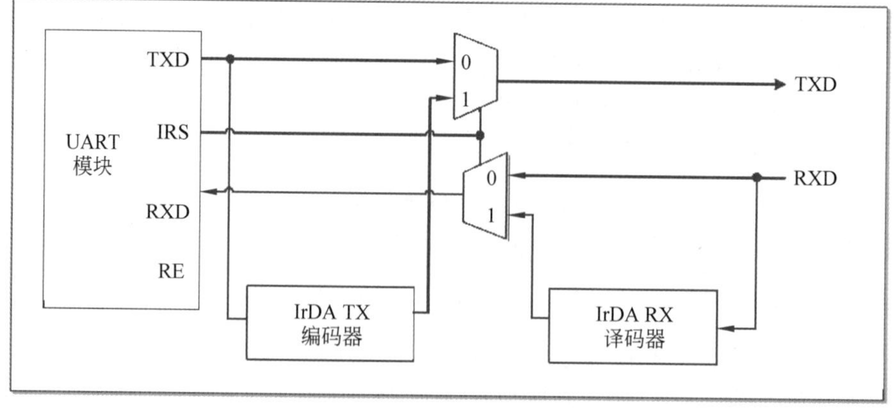

图 6-7 IrDA 功能模块图

6.1.4 S5PV210 的 UART 相关寄存器

S5PV210 芯片中每个 UART 涉及的寄存器有 15 个，4 个 UART 共有相关寄存器 45 个。进行 UART 通信所涉及的寄存器有：引脚配置寄存器（将相关 I/O 口配置为 UART 用途，UART 的引脚说明见第 5 章中的 UART 功能配置）、UART 线控寄存器（设置通信的数据格式）、UART 控制寄存器、FIFO 控制寄存器等以及和 UART 中断相关的寄存器。这里主要介绍串口信息收发的相关寄存器。

1. UART 线控寄存器 ULCONn（n：0～3）

UART 线控寄存器 ULCONn 主要对各 UART 的工作模式、校验模式、帧格式进行设置，其中具体比特位的作用如表 6-3 所示。

表 6-3　UART 线控寄存器 ULCONn 的比特位说明

ULCONn	位	描　述	初始状态
保留	[31:7]	保留	0
红外模式	[6]	决定是否使用红外模式； 0＝正常模式；1＝红外接收/发送模式	0
校验模式	[5:3]	指定 UART 接收和发送操作中校验的生成类型： 0xx＝没有校验码；100＝奇校验；101＝偶校验； 110＝强制检验位为 1；111＝强制检验位为 0	000
停止位数量	[2]	停止位数量： 0＝每帧 1 个停止位；1＝每帧 2 个停止位	0
字长	[1:0]	每帧传输或接收数据的位数： 00＝5 位；01＝6 位；10＝7 位；11＝8 位	00

2. UART 控制寄存器 UCONn（n：0～3）

UART 控制寄存器 UCONn 的位说明如表 6-4 所示，对 UART 的工作时钟、中断类型、错误使能、工作模式等进行配置。

表 6-4　UART 控制寄存器 UCONn 的位说明

UCONn	位	描　述	初始状态
保留	[31:21]	保留	000
发送 DMA 突发长度	[20]	发送 DMA 突发长度： 0＝1 字节；1＝4 字节	0
保留	[19:17]	保留	000
接收 DMA 突发长度	[16]	接收 DMA 突发长度： 0＝1 字节；1＝4 字节	0
保留	[15:11]	保留	0000

续表

UCONn	位	描　述	初始状态
时钟选择	[10]	为 UART 波特率选择 PCLK 或 SCLK_UART 时钟: 0=PCLK:DIV_VAL1=[PCLK/(波特率×16)]-1。 1=SCLK_UART:DIV_VALI=[SCLK_UART/(波特率×16)]-1	00
发送中断类型	[9]	0=脉冲(当 Non-FIFO 模式下,接收缓冲器为空或当到达接收 FIFO 触发电平时)。 1=电平(当 Non-FIFO 模式下,接收缓冲器为空或当到达接收 FIFO 触发电平时)	0
接收中断类型	[8]	0=脉冲(当即时接收缓冲器在 Non-FIFO 模式下,收到数据或到达接收 FIFO 触发电平时)。 1=电平(当即时接收缓冲器在 Non-FIFO 模式下,正在接收数据或到达接收 FIFO 触发电平时)	0
接收超时使能	[7]	如果 UART FIFO 允许,允许/禁止接收超时中断。中断为接收中断 0=禁止;1=允许	0
接收错误中断使能	[6]	允许 UART 在异常时产生中断,如在接收时发生帧错误、验证错误或溢出错误等: 0=不产生接收错误状态中断;1=产生接收错误状态中断	0
loop-Back 模式	[5]	设置 loop-Back 位为 1,以触发 UART 进入 loop-Back 模式。此模式仅用于测试:0=正常操作;1=loop-Back 模式	0
发送中断信号	[4]	在一帧中设置此位触发 UART 发送中断。发送后此位自动清零 0=正常发送;1=发送中断信号	0
发送模式	[3:2]	决定哪个功能能够写发送数据至 UART 发送缓存寄存器 00=禁止;01=中断请求或轮询模式;10=DMA 模式;11=保留	00
接收模式	[1:0]	决定哪个功能能够从 UART 接收缓冲器读取数据 00=禁止;01=中断请求或轮询模式;10=DMA 模式;11=保留	00

注意:① DIV_VAL=UBRDIVn+(UDIVSLOTn 中 1 的数量)/16。

② S5PV210 使用电平触发控制器,所以中断类型都应置 1。

③ 如果 UART 没有到达 FIFO 触发电平并且在 DMA 接收模式下 3 个字长时间内没有收到数据,会产生接收中断。必须检查 FIFO 状态和剩余位。

3. UART FIFO 控制寄存器 UFCONn(n:0~3)

UART FIFO 控制寄存器 UFCONn 的位说明如表 6-5 所示,对各 UART 的发送 FIFO 和接收 FIFO 进行配置。

表 6-5 UART FIFO 控制寄存器 UFCONn 的位说明

UFCONn	位	描述	初始状态
保留	[31:11]	保留	0
发送 FIFO 触发值	[10:8]	决定 TX FIFO 的触发值。如果 TX FIFO 的计数数据少于或等于触发值,产生 TX 中断: [通道 0]: 000=32B;001=64B;010=96B;011=128B;100=160B;101=192B;110=224B;111=256B [通道 1]: 000=8B;001=16B;010=24B;011=32B;100=40B;101=48B;110=56B;111=64B [通道 2,3]: 000=0B;001=2B;010=4B;011=6B;100=8B;101=10B;110=12B;111=14B	000
保留	[7]	保留	0
接收 FIFO 触发值	[6:4]	决定 RX FIFO 的触发值。如果 RX FIFO 的计数数据大于或等于触发值,产生 RX 中断: [通道 0]: 000=32B;001=64B;010=96B;011=128B;100=160B;101=192B;110=224B;111=256B [通道 1]: 000=8B;001=16B;010=24B;011=32B;100=40B;101=48B;110=56B;111=64B [通道 2,3]: 000=0B;001=2B;010=4B;011=6B;100=8B;101=10B;110=12B;111=14B	000
保留	[3]	—	0
TX FIFO 重置	[2]	重置 FIFO 后自动清除: 0=正常;1=TX FIFO 重置	0
RX FIFO 重置	[1]	重置 FIFO 后自动清除: 0=正常;1=TX FIFO 重置	0
FIFO 使能	[0]	0=禁止;1=允许	0

4. UART MODEM 控制寄存器 UMCONn(n:0~3)

UART MODEM 控制寄存器 UMCONn 的位说明如表 6-6 所示,对各 UART 的自动流控制状态和触发电平等进行设置。

表 6-6 UART MODEM 控制寄存器 UMCONn 的位说明

UMCONn	位	描述	初始状态
保留	[31:8]	保留	0
RTS 触发值	[7:5]	决定 RX FIFO 控制 nRTS 信号的触发值。如果 AFC 位为允许并且 RX FITO 有大于或等于触发值的字节,nRTS 信号就无效:	000

续表

UMCONn	位	描　　述	初始状态
RTS 触发值	[7:5]	[通道 0]: 000=255B; 001=224B;010=192B; 011=160B; 100=128B; 101=96B;110=64B; 111=32B [通道 1]: 000=63B; 001=56B;010=48B; 011=40B;100=32B; 101=24B;110=16B; 111=8B [通道 2]: 000=15B; 001=14B;010=12B; 011=10B;100=8B; 101=6B;110=4B; 111=2B	000
自动流控制	[4]	0=禁止;1=允许	0
模块中断使能	[3]	0=禁止;1=允许	0
保留	[2:1]	这两位必须为 0	00
发送请求	[0]	如果 AFC 位为允许,则这一位的值将被忽略。在这种情况下,S5PV210 自动控制 nRTS 信号。如果 AFC 位为禁止,软件必须控制 nRTS 信号: 0=高电平(不激活 nRTS);1=低电平(激活 nRTS)	0

5. UART TX/RX 状态寄存器 UTRSTATn(n:0～3)

UART TX/RX 状态寄存器 UTRSTATn 的位说明如表 6-7 所示,该寄存器各位描述 UART 的当前状态。

表 6-7　UART TX/RX 状态寄存器 UTRSTATn 的位说明

UTRSTATn	位	描　　述	初始状态
保留	[31:3]	保留	0
发射机空	[2]	如果发送缓存寄存器没有有效传输数据,此位自动设为 0,并且发送缓存寄存器为空:0=不为空;1=发射机为空	1
发送缓冲为空	[1]	如果发送缓存寄存器为空,此位自动设为 1: 0=缓存寄存器不为空;1=缓存寄存器为空(在非 FIFO 模式下,要求中断或 DMA。在 FIFO 模式下,如果 TX FIFO 触发电平为 00,则要求中断或 DMA) 如果 UART 使用 FIFO,检查 USFTAT 寄存器中 TX FIFO 计数位和 TX FIFO 溢出位	0
接收缓存数据就绪	[0]	如果接收缓存寄存器包含有效数据,此位自动设为 1,从 RXDn 端口接收:0=缓存寄存器为空;1=缓存寄存器有接收到的数据。 如果 UART 使用 FIFO,检查 USFTAT 寄存器中 RX FIFO 计数位和 RX FIFO 溢出位	0

6. UART 发送缓存寄存器 UTXHn(n:0～3)

UART 发送缓存寄存器 UTXHn 包含 8 位发送数据,其位说明如表 6-8 所示。

表 6-8 UART 发送缓存寄存器 UTXHn 的位说明

UTXHn	位	描　述	初始状态
保留	[31:8]	保留	—
UTXHn	[7:0]	为 UARTn 发送数据	—

7. UART 接收缓存寄存器 URXHn(n:0～3)

UART 接收缓存寄存器 URXHn 包含 8 位接收数据，其位说明如表 6-9 所示。

表 6-9 UART 接收缓存寄存器 URXHn 的位说明

URXHn	位	描　述	初始状态
保留	[31:8]	保留	0
URXHn	[7:0]	为 UARTn 接收数据	0x00

8. UART 通道波特率分频寄存器 UBRDIVn(n:0～3)

UART 通道波特率分频寄存器 UBRDIVn 的位说明如表 6-10 所示，可以通过该寄存器设定的波特率分频值对各 UART 的通信波特率进行配置。

表 6-10 UART 通道波特率分频寄存器 UBRDIVn 的位说明

UBRDIVn	位	描　述	初始状态
保留	[31:16]	保留	0
UBRDIVn	[15:0]	波特率分频值(当 UART 时钟源是 PCLK 时，UBRDIVn 必须大于 0)	0x0000

9. UART 通道波特率分频小数寄存器 UDIVSLOTn(n:0～3)

UART 通道波特率分频小数寄存器 UDIVSLOTn 的位说明如表 6-11 所示，可以通过该寄存器设定的波特率分频值小数部分对各 UART 的通信波特率进行配置。

表 6-11 UART 通道波特率分频小数寄存器 UDIVSLOTn 的位说明

UDIVSLOTn	位	描　述	初始状态
保留	[31:16]	保留	0
UDIVSLOTn	[15:0]	波特率分频值小数部分	0x0000

每个 UART 的波特率发生器都为自身的发射机和接收机提供连续的发送和接收时钟。波特率时钟是把源时钟(即 PCLK 系统时钟或 UCLK 外部时钟)和 UART 的波特率分频寄存器产生的除数相除产生的。计算公式如下。

UBRDIVn=[PCLK/(波特率×16)]－1 的整数部分

UDIVSLOTn=[PCLK/(波特率×16)]－1 的小数部分

6.1.5 S5PV210 的 UART 编程

串口程序的编程包括：①初始化串口控制器；②要发送信息时直接写入发送缓冲

器,要接收信息时直接去接收缓冲器读取。串口底层的工作(如移位、起始位如何定义、TTL 电平还是 RS-232 电平等)对程序是隐藏的。

使用编程实现以下功能。

- void uart_init(void),初始化 UART。
- char getc(void),接收一个字符。
- void putc(char c),发送一个字符。
- puthex(volatile char a),发送一个十六进制数。
- void main(void),测试以上代码。

uart.c 文件中定义了 UART 所使用到的相关寄存器地址,配置了 UART 分频寄存器 UBRDIV 和 UDIVSLOT,定义了 UART 初始化函数 uart_init()和发送字符函数 getc()、接收字符函数 putc()。这里使用 UART0 通道,因此只设置与 UART0 相关的寄存器。

```
/* UART0 由 GPA0 组引脚配置复用 UART 功能 */
#define GPA0CON    (* ((volatile unsigned long *)0xE0200000))
/* UART 相关寄存器 */
#define ULCON0     (* ((volatile unsigned long *)0xF2900000))
#define UCON0      (* ((volatile unsigned long *)0xE2900004))
#define UFCON0     (* ((volatile unsigned long *)0xE2900008))
#define UMCON0    (* ((volatile unsigned long *)0xE290000C))
#define UTRSTAT0   (* ((volatile unsigned long *)0xE2900010))
#define UERSTAT0   (* ((volatile unsigned long *)0xE2900014))
#define UFSTAT0    (* ((volatile unsigned long *)0xE2900018))
#define UMSTAT0   (* ((volatile unsigned long *)0xE290001C))
#define UTXH0      (* ((volatile unsigned long *)0xE2900020))
#define URXH0      (* ((volatile unsigned long *)0xE2900024))
#define UBRDIV0    (* ((volatile unsigned long *)0xE2900028))
#define UDIVSLOT0  (* ((volatile unsigned long *)0xE290002C))
#define UINTP0     (* ((volatile unsigned long *)0xE2900030))
#define UINTSP0    (* ((volatile unsigned long *)0xE2900034))
#define UINTM0     (* ((volatile unsigned long *)0xE2900038))
/* UART 波特率 115200 */
#define UART_UBRDIV_VAL 35
#define UART_UDIVSLOT_VAL 0x1
/* 初始化串口 */
void uart_init()
{
/* 1 配置引脚用于 RX/TX 功能 */
GPA0CON = 0x22222222;
/* 2 设置数据格式等 */
UFCON0 = 0x1;        //使能 FIFO

UMCON0 = 0x0;        //无流控
ULCON0=0x3;          //数据位: 8;无校验;停止位: 1
UCON0 = 0x5;         //时钟: PCLK,禁止中断,使能 UART 发送、接收
/* 3 设置波特率 */
UBRDIV0 = UART_UBRDIV_VAL;
UDIVSLOT0 = UART_UDIVSLOT_VAL;
}
```

```
char getc (void)
{/* 接收一个字符 */
while (!(UTRSTAT0 & (1<<0)));      //如果 RX FIFO 空,等待
return URXH0;                       //取数据
}

void putc (char c)
{/* 发送一个字符 */
while(! (UTRSTAT0 & (1<<2)));      //如果 TX FIFO 满,等待
UTXH0 = c;                          //写数据
}

int puthex(volatile char a)
{  /* 打印十六进制数   例如: int a = 0x68; puthex(a);输出"68";   */
    volatile char cTmp;
    cTmp=a>>4;                      //右移 4 位,把高位放到低位
if(cTmp<10)                         //如果是小于 10 的数
    {  cTmp+='0';                   //以 0~9 输出
}
    else
    {  cTmp+='A'-10;                //大于或等于 10 的就是 ABCDEF 了
}
    putc(cTmp);
      return 0;
}
```

main.c 文件调用 uart_init()函数初始化 UART 串口,进入 while 循环,调用 getc()函数接收字符,并且发送字符的 ASCII 码的十六进制。

```
void uart_init (void);
int main()
{
  char c;
  uart_init();                      //初始化串口
  while (1)
  {
    c=getc();                       //接收字符
    puthex (c);                     //发送字符 c 的十六进制
  }
  return 0;
}
```

6.2 I²C 接口

6.2.1 I²C 接口概念

Inter Integrated-Circuit(IIC,或 I²C)总线是 PHILIPS 公司推出的一种串行总线,具

备多主机系统所需的包括总线裁决和高低速器件同步功能的高性能串行总线。I^2C 总线采用器件地址硬件设置方法,通过软件寻址完全避免了器件的片选线寻址方法,从而使硬件系统具有较简单而灵活的扩展方法。

I^2C 概念

通常,为了方便,把 I^2C 设备分为主机和从机,基本上谁控制时钟线(即控制 SCL 的电平高低变换)谁就是主机。

I^2C 主机功能包括:主要产生时钟,产生起始信号和停止信号。

I^2C 从机功能包括:可编程的 I^2C 地址检测,停止位检测。

I^2C 的一个优点是它支持多主控(multimastering),其中任何一个能够进行发送和接收的设备都可以成为主总线。一个主控能够控制信号的传输和时钟频率。当然,在任何时间点上只能有一个主控。

I^2C 支持不同速率的通信速度:标准速度(最高速度为 100kb/s),快速(最高为 400kb/s)。

I^2C 是半双工,而不是全双工,同一时间只可以单向通信。

1. I^2C 总线结构

I^2C 总线系统结构如图 6-8 所示。

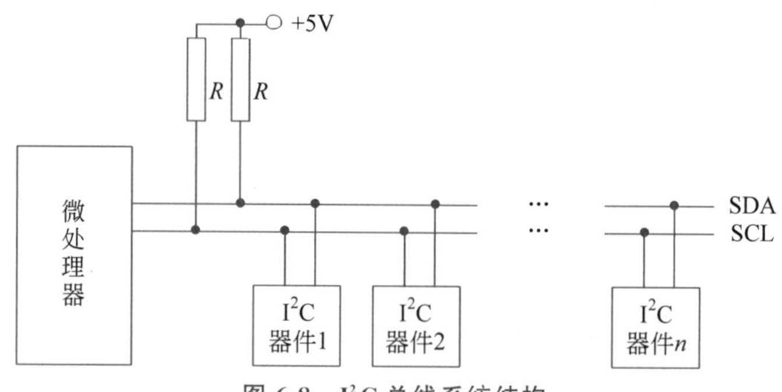

图 6-8 I^2C 总线系统结构

I^2C 一共只有两条总线:一条是双向的串行数据线(Serial data,SDA),用来发送数据;一条是串行时钟线(Serial clock line,SCL),用来控制数据发送的时序。所有接到 I^2C 总线设备上的 SDA 都接到总线的 SDA 上,各设备的 SCL 接到总线的 SCL 上。I^2C 总线上的每个设备都有一个唯一的地址,以确保不同设备之间访问的准确性。

I^2C 总线允许若干兼容器件(如存储器、ADC 和 DAC、串行 I/O 扩展以及 LED 和 LCD 驱动器等)共享总线。为避免总线信号的混乱,要求各设备连接到总线的输出端时必须是漏极开路(OD)输出或集电极开路(OC)输出。设备上的 SDA 接口电路应该是双向的,输出电路用于向总线发送数据,输入电路用于接收总线上的数据。而 SCL 也应是双向的,作为控制总线数据传送的主机,一方面要通过 SCL 输出电路发送时钟信号,另一方面还要检测总线上的 SCL 电平,以决定什么时候发送下一个时钟脉冲电平;作为接受主机命令的从机,要按总线上的 SCL 信号发出或接收 SDA 上的信号,也可以向 SCL 发出低电平信号以延长总线时钟信号周期。总线空闲时,因各设备都是开漏输出,上拉电阻 Rp 使 SDA 和 SCL 线都保持高电平。任一设备输出的低电平都将使相应的总线信号线变低,也就是说,各设备的 SDA 是“与”关系,SCL 也是“与”关系。

SCL 和 SDA 都需要接上拉电阻(大小由速度和容性负载决定,一般为 3300～

10000Ω 之间）保证数据的稳定性，减少干扰。

2. I^2C 时序信号

总线的运行（即数据传输）由主机控制。所谓主机是指启动数据的传送（即发出启动信号）、发出时钟信号以及传送结束时发出停止信号的设备，通常主机都是微处理器。被主机寻访的设备称为从机。为进行通信，每个接到 I^2C 总线的设备都有一个唯一的地址，以便主机寻访。主机和从机的数据传送，可以由主机发送数据到从机，也可以由从机发送到主机。凡是发送数据到总线的设备称为发送器，从总线上接收数据的设备称为接收机。

I^2C 总线上允许连接多个微处理器以及各种外围设备，如存储器、LED 及 LCD 驱动器、ADC 及 DAC 等。为保证数据可靠地传送，任一时刻总线只能由某一台主机控制，各微处理器应该在总线空闲时发送启动数据。为了妥善解决多台微处理器同时发送启动数据的传送（总线控制权）冲突，以及决定由哪一台微处理器控制总线的问题，I^2C 总线允许连接不同传送速率的设备。多台设备之间时钟信号的同步过程称为同步化。

在 I^2C 总线传输过程中，将两种特定的情况定义为起始和停止条件，如图 6-9 所示。当 SCL 保持“高”，SDA 由“高”变为“低”时为起始条件；SCL 保持“高”，SDA 由“低”变为“高”时为停止条件。起始和停止条件由主机产生。使用硬件接口可以很容易地检测起始和停止条件，没有这种接口的微处理器必须以每时钟周期至少两次对 SDA 取样以检测这种变化。

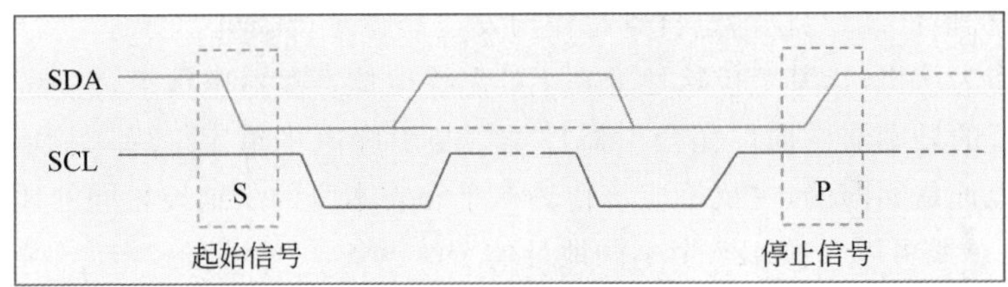

图 6-9　I^2C 总线起始和停止

SDA 上的数据在时钟“高”期间必须是稳定的，只有当 SCL 上的时钟信号为低时，SDA 上的“高”或“低”状态才可以改变。输出到 SDA 上的每字节必须是 8 位，每次传输的字节不受限制，但每字节必须要有一个应答 ACK。如果一个接收器件在完成其他功能（如一内部中断）前不能接收另一个数据的完整字节时，它可以保持 SCL 为低，以促使发送器进入等待状态；当接收机准备好接收数据的其他字节并释放时钟 SCL 后，数据传输继续进行。I^2C 数据总线应答信号如图 6-10 所示。

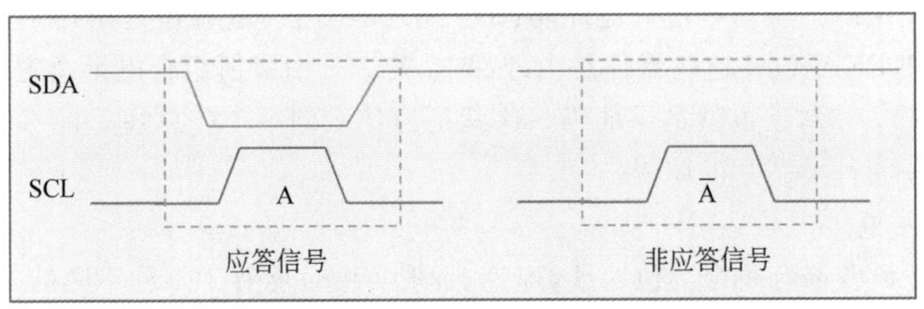

图 6-10　I^2C 数据总线应答信号

数据传送具有应答是必须的。与应答对应的时钟脉冲由主机产生,发送器在应答期间必须下拉 SDA。当寻址的从机不能应答时,数据保持为高,接着主机产生停止条件,终止传输。

当 SCL 保持高电平时,若 SDA 上有从高电平到低电平的变化,那么 I^2C 总线就开始数据传输。之后 SCL 上出现的是时钟信号,SDA 上出现数据。SDA 上首先传输器件地址,在地址传输完毕后,接收方传送一个应答位到发送方。如果接收器件在完成其他功能(如一内部中断)前不能接收另一个数据的完整字节时,它可以保持 SCL 为低,以促使发送器进入等待状态,当接收机准备好接收数据的其他字节并释放 SCL 后,数据传输进行。最后,以停止信号结束一次数据通信过程。

3. 寻址约定

为消除 I^2C 总线系统中主机与从机的地址选择线,最大限度地简化总线连接线,I^2C 总线采用独特的寻址约定,规定开始信号后的第一字节为寻址字节,用来寻址从机,并规定数据传送方向。

1) 7 位寻址

在 I^2C 总线系统中,寻址字节由 7 位地址位(它占据了 D7~D1 位)和 1 位方向位(为 D0 位)组成。方向位为 0 时,表示主机将数据写入从机;为 1 时,表示主机从从机读取数据。主机发送起始信号后,立即发送寻址字节,这时总线上的所有器件都将寻址字节中的 7 位地址与自己的器件地址比较。如果两者相同,则该器件认为被主机寻址,并发送应答信号,从机根据读/写位确定自身是作为发送器还是接收机。

主器件作为从机时,其 7 位从地址在 I^2C 总线地址寄存器中给定,为纯软件地址。而非单片机类型的外围器件地址完全由器件类型与引脚电平给定。I^2C 总线系统中,没有两个从机的地址是相同的,主机不应该传输一个和它本身的从地址相同的地址。

7 位 I^2C 总线可以挂接 127 个不同地址的 I^2C 设备,0 号“设备”作为群呼地址。地址的分配方法有以下两种。

- 含 CPU 的智能器件,地址由软件初始化时定义,但不能与其他器件有冲突。
- 不含 CPU 的非智能器件,由厂家在器件内部固化,不可改变。

常用 I^2C 接口通用器件的器件地址是由种类型号以及寻址码组成的,共 7 位,格式为:

```
D7 D6 D5 D4 D3 D2 D1 D0
```

器件类型由 D7~D4 共 4 位决定,这 4 位是由半导公司生产时就已固定的,也就是说这 4 位已是固定的。用户自定义地址码:D3~D1 共 3 位,这 3 位是由用户自己设置的,通常的做法如 EEPROM 这些器件是由外部 IC 的 3 个引脚所组合电平决定的(用常用的名字如 A0,A1,A2),这也就是寻址码。这就是为什么同一 I^2C 总线上同一型号的 IC 只能最多挂 8 片同种类芯片的原因。

2) 地址扩展

任何 I^2C 设备都有一个 7 位地址,理论上,现实中只能有 127 种不同的 I^2C 设备。实际上,已有 I^2C 的设备种类远远多于这个限制,在一条总线上出现相同地址的 I^2C 设备的概率相当高。为了突破这个限制,很多设备使用双重地址——7 位地址加引脚地址。I^2C

标准也预知了这种限制，提出 10 位的地址方案。

10 位的地址方案对 I^2C 协议的影响有以下两点。

地址帧为 2 字节长，原来的是 1 字节。

第 1 字节前 5 位最高有效位用作 10 位地址标识，约定是“11110”。

4. 数据类型

I^2C 数据传输的过程中，数据帧的大小固定为 8 位的字节，高位先发送。

(1) 主机向从机发送的信息包括起始信号、停止信号、7 位地址码、读/写控制位、10 位地址码(地址扩展)、数据字节、重启动信号、应答信号、时钟脉冲。

(2) 从机向主机发送的信息包括应答信号、数据字节、时钟低电平(时钟拉伸)。

5. 总线仲裁

假如在某 I^2C 总线系统中存在两个主器件节点，分别记为主器件 1 和主器件 2，其输出数据分别为 DATA1 和 DATA2，它们都有控制总线的能力，这就存在发生总线冲突(即写冲突)的可能性。

假设在某一瞬间两者相继向总线发出起始信号，鉴于 I^2C 总线的“线与”特性，在 SDA 上得到的信号波形是 DATA1 和 DATA2 两者相与的结果。

在总线被启动后，主器件 1 企图发送数据“101…”，主器件 2 企图发送数据“100…”。

两个主器件在每次发出一个数据位的同时都要对自己输出端的信号电平进行抽检，只要抽检的结果与它们自己预期的电平相符，就会继续占用总线，总线控制权也就得不到裁定结果。

主器件 1 的第 3 位期望发送“1”，也就是在第 3 个时钟周期内送出高电平。在该时钟周期的高电平期间，主器件 1 进行例行抽检时，结果检测到一个不相匹配的电平“0”，这时主器件 1 只好决定放弃总线控制权；因此，主器件 2 就成为总线的唯一主宰者，总线控制权也就最终得出裁定结果，从而实现总线仲裁的功能。

从以上总线仲裁的完成过程可以得出：仲裁过程中主器件 1 和主器件 2 都不会丢失数据；各个主器件没有优先级别之分，总线控制权是随机裁定的。

系统实际上遵循的是“低电平优先”的仲裁原则，将总线判给在 SDA 上先发送低电平的主器件，而其他发送高电平的主器件将失去总线控制权。

6. 写过程

I^2C 写过程如图 6-11 所示。

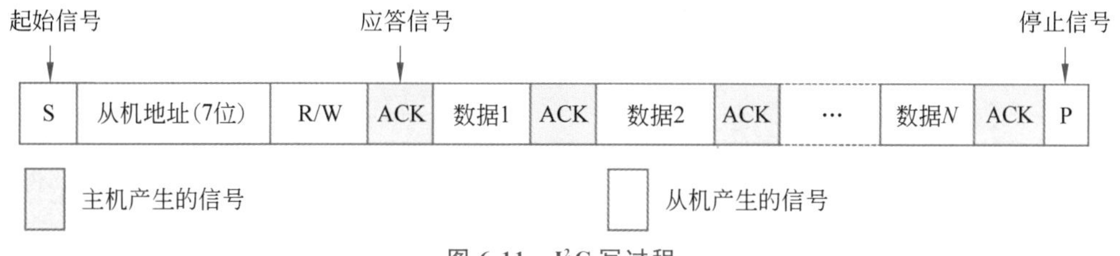

图 6-11 I^2C 写过程

① 主机在检测到总线为“空闲状态”(即 SDA、SCL 均为高电平)时，发送一个启动信号“S”，开始一次通信。

② 主机接着发送一个命令字节。该字节由 7 位的外围器件地址和 1 位读/写控制位

R/W 组成(此时 R/W=0 为写)。

③ 相对应的从机收到命令字节后向主机回馈应答信号 ACK(ACK=0)。

④ 主机收到从机的应答信号后开始发送第一字节的数据。

⑤ 从机收到数据后返回一个应答信号 ACK。

⑥ 主机收到应答信号后再发送下一数据字节。

⑦ 当主机发送最后一个数据字节并收到从机的 ACK 后,通过向从机发送一个停止信号 P 结束本次通信并释放总线。从机收到停止信号 P 后也退出与主机之间的通信。

注意:主机通过发送地址码与对应的从机建立通信关系,而挂接在总线上的其他从机虽然同时也收到了地址码,但因为与其自身的地址不相符合,因此提前退出与主机的通信;主机的一次发送通信,其发送的数据数量不受限制。主机是通过停止信号 P 通知发送的结束,从机收到停止信号 P 后退出本次通信;主机每次发送数据后都是通过从机的 ACK 信号了解从机的接收状况,如果应答错误则重发。

7. 读过程

I^2C 读过程如图 6-12 所示。

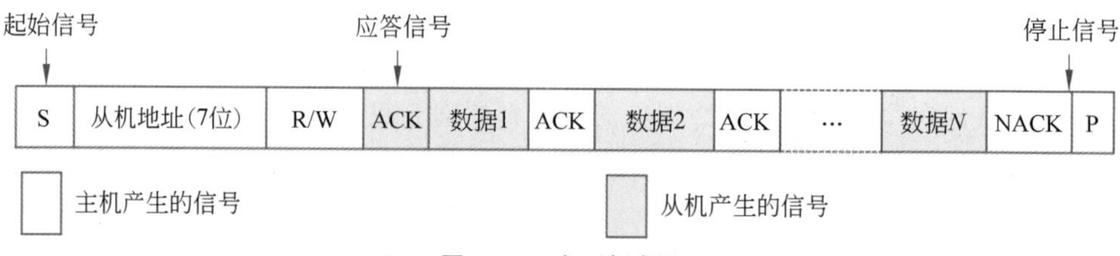

图 6-12 I^2C 读过程

① 主机发送起始信号后,接着发送命令字节(其中 R/W=1)。

② 对应的从机收到地址字节后,返回一个应答信号并向主机发送数据。

③ 主机收到数据后向从机反馈一个应答信号。

④ 从机收到应答信号后再向主机发送下一个数据。

⑤ 当主机完成接收数据后,向从机发送一个"非应答信号 NACK(ACK=1)",从机收到 ACK=1 的非应答信号后便停止发送。

⑥ 主机发送非应答信号后,再发送一个停止信号,释放总线结束通信。

注意:主机所接收数据的数量是由主机自身决定的,当发送"非应答信号 NACK"时从机便结束传送并释放总线(非应答信号有两个作用,即前一个数据接收成功和停止从机的再次发送)。

6.2.2 S5PV210 的 I^2C 总线接口

S5PV210 微处理器支持 4 个多主机 I^2C 总线串行接口。在多主机 I^2C 总线模式下,多个 S5PV210 微处理器可与从属设备之间进行串行数据的接收和发送。S5PV210 中的 I^2C 总线使用标准的总线仲裁程序。

S5PV210 中的 I^2C 总线特点如下。

- 4 通道多主机、从机 I^2C 总线接口。其中 1 个通道为内部连接 HDMI,3 个通道为通用通道。

- 7位地址模式。
- 串行,8位双向数据传输。
- 标准模式下最高支持100kb/s传输速率。
- 快速模式下最高支持400kb/s传输速率。
- 支持主机发送、主机接收、从机发送、从机接收模式。
- 支持中断或轮询。

6.2.3 S5PV210 的 I^2C 相关寄存器

为了控制S5PV210微处理器的多主机 I^2C 总线操作,以下寄存器必须进行初始化。

- 多主机 I^2C 总线控制寄存器I2CCON。
- 多主机 I^2C 总线控制/状态寄存器I2CSTAT。
- 多主机 I^2C 总线接收/发送(RX/TX)数据移位寄存器I2CDS。
- 多主机 I^2C 总线地址寄存器I2CADD。

S5PV210 I^2C 结构如图6-13所示。

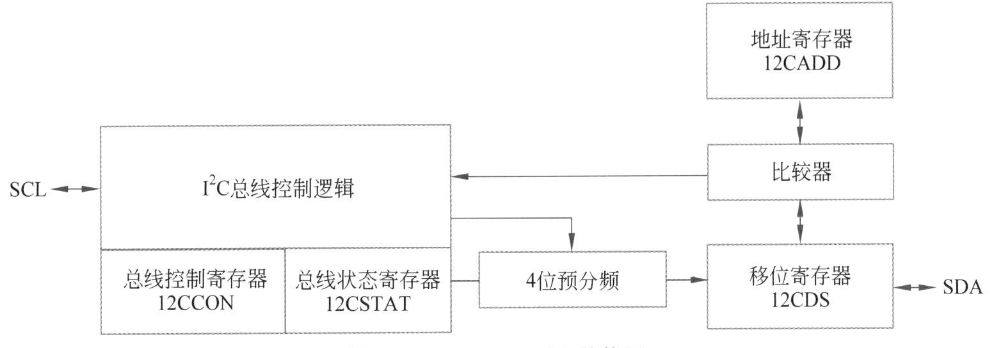

图6-13 S5PV210 I^2C 结构图

1. I^2C 总线控制寄存器I2CCONn(n: 0、2、_HDMI_DDC、_HDMI_PHY)

I^2C 总线控制寄存器I2CCONn主要对 I^2C 总线通信所用到的时钟、中断、应答等进行配置,具体如表6-12所示。

表6-12 I^2C 总线控制寄存器I2CCONn的位说明

I2CCONn	位	描　述	初始状态
产生确认	[7]	I^2C 总线确认使能位：0=禁止;1=允许	0
TX时钟源选择	[6]	I^2C 总线时钟源发送时钟预分频器选择位 0=I2CCLK=fPCLK/16;1=I2CCLK=fPCLK/512	0
TX/RX中断	[5]	I^2C 总线中断使能位:0=禁止;1=允许	0
中断挂起标识	[4]	I^2C 总线TX/RX中断挂起标识。这位不能写1,如果此位为1,则I2CSCL绑定为低,I^2C 总线停止。重新开始操作,设为0 0：表示无挂起中断(读)或清除挂起条件,并重新开始操作(写); 1：表示中断挂起(读)或N/A(写)	0

续表

I2CCONn	位	描　　述	初始状态
传输时钟值	[3:0]	I^2C 总线传输预分频器，I^2C 总线时钟频率由这 4 位和下面的公式决定： TX 时钟＝I2CCLK/(12CCON[3:0]＋1)	未定义

2. I^2C 总线状态寄存器 I2CSTATn(n：0、2、_HDMI_DDC、_HDMI_PHY)

I^2C 总线状态寄存器 I2CSTATn 的位说明如表 6-13 所示。

表 6-13　I^2C 总线状态寄存器 I2CSTATn 的位说明

I2CSTATn	位	描　　述	初始状态
模式选择	[7:6]	I^2C 总线主机/从机 TX/RX 模式选择： 00＝从机接收模式；01＝从机发送模式； 10＝主机接收模式；11＝主机发送模式	00
忙标志状态/START STOP 条件	[5]	I^2C 总线忙信号标志位： 0 表示(读)不忙或(写)产生 STOP 信号； 1 表示(读)忙或(写)产生 START 信号； 开始信号后，12CDS 里的数据自动传输	0
连续输出	[4]	I^2C 总线数据输出使能位： 0＝禁止 TX/RX；1＝允许 TX/RX	0
仲裁状态标志	[3]	I^2C 总线仲裁过程标志位： 0＝总线仲裁成功；1＝连续 I/O 过程中总线仲裁失败	0
从机地址状态标志	[2]	I^2C 总线从机地址状态标志位： 0＝如果检测到 START/STOP 条件则清零； 1＝接收的从机地址与 12CADD 中的地址值匹配	0
地址零状态标志	[1]	I^2C 总线地址零状态标志位： 0＝如果检测到 START/STOP 条件则清零； 1＝接收从机地址 00000000b	0
最后收到位状态标志	[0]	I^2C 总线最后收到位状态标志位： 0＝最后收到位为 0(ACK 已收到)； 1＝最后收到位为 1(ACK 未收到)	0

3. I^2C 总线地址寄存器 I2CADDn(n：0、2、_HDMI_DDC、_HDMI_PHY)

I^2C 总线地址寄存器 I2CADDn 的位说明如表 6-14 所示。

表 6-14　I^2C 总线地址寄存器 I2CADDn 的位说明

I2CADDn	位	描　　述	初始状态
数据转换	[7:0]	8 位数据转换寄存器： 如果 I2CSTAT 中串行输出使能位为 1，则 I2CDS 可写。 不管目前串行输出使能位设置如何，I2CDS 值随时可读	未定义

6.2.4 S5PV210 的 I^2C 总线工作模式

S5PV210 的 I^2C 总线接口有 4 种操作模式，即主机发送模式、主机接收模式、从机发送模式和从机接收模式。

任何 I^2C TX/RX 操作之前都应先进行以下的步骤。

- 如果需要，在 I2CADD 寄存器中写自己的从机地址。
- 设置 I2CCON 寄存器，使能中断，定义 SCL 周期。
- 设置 I2CSTAT 使能串行输出。

主机发送模式和主机接收模式下的工作流程图如图 6-14 所示。从机发送模式和从机接收模式下的工作流程图如图 6-15 所示。

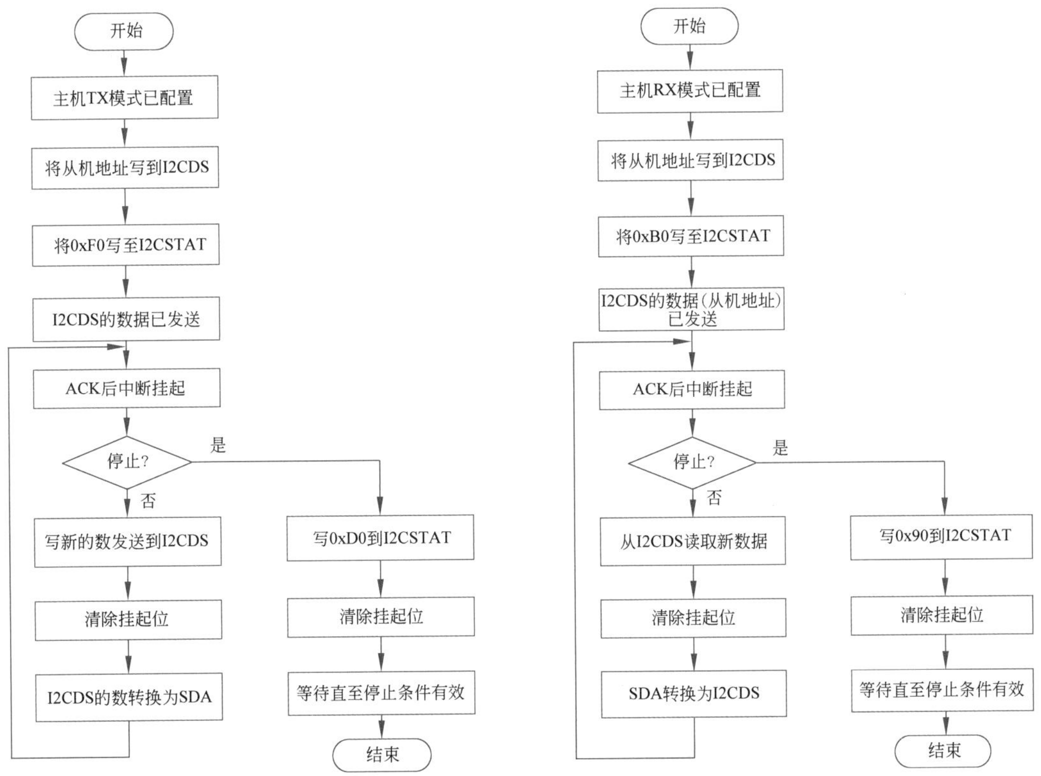

图 6-14 主机发送模式和主机接收模式下的工作流程图

1. 主机发送模式

主机发送模式首先完成对相关专用寄存器的配置，然后向 I2CDS 寄存器写入数据。一旦数据写入 I2CDS，即启动 I^2C 总线主控传输。传输完一字节后，判断 ACK 信号。若 ACK 信号之后还有数据要传输，则循环写入新数据到 I2CDS 寄存器中。若没有新数据要传输，则向 I2CSTAT 寄存器写入 0xD0，发出停止信号，从而结束 I^2C 总线主控传输。

2. 主机接收模式

主机接收模式首先对相关寄存器进行配置，然后向 I2CDS 寄存器写入从属地址，并向 I2CSTAT 寄存器写入 0xB0，即设置主控接收模式并发出起始信号，随后传输 I2CDS

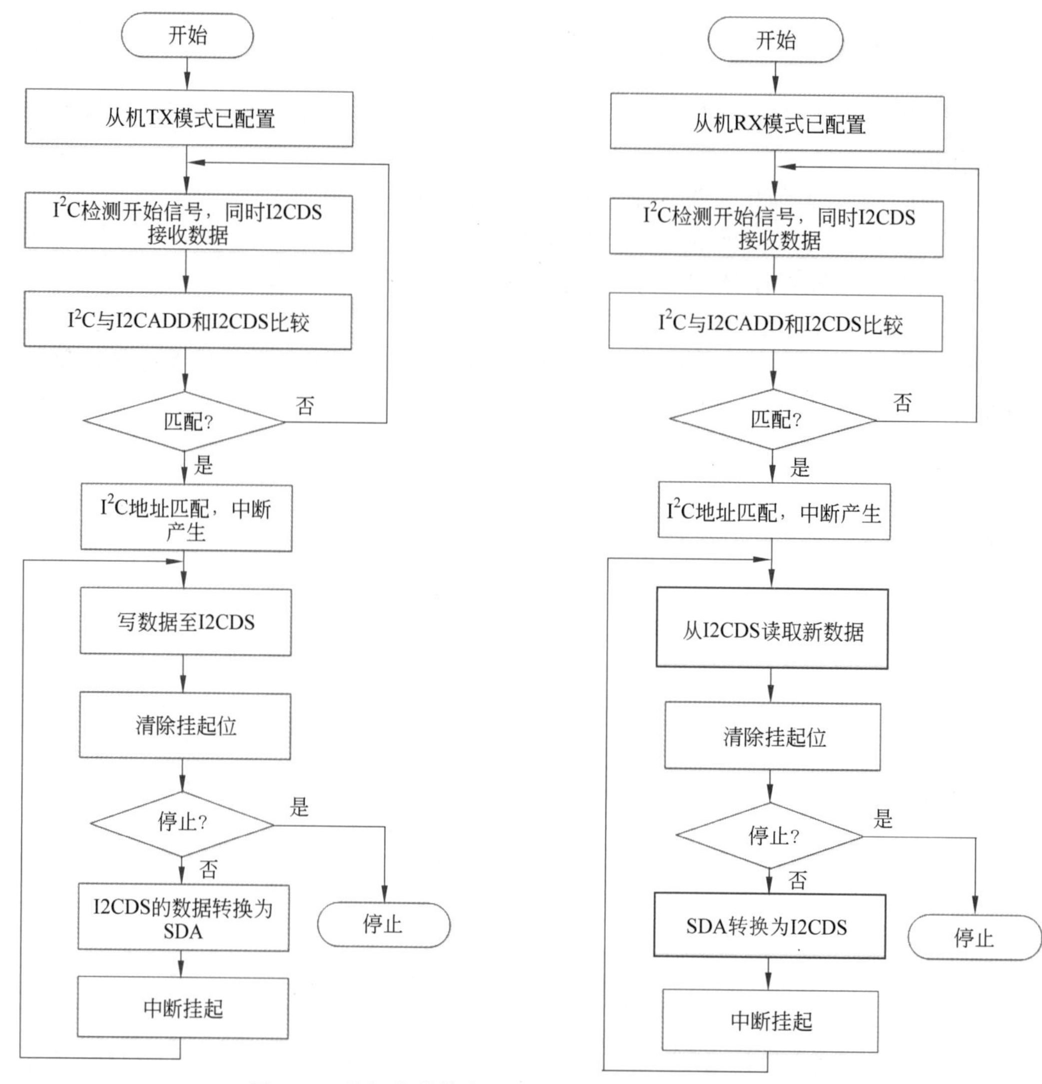

图 6-15 从机发送模式和从机接收模式下的工作流程图

寄存器中的数据(即从属地址),判断 ACK 信号。若 ACK 信号之后还有数据要传输,则循环接收新数据到 I2CDS 寄存器中。若没有新数据要接收时,则向 I2CSTAT 寄存器写入 0x90,发出停止信号,从而结束 I^2C 总线主控接收。

3. 从机发送模式

从机发送模式下首先完成对相关寄存器的配置,然后检测起始信号。若检测到起始信号,则通过 I2CDS 寄存器接收 8 位地址,然后进行从属地址比较。一旦接收到的地址与 I2CADD 寄存器中的地址匹配,即可把数据写入 I2CDS 寄存器,即启动 I^2C 总线从机传输。传输完一字节后,判断是否有停止信号,有则结束。

4. 从机接收模式

从机接收模式下首先完成对相关寄存器的配置,然后检测起始信号。若检测到起始信号,则通过 I2CDS 寄存器接收 8 位地址,然后进行从属地址比较。一旦接收到的地址与 I2CADD 寄存器中的地址匹配,即可把数据从 I2CDS 寄存器中读出,接收完一字节后,判断是否有停止信号,有则结束。

6.2.5 S5PV210 的 I^2C 编程

S5PV210 使用 I^2C 接口与 AT24C08 通信为实例进行编程。

```
#define I2CCON0   (*(volatile INT32U *)0xE1800000)
#define I2CSTAT0   (*(volatile INT32U *)0xE1800004)
#define I2CADD0   (*(volatile INT8U *)0xE1800008)
#define I2CDS0    (*(volatile INT8U *)0xE180000C)
/*向 AT24C08 写一字节和读取一字节*/
int at24_write_byte(INT16U addr,INT8U value)
{
loop:
      I2CSTAT0 = 0xF0;                  //master transmit 模式,START 信号
      I2CDS0 = 0xA0;                    //at24c08 device addr,LSB 为 0 表示写操作
      I2CCON0 &= ~(1<<4);               //启动 START 信号发送,以及 I2CDS 数据发送
        while(!(I2CCON0 & (1<<4)));     //等待中断产生
        printf("write byte staus: %x\r\n",I2CSTAT0);
        if((I2CSTAT0 & 0x01) != 0)      //如果第 9 个 CLK 为高电平,即 NoACK 的话,
                goto loop;              //表示 slave 设备正忙,需要重新发送 START
        I2CDS0 = addr & 0xFF;
        I2CCON0 &= ~(1<<4);             //发送要写入的 addr
        while(!(I2CCON0 & (1<<4)));
        I2CDS0 = value;
        I2CCON0 &= ~(1<<4);             //发送要写入的 data
        while(!(I2CCON0 & (1<<4));
        I2CSTAT0 = 0xD0;
        I2CCON0 &= ~(1<<4);             //发送 STOP 信号
        while(I2CSTAT0 & (1<<5))        //等待,直到 EEPROM 烧写完毕
        {
                printf("busy..");
        }
        return 0;
}

INT8U at24_read_byte(INT16U addr)
{
        INT8U data;
loop1:
        I2CSTAT0 = 0xF0;                //master transmit 模式,START 信号
        I2CDS0 = 0xA0;                  //at24c08 device addr,LSB 为 0 表示写操作
        I2CCON0 &= ~(1<<4);             //启动 START 信号发送,以及 I2CDS 数据发送
        while(!(I2CCON0 & (1<<4)));
        printf("read byte staus: %x\r\n",I2CSTAT0);
        if((I2CSTAT0 & 0x01) != 0)
                goto loop1;
        I2CDS0 = addr & 0xFF;
        I2CCON0 &= ~(1<<4);             //发送要写入的 addr
        while(!(I2CCON0 & (1<<4)));
```

```
    I2CSTAT0 = 0xB0;                    //master receive 模式,START 信号
    I2CDS0 = 0xA1;                      //at24c08 device addr, LSB 为 1 表示读操作
    I2CCON0 &= ~(1<<4);                 //启动 START 信号发送,以及 I2CDS 数据发送
    while(!(I2CCON0 &(1<<4)));
    I2CCON0 &= ~(1<<4);                 //启动 SDA 数据接收
    while(!(I2CCON0 & (1<<4)));         //接收完数据后产生中断
    data = I2CDS0;                      //读取接收到的指定 addr 里的数据
    I2CSTAT0 = 0xD0;
    I2CCON0 &= ~(1<<4);                 //发送 STOP 信号
    return data;
}
```

6.3 SPI 接口

6.3.1 SPI 接口概念

SPI 接口概念

串行外围设备接口(serial peripheral interface,SPI)总线技术是 Motorola 公司推出的一种同步串行接口。它用于 CPU 与各种外围器件进行全双工、同步串行通信,例如以下各种外设。

传感器:温度传感器,压力传感器,ADC,触摸屏。

控制设备:音频编解码器,数字电位器。

相机镜头:佳能 EF 镜头卡口。

通信:以太网,USB,UART,CAN。

存储设备:闪存,EEPROM,MMC 卡,SD 卡。

SPI 接口在 CPU 和外围低速器件之间进行同步串行数据传输,在主器件的移位脉冲下,数据按位传输,高位在前,低位在后,为全双工通信。SPI 数据传输速率总体来说比 I^2C 总线要快,可达到数 Mb/s。

1. SPI 接口的特点

SPI 总线的主要特点如下。

- 全双工。
- 可以作为主机或从机工作。
- 提供频率可编程时钟。
- 发送结束中断标志。
- 写冲突保护。

2. SPI 的接线方法

SPI 总线通信基于主—从配置。它有以下 4 个信号,接线示意图如图 6-16 所示。

- MOSI:Master Out Slave In,即主机输出/从机输入。
- MISO:Master In Slave Out,即主机输入从机输出。
- SCLK:Serial Clock,即串行时钟。
- SS:Slave Select,即低电平有效,从属选择。

SS 从属选择信号控制芯片是否被选中。也就是说,只有片选信号为预先规定的使能

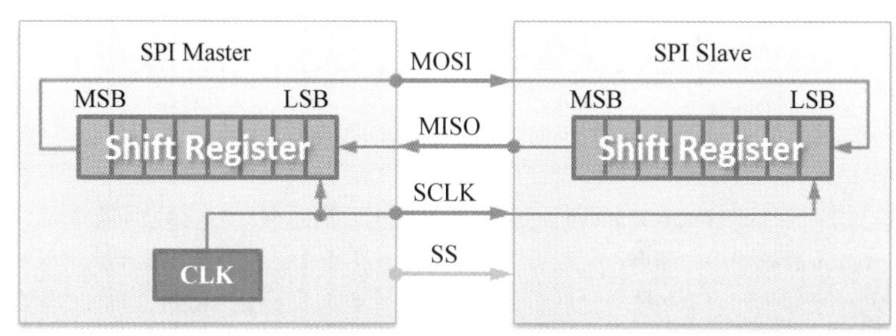

图 6-16 SPI 接线示意图

信号时(高电位或低电位),对此芯片的操作才有效。这就使在同一总线上连接多个 SPI 设备成为可能。

其余 3 根是通信线。SPI 是串行通信协议,也就是说数据是一位一位进行传输的。当 SPI 工作时,在移位寄存器中的数据逐位从输出引脚(MOSI)输出(高位在前),同时从输入引脚(MISO)接收的数据逐位移到移位寄存器(高位在前)。发送一字节后,从另一个外围器件接收的字节数据进入移位寄存器中,即完成一字节数据传输的实质是两个器件寄存器内容的交换。

主 SPI 的时钟信号(SCK)使传输同步。由 SCK 提供时钟脉冲,MOSI、MISO 则基于此脉冲完成数据传输。数据输出通过 MOSI 线,数据在时钟上升沿或下降沿时改变,然后在紧接着的下降沿或上升沿被读取,完成一位数据传输。输入也使用同样的原理。这样,在至少 8 次时钟信号的改变后(上沿和下沿为一次),就可以完成 8 位数据的传输。

SCK 信号线只由主设备控制,从设备不能控制 SCK 信号线。同样,在一个基于 SPI 的设备中,至少有一个主控设备。普通的串行通信一次连续传输至少 8 位数据,而 SPI 允许数据一位一位地传输,甚至允许暂停,因为 SCK 时钟线由主控设备控制。当没有时钟跳变时,从设备不采集或传输数据。也就是说,主设备通过对 SCK 时钟线的控制可以完成对通信的控制。SPI 还是一个数据交换协议:因为 SPI 的数据输入和输出线独立,所以允许同时完成数据的输入和输出。不同的 SPI 设备的实现方式不尽相同,主要是数据改变和采集的时间不同,在时钟信号上升沿或下降沿采集有不同定义,具体请参考相关器件的文档。

3. SPI 的信号时序

SPI 模块为了和外设进行数据交换,其输出串行同步时钟极性(Clock Polarity,CPOL)和时钟相位(Clock Phase,CPHA)可以根据外设工作要求进行配置。

CPOL 对传输协议没有太大的影响。当 CPOL 为 0 时,时钟空闲时电平为低;当 CPOL 为 1 时,时钟空闲时电平为高。

CPHA 能够配置用于选择两种不同的传输协议之一进行数据传输。当 CPHA 为 0 时,时钟周期的上升沿采集数据,时钟周期的下降沿输出数据;当 CPHA 为 1 时,时钟周期的下降沿采集数据,时钟周期的上升沿输出数据。

CPOL 和 CPHA 的取值不同决定了工作模式的不同,SPI 时序图如图 6-17 所示。

1) CPOL=0,CPHA=0

第 1 个跳变沿。SCK 的第 1 个跳变沿,从设备的第 1 个数据位输入主设备(也即锁存到主设备,这里的锁存也可以理解为采样)和主设备的第 1 个数据位输入从设备(也即

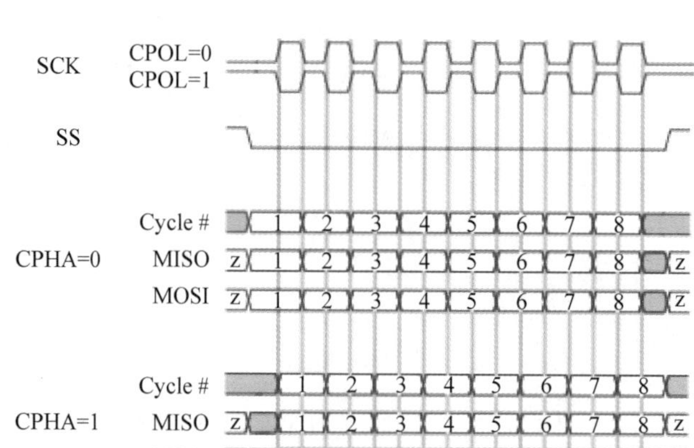

图 6-17　SPI 时序图

锁存到从设备)中。对于一些设备,只要从设备被选择,从设备数据输出引脚输出的数据的第 1 位是有效的,在 SS 引脚变低后的半个时钟周期就产生第 1 个跳变沿。

第 2 个跳变沿。前面 1 个跳变沿从串行数据输入引脚锁存到主设备和从设备的数据位被移入对应的移位寄存器的 LSB 或 MSB(由 LSBFE 位决定)。这样前面两个跳变沿就完成了一个数据位的传输,也说明对应于一个跳变沿,发送和接收是同时进行的,而不是一个跳变沿对应发送,另一个跳变沿对应接收。

第 3 个跳变沿。SPI 主设备的下一位数据从输出引脚输入从设备的输入引脚,与此同时,从设备的下一位数据从输出引脚输入主设备的输入引脚。在跳变沿奇数的时候,数据被锁存到设备中,在跳变沿偶数的时候,数据被移入移位寄存器中。

2) CPOL=0,CPHA=1

一些设备在数据输出引脚输出的第 1 个数据位有效之前需要第 1 个 SCK 跳变沿,在第 2 个跳变沿的时候才同步数据输入主设备和从设备中,在这种格式中,在 8 个时钟传输操作周期开始的时候通过设置 CPHA 位(CPHA=1)产生第 1 个跳变沿。

第 1 个跳变沿。在 SCK 时钟同步延时半个周期后马上产生第 1 个跳变沿,此时主设备指示从设备发送其第 1 个数据位到主设备的数据输入引脚,但是此数据位并不是即将要发送的数据字节有效的数据位。

第 2 个跳变沿。这是主设备和从设备的锁存跳变沿,之后的信号与 CPOL=0,CPHA=0 时相同。

CPOL=1 对应的两种模式与上述类似。

6.3.2　S5PV210 的 SPI 接口

S5PV210 的 SPI 接口支持 CPU 或 DMA 操作,可同时在发送/接收两个方向上传输数据。TX 通道从 TX FIFO 向外部设备发送数据,RX 通道从外部设备向 RX FIFO 传输数据。

1. 操作模式

SPI 有两种模式,即主模式和从模式。在主模式下,产生 SPICLK 信号并传输到外部设备。XspiCS 用于选择从设备,当其为低电平时指示数据有效。在开始发送或者接收数据之前必须先设置 XspiCS 为低电平。

2. FIFO 访问

S5PV210 的 SPI 支持 CPU 和 DMA 访问 FIFO,CPU 和 DMA 访问 FIFO 数据的大小可以选择 8/16/32 位。如果选择 8 位的数据大小,有效的数据位为 0～7 位。通过触发用于定义的阈值,CPU 对 FIFO 的访问正常打开和关闭。每个 FIFO 的触发阈值可以设置为 0～64B 中任何一个值。如果采用 DMA 访问,那么 SPI_MODE_CFG 寄存器的 TXDMAOn 或者 RXDMAOn 位必须置位,DMA 访问只支持单次传输和 4 突发式传输,在向 TX FIFO 发送数据时,DMA 请求信号在 FIFO 满之前一直为高电平。在从 RX FIFO 接收数据时,只要 FIFO 非空,DMA 请求信号都为高电平。

3. RX FIFO 结尾字节

在中断模式下,RX FIFO 中采样的数量小于阈值,或是在 DMA 的 4 突发式模式下,并且没有额外的数据被接收,这些留下的字节被称为结尾字节。为了从 RX FIFO 中移走这些字节,需要用到内部定时器和中断信号,基于 APB 总线时钟,内部时钟的值可以设置到 1024 个时钟。当此定时器的值变为 0 时,中断信号发生并且 CPU 能移走 RX FIFO 中的这些结尾字节。

4. 数据包控制

在主模式下,SPI 能够控制接收的数据包数量。如果要接收任何数目的数据包,只需设置 PACKET_CNT_REG 寄存器,当接收到的数据包的数量和设置的一样时,SPI 停止产生 SPICLK,如果要重新装载此功能,需要强制性软件或是硬件复位,其中软件复位能够清除除特殊功能寄存器外的所有寄存器,而硬件复位则清除所有的寄存器。

5. 芯片选择控制

XspiCS 可以选择为手动控制或自动控制。对于手动控制模式,需要对信号控制寄存器 CS_REG 的 AUTO_N_MANUAL 位清零,此模式的 XspiCS 电平由此寄存器的 NSSOUT 位控制;对于自动控制模式,需要对信号控制寄存器 CS_REG 的 AUTO_N_MANUAL 位置位,XspiCS 电平被自动确定在包与包之前,其非活动期间由 NCS_TIME_COUNT 的值决定,此模式下的 NSSOUT 是无效的。

6. 高速运行从模式

S5PV210 SPI 支持高达 50MHz 的发送/接收操作。当 S5PV210 SPI 作为从机工作时,最长延迟可能超过 15ns,如此大的延迟可能会与 SPI 主设备冲突。为了解决这个问题,通过设置 1 到 CH_CFG 寄存器的 HIGH_SPEED 位,提供快速 S5PV210 SPI 从机发送模式。在这种模式下,MISO 输出延迟减少半周期,使 SPI 主设备有更高速的保证。高速从机发送模式仅用于 CPHA=0 时。

7. 反馈时钟选择

根据 SPI 协议规范,SPI 主机应该用其内部 SPICLK 捕捉从机(MISO)发送的输入数据。如果 SPI 在高工作频率如 50MHz 下运行,因为 MISO 所需的延迟时间是 S5PV210 的半个周期,少于 MISO 的到达时间(由 SPI 主机的 SPICLK 输出延迟、SPI 从机的 MISO 输出延迟和 SPI 主机的 MISO 输入延迟组成),可能很难捕捉到 MISO 输入。为解决这个问题,S5PV2I0 SPI 提供 3 个反馈时钟相位延迟内部时钟 SPICLK。反馈时钟的选择取决于 SPI 从机 MISO 输出延迟。

6.3.3　S5PV210 的 SPI 相关寄存器

1. SPI 配置寄存器 CH_CFGn(n:0,1)

SPI 配置寄存器 CH_CFG0 和 CH_CFG1 对 SPI 接口的各控制位进行设置,具体如表 6-15 所示。

表 6-15　SPI 配置寄存器 CH_CFGn 的位说明

CH_CFGn	位	描　述	初始状态
HIGH_SPEED_EN	[6]	从机 TX 输出时间控制位。 如果这位允许,从机 TX 输出时间减小到 SPICLK 输出时间的一半。 注意:仅在 CPHA 为 0 时,此位有效。 0=禁止;1=允柞	0
SW_RST	[5]	软件重置。 RX/TX FIFOdata、SPI_STATUS 由该位重置。一旦重置,该位必须手动清零。 0=未激活; 1=激活	0
SLAVE	[4]	SPI 通道是主机或从机设置:0=主机;1=从机	0
CPOL	[3]	决定时钟电平或低电平有效:0=高电平;1=低电平	0
CPHA	[2]	选择两个不同传输方式中的一种:0=方式 A;1=方式 B	0
RX_CH_ON	[1]	SPI RX 通道:0=通道关闭;1=通道开启	0
TX_CH_ON	[0]	SPI TX 通道:0=通道关闭;1=通道开启	0

2. SPI 时钟配置寄存器 CLK_CFGn(n:0,1)

SPI 时钟配置寄存器 CLK_CFGn 对 SPI 接口时钟进行设置,具体如表 6-16 所示。

表 6-16　SPI 时钟配置寄存器 CLK_CFGn 的位说明

CLK_CFGn	位	描　述	初始状态
SPI_CLKSEL	[9]	选择产生 SPI 时钟输出的时钟源:0=PCLK;1=SPI_EXT_CLK	0
ENCLK	[8]	时钟使能:0=禁止;1=允许	0
SPI_SCALER	[7:0]	SPI 时钟输出分频比: SPI 时钟输出分频比=时钟源/[2×(预分频值+1)]	0

3. SPI FIFO 模式控制寄存器 MODE _CFGn(n:0,1)

SPI FIFO 模式控制寄存器 MODE _CFGn 的位说明如表 6-17 所示。

表 6-17　SPI FIFO 寄存器 MODE_CFGn 的位说明

MODE_CFGn	位	描　述	初始状态
CH_WIDTH	[30:29]	00=字节;01=半字长; 10=字长;1=保留	0

续表

MODE_CFGn	位	描　述	初始状态
TRAILING_CNT	[28:19]	结尾字节计数	0
BUS_WIDTH	[18:17]	00=字节;01=半字长; 10=字长;11=保留	0
RX_RDY_LVL	[16:11]	INT 模式下 RX FIFO 触发值: 端口 0,触发值(字节)=4×N; 端口 1,触发值(字节)=N; (N=RX_RDY_LVL 域的值)	0
TX_RDY_LVL	[10:5]	INT 模式下 TX FIFO 触发值: 端口 0,触发值(字节)=4×N; 端口 1,触发值(字节)=N; (N=TX_RDY_LVL 域的值)	0
保留	[4:3]	保留	-
RX_DMA_SW	[2]	RX DMA 模式开启/关闭: 0=禁止 DMA 模式; 1=允许 DMA 模式	0
TX_DMA_SW	[1]	TX DMA 模式开启/关闭: 0=禁止 DMA 模式; 1=允许 DMA 模式	0
DMA_TYPE	[0]	DMA 传输类型,单次或 4 突发: 0=单次; 1=4 突发; DMA 传输大小必须与 SPI DMA 中大小相同	0

4. SPI 状态寄存器 SPI_STATUSn(n:0,1)

SPI 状态寄存器 SPI_STATUSn 描述 SPI 通信状态,具体如表 6-18 所示。

表 6-18　SPI 状态寄存器 SPI_STATUSn 的位说明

SPI_STATUSn	位	描　述	初始状态
TX_DONE	[25]	指示转换寄存器中传输已结束: 0=除了 1 所表示的所有情况; 1=如果 TX FIFO 和转换寄存器为空	0
TRAILING_BYTE	[24]	指示结尾字节为 0	0
RX_FIFO_LVL	[23:15]	RX FIFO 数据值: 端口 0,0～256B;端口 1,0～64B	0
TX_FIFO_LVL	[14:6]	TX FIFO 数据值: 端口 0,0～256B;端口 1,0～64B	0
RX_OVERRUN	[5]	RX FIFO overrun 错误: 0=无错误;1=overrun 错误	0
RX_UNDERRUN	[4]	RX FIFO underrun 错误: 0=无错误;1=underrun 错误	0

续表

SPI_STATUSn	位	描　　述	初始状态
TX_OVERRUN	[3]	TX FIFO overrun 错误： 0=无错误;1=overrun 错误	0
TX_UNDERRUN	[2]	TX FIFO underrun 错误： TX FIFO underrun 错误发生在从机模式 TX FIFO 为空时。 0=无错误;1=underrun 错误	0
RX_FIFO_RDY	[1]	0=FIFO 中数据小于触发数据值;1=FIFO 中数据大于触发数据值	0
TX_FIFO_RDY	[0]	0=FIFO 中数据大于触发数据值;1=FIFO 中数据小于触发数据值	0

5. SPI 发送数据 SPI_TX_DATAn (n:0,1)

SPI_TX_DATAn 寄存器包含 SPI 通道传输的数据,具体如表 6-19 所示。

表 6-19　SPI 发送数据寄存器 SPI_TX_DATAn 的位说明

SPI_TX_DATAn	位	描　　述	初始状态
TX_DATA	[31:0]	通过 SPI 通道发送的数据	0

6. SPI 接收数据 SPI_RX_DATAn (n:0,1)

SPI_RX_DATAn 寄存器包含 SPI 通道接收的数据,具体如表 6-20 所示。

表 6-20　SPI 接收数据寄存器 SPI_RX_DATAn 的位说明

SPI_RX_DATAn	位	描　　述	初始状态
RX_DATA	[31:0]	通过 SPI 通道接收的数据	0

6.3.4　S5PV210 的 SPI 编程

```
#define CH_CFG          (* (volatile unsigned long * )0xE1400000)
#define CLK_CFG         (* (volatile unsigned long * )0xE1400004)
#define MODE_CFG        (* (volatile unsigned long * )0xE1400008)
#define CS_REG          (* (volatile unsigned long * )0xE140000C)
#define SPI_INT_EN      (* (volatile unsigned long * )0xE1400010)
#define SPI_STATUS      (* (volatile unsigned long * )0xE1400014)
#define SPI_TX_DATA     (* (volatile unsigned long * )0xE1400018)
#define SPI_RX_DATA     (* (volatile unsigned long * )0xE140001C)
#define PACKET_CNT_REG  (* (volatile unsigned long * )0xE1400020)
#define PENDING_CLR_REG (* (volatile unsigned long * )0xE1400024)
#define SWAP CFG        (* (volatile unsigned long * )0xE1400028)
#define FB_CLK_SEL      (* (volatile unsigned long * )0xE140002C)
/* SPI 初始化 */
void spi_init(void)
{
CH_CFG &= ~((0x1<<2) | (0x1<<3) | (0x1<<4));
CH_CFG &= ~0x3;
CS REG &= ~(0x1<<1);
```

```
MODE_CFG & = ~((0x3<<17) | (0x3<<29));
}
/* SPI 发送函数 */
void transfer(unsigned char * data,int len)
{
int i;
CH_CFG & = ~(0x1<<1);
CH_CFG | =0x1;
for(i=0;i<len;i++){
SPI_TX_DATA=data[i];
while(!(SPI_STATUS & (0x1<<25)));
}
CH_CFG &= ~0x1;
}
/* SPI 接收函数 */
void receive( unsigned char * buf, int len)
{
int i;
CH_CFG &= ~0x1;
CH_CFG |=0x1 <<1;
for(i=0;i<len;i++) {
buf[i] =SPI_RX_DATA; //need while
}
CH_CFG &= ~(0x1 <<1);

}
```

6.4 本章小结

本章介绍了3种串行通信接口，即UART、I^2C和SPI接口，包括接口的概念、数据传送的时序格式和S5PV210中UART、I^2C和SPI接口的特点，然后介绍了S5PV210中3种接口涉及的主要寄存器及其说明，最后结合实例说明编程中寄存器的初始化操作。

6.5 练　　习

1. 用图示和文字的方式说明异步串行通信协议中所规定的数据格式。

2. 什么叫波特率？S5PV210微处理器的UART部件的波特率如何计算？写出波特率计算公式。

3. RS-232C接口信号的特性是如何规定的？

4. I^2C总线有几根信号线和时钟线？分别如何定义？

5. S5PV210微处理器的I^2C控制器支持哪4种操作模式？如何编程实现这4种操作模式？

6. SPI接口的4根信号线是如何定义的？

7. S5PV210微处理器的SPI接口支持哪4种不同的数据传输格式，分别是如何工作的？

第7章 chapter 7

异常和中断

第 3 章阐述了 ARM Cortex-A8 异常处理的相关知识，包括异常向量表、处理器对应的异常工作模式，还有处理器进入和退出异常的过程。ARM 微处理器异常处理方式采用中断方法，根据中断源分类包括硬件中断和软件中断，属于异常的子集。ARM 微处理器有 IRQ 中断和 FIQ 中断两种硬件中断，以及 SWI 软件中断，3 种中断对应的处理模式为 IRQ 模式、FIQ 模式和 SVC 模式。本章将介绍 ARM 处理器异常中的中断，中断请求是如何发起的，处理器如何判断中断请求由谁发起，以及中断相应服务程序如何跳转等中断控制的流程。

7.1 中断控制概述

在嵌入式系统中，微处理器处理控制 I/O 端口或部件的数据传送的方式包括轮询方式和中断方式。

轮询是一种 CPU 决策如何提供周边设备服务的方式，又称"程控输入/输出"(Programmed I/O)。轮询法的概念是，由 CPU 定时发出询问，依序询问每个周边设备是否需要其服务，有即给予服务，服务结束后再问下一个周边设备，接着不断周而复始。

中断是指 CPU 在执行过程中出现某些突发事件时，CPU 必须暂时停止当前的程序，转去处理突发事件，处理完毕后 CPU 又返回原程序被中断的位置，并继续执行。

如果请求设备是一个频繁请求 CPU 的设备，或者有大量数据请求的网络设备，轮询方式效率更高。如果该设备请求频率比较低，或对实时性要求比较高，那么中断的效率会更高。一般情况下，外接的设备请求率都比较低，大多数硬件设备驱动程序开发都采用中断方式。

在 ARM 处理器中，将中断分为两种：一种是软件中断(softInt)，它由软件写寄存器而触发。其对应的寄存器为 VICSOFTINT，当其中的某个位为非 0 时，VIC 就收到一个 softInt，softInt 一般都用在调试中，用于手动产生一个中断。另一种是真实的外部硬件触发的中断。

7.2 软件中断

7.2.1 软件中断原理

软件中断是利用硬件中断的概念，用软件方式进行模拟，实现从用户模式切换到特权模式，并执行特权程序的机制。

前面学习的ARM处理工作模式中，在特权模式下可以通过修改CPSR的模式位切换模式；但是处于用户模式下，是没有权限实现模式转换的，若想实现模式切换，只能通过异常处理进行切换，在ARM指令集中提供了使用软件产生异常的指令——软件中断(Software Interrupt,SWI)指令。

指令SWI用于产生软件中断，实现从用户模式切换到管理模式，CPSR保存到管理模式的SPSR中，执行转移到SWI向量。在其他模式下也可以使用SWI指令，处理器同样切换到管理模式。

用户程序通过SWI指令切换到特权模式，进入软件中断处理程序，通过SWI指令后面的24位立即数区分用户的不同操作，执行不同中断内核函数。如果用户程序调用系统调用时传递参数，根据ATPCS(Arm Thumb子程序调用规范)，C语言与汇编语言混合编程规则将参数放入R0～R4即可。

CPU执行到SWI{cond} immed_24后，产生软件中断，由异常处理部分知识可知，软件中断产生后CPU强制将PC的值置为异常向量表地址0x08，在异常向量表0x08处安放跳转指令B HandleSWI，这样CPU就跳往定义的HandleSWI处执行。

7.2.2 软件中断编程

以一个LED灯的开关操作介绍一个软件中断操作示例，系统调用函数int led_on(int led_no)实现点亮第led_no个LED灯，由于C语言里没有SWI指令对应的语句，因此要用到C语言与汇编语言混合编程，led_on()函数里将参数led_no的值传递给R0，通过SWI指令切换到软件中断管理模式，同时R0通过软件中断方式点亮LED灯，用户通过SWI #1指令可以点灯，具体点亮哪个灯，通过R0保存参数传递，如果亮灯成功，则返回对应LED号。

CPU的处理流程包括以下内容。

1. 保护现场

软件中断处理中通过STMFD SP!,{R0-R12,LR}保存程序执行现场，将R0～R12通用寄存器数据保存在管理模式下SP栈内，LR由硬件自动保存软件中断指令下一条指令的地址(后面利用LR的地址取得SWI指令编码)，该寄存器值也保存在SP栈内，处理完毕之后返回。

2. 获取SWI指令编码

由SWI指令编码知识可知，SWI指令低24位保存软件中断号，通过LDR R4,[LR,#-4]指令，取得SWI指令编码(LR为硬件自动保存SWI immed_24指令的下一条指令地址,LR-4 就是 SWI 指令地址),将其保存在 R4 寄存器中。通过 BIC R4,R4,#0xFF000000 指令将 SWI 指令高 8 位清除,只保留低 24 位立即数,取得 SWI 指令编码。

3. 根据 SWI 指令做出相应操作

根据 24 位立即数中的软件中断号判断用户程序的请求操作。如果 24 位立即数为 1,表示 led_on 系统调用产生的软件中断,则在管理模式下调用对应的亮灯操作 do_led_on。如果 24 位立即数为 2,表示 led_off 系统调用产生的软件中断,则调用灭灯操作 do_led_off,根据 ATPCS 调用规则,R0~R3 作为参数传递寄存器,在软件中断处理中没有使用这 4 个寄存器,而是使用 R4 作为操作寄存器。

4. 返回并恢复现场

执行完系统调用操作之后,返回到 swi_return(在调用对应系统操作时,通过 LDREQ LR,=swi_return 设置了返回地址),执行返回处理,通过 LDMIA SP!,{R0-R12,PC}^ 指令将用户寄存器数据恢复到 R0~R12,将进入软件中断处理时保存的返回地址 LR 的值恢复给 PC,实现程序返回,同时还恢复了状态寄存器。切换回用户模式下程序中继续执行。

```
;汇编启动文件中,将软件中断异常向量绑定中断处理函数:

b       Reset
b       HandleUndef
; 0x08: 软件中断异常,跳往软件中断处理函数 HandleSWI
b       HandleSWI
...
; 省略其他异常向量和对应处理
msr    cpsr_c,        #0xdf
ldr    sp, =SYS_STACK_BASE
msr    cpsr_c,        #0x50       ;开启系统中断,进入用户模式,该指令执行完

ldr      lr,      =halt_loop    ;设置管理模式下返回地址
IMPORT  main
ldr      pc,     =main          ;跳入主函数 main 里执行

halt_loop
b   halt_loop

;************************************************************************
;软件中断处理
;************************************************************************
IMPORT do_led_on
IMPORT do_led_off
HandleSWI
        STMFD     SP!, {R0-R12,  LR}  ;保存程序执行现场
        LDR R4, [LR, #-4]       ;LR - 4 为指令" swi xxx" 的地址,低 24 位是软件中断号
        BIC    R4, R4, #0xFF000000     ;取得 ARM 指令 24 位立即数
        CMP          R4, #1        ;判断 24 位立即数,如果为 1,调用 do_led_on 系统调用
        LDREQ     LR, =swi_return     ;软件中断处理返回地址
        LDREQ     PC, = do_led_on     ;软件中断号 1 对应系统调用处理
```

```
        CMP      R4, #2         ;判断 24 位立即数,如果为 2,调用 do_led_off 系统调用
        LDREQ   LR, =swi_return         ;软件中断处理返回地址
        LDREQ   PC, = led_off           ;软件中断号 2 对应系统调用处理

        MOVNE   R0, #-1                 ;没有该软件中断号对应函数,出错返回-1
        swi_return
        LDMIA   SP!, {R0-R12, PC}^      ;中断返回, ^表示将 spsr 的值复制到 cpsr
```

C 语言程序如下。

```
int main()
{    while(1)
   {  led_on(1);
      delays;                         //delay 函数省略
      led_on(2);
      delays;
      led_off(1);
      delays;
      led_off(2);
      delays;      }
   return 0;
}

int led_on(int led_no)
{       int ret;                      //返回值
      __asm{                          //由于 C 程序中没有 SWI 对应表达式,所以使用混合编程
            mov  r0, led_no           //根据 ATPCS 规则,r0 存放第一个参数
            swi  #1                   //产生 SWI 软件中断,中断号 1
            mov  ret, r0              //软件中断处理结束,取得中断处理返回值,传递给 ret 变量
       }
        return ret;                   //将 ret 返回给调用 led_on 的语句
}
int led_off(int led_no){
   int ret;                           //返回值
   __asm{                             //由于 C 程序中没有 SWI 对应表达式,所以使用混合编程
      mov  r0, led_no                 //根据 ATPCS 规则,r0 存放第一个参数
      swi    __led_off_swi_no
                                      //产生 SWI 软件中断,中断号为__led_off_swi_no
      mov  ret, r0                  //软件中断处理结束,取得中断处理返回值,传递给 ret 变量
   }
   return ret;                        //将 ret 返回给调用 led_off 的语句
}
/* 点亮对应 num 号 Led */
extern int do_led_on (int num)
{  switch(num)
  {  case 1:
        GPBDAT = GPBDAT & ~LED1; break;
     case 2:
        GPBDAT = GPBDAT & ~LED2; break;
```

```
    case 3:
         GPBDAT = GPBDAT & ~LED3; break;
    case 4:
         GPBDAT = GPBDAT & ~LED4; break;
    default:
         return 0;
  }
  return num;
}

/* 关闭对应 num 号 Led */
extern int do_led_off(int num)
{   switch(num)
  {  case 1:
         GPBDAT = GPBDAT | LED1; break;
    case 2:
         GPBDAT = GPBDAT | LED2; break;
    case 3:
         GPBDAT = GPBDAT | LED3; break;
    case 4:
         GPBDAT = GPBDAT | LED4; break;
    default:
         return 0;
}
  return num;
}
```

7.3 硬件中断

ARM 微处理器有 IRQ 中断和 FIQ 中断两种硬件中断。IRQ 和 FIQ 是两种不同类型的中断,ARM 为了支持这两种不同的中断,提供了对应的 IRQ 和 FIQ 处理器模式。

IRQ 中断和 FIQ 中断其响应的优先级不同。但处理步骤类似,包括以下内容。

ARM 硬件中断

- 初始化微处理器中断有关的寄存器,开放中断。
- I/O 端口或部件完成数据操作后产生中断请求信号。
- 当中断请求信号有效时,微处理器可能处在不可中断状态。等微处理器允许中断时保存当前状态,停止它现行的操作并开始进行中断源的识别。
- 在识别出优先级最高的中断源后,微处理器转到对应的中断服务例程入口,并应答中断,I/O 端口或部件收到应答信号后,撤销其中断请求。
- 微处理器读入或写出数据,当中断服务例程结束后,返回原来的被中断程序处继续执行。

中断组织的结构如图 7-1 所示。

可以看出,中断组织在结构上包括 3 个方面:中断源、矢量中断控制器(Vectored Interrupt Controller,VIC)和 CPU 内核,它们在中断过程中扮演的角色和实现的功能各不相同,最终完成中断,具体流程如下。

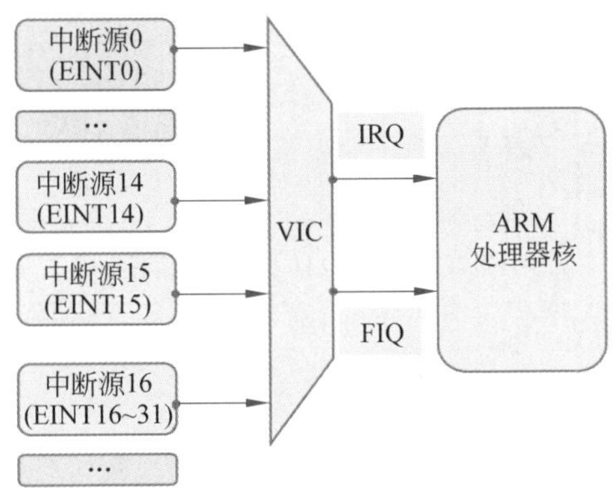

图 7-1 ARM 中断组织的结构

① 中断源负责发起中断请求信号。

② VIC 负责识别中断来源，为每个中断源分配一个中断请求输入端口，为每个中断请求分配一个中断请求输出端口，并通过 FIQ 或 IRQ 线连接到处理器端口。

③ CPU 内核负责根据中断源按照处理器硬件规则找到并加载中断服务相应程序完成后返回。

就像医院的呼叫系统，可以把 CPU 比作医生在没有被呼叫时可以处理正常事务，每一个病床端安装了呼叫器可以作为中断源发出中断请求，VIC 就比作医生办公室的呼叫系统面板，显示中断来源，并可以区分优先级，如图 7-2 所示。

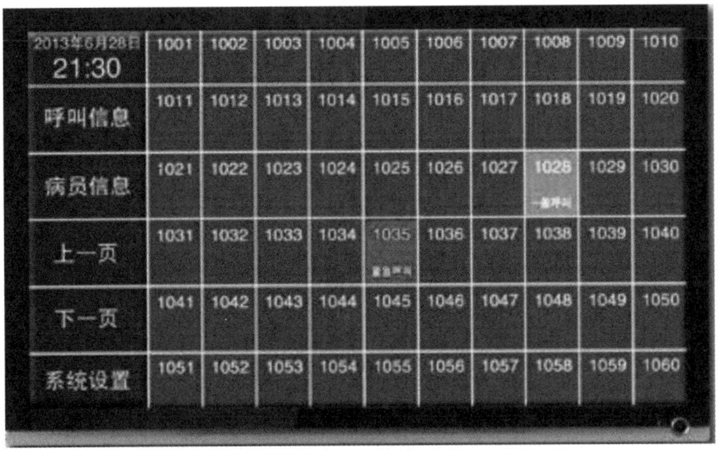

图 7-2 医院病房呼叫系统面板

7.4 矢量中断控制器

S5PV210 处理器的中断控制器由 4 个矢量中断控制器（VIC，ARM PrimeCell PL192）和 4 个 TrustZone 中断控制器（TZIC，SP890）组成。3 个矢量中断控制器和 3 个 TrustZone 中断控制器以菊花链方式连接一起，共支持 93 位中断源，如图 7-3 所示。

S5PV210 处理器的矢量中断控制器（VIC）的性能如下。

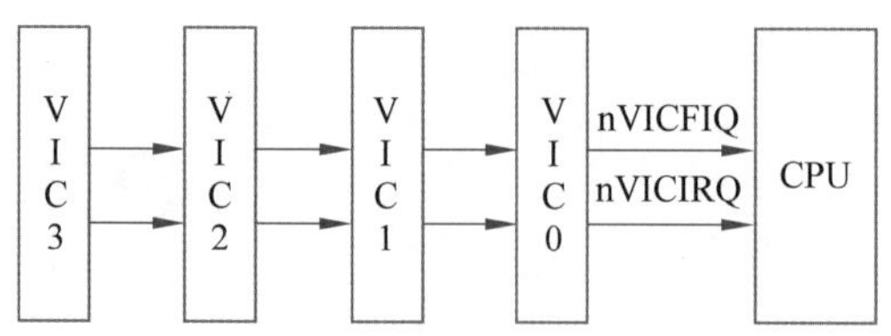

图 7-3　S5PV210 的 VIC 框图

- 支持 93 个矢量 IRQ 中断。
- 硬件中断优先级固定。
- 可编程中断优先级。
- 支持硬件中断优先级屏蔽。
- 可编程中断优先级屏蔽。
- 产生 IRQ 与 FIQ 中断。
- 产生软件中断。
- 测试寄存器。
- 保存原始中断状态。
- 中断请求状态。
- 支持对限制访问特权模式。

7.4.1 VIC 中断编号

这 93 个中断按硬件分成 VIC0～VIC3 4 组，如表 7-1～表 7-4 所示。

表 7-1　VIC0 组中断编号

模块	VIC 端口号	编号	中断请求	备注
VIC0 系统 DMA 定时器	31	31	FIMC3	
	30	30	GPIOINT	
	29	29	RTC_TIC	所有其他 GPIO 终端 Mux
	28	28	RTC_ALARM	
	27	27	WDT	
	26	26	系统定时器	
	25	25	TIMER4	
	24	24	TIMER3	
	23	23	TIMER2	
	22	22	TIMER1	
	21	21	TIMER0	
	20	20	PDMA1	
	19	19	PDMA0	
	18	18	MDMA	
	17	17		

续表

模块	VIC 端口号	编号	中断请求	备注
VIC0 系统 DMA 定时器	16	16	EINT16_31	EXT_INT[16]~[31]
	15	15	EINT15	EXT_INT[15]
	14	14	EINT14	EXT_INT[14]
	13	13	EINT13	EXT_INT[13]
	12	12	EINT12	EXT_INT[12]
	11	11	EINT11	EXT_INT[11]
	10	10	EINT10	EXT_INT[10]
	9	9	EINT9	EXT_INT[9]
	8	8	EINT8	EXT_INT[8]
	7	7	EINT7	EXT_INT[7]
	6	6	EINT6	EXT_INT[6]
	5	5	EINT5	EXT_INT[5]
	4	4	EINT4	EXT_INT[4]
	3	3	EINT3	EXT_INT[3]
	2	2	EINT2	EXT_INT[2]
	1	1	EINT1	EXT_INT[1]
	0	0	EINT0	EXT_INT[0]

表 7-2 VIC1 组中断编号

模块	VIC 端口号	编号	中断请求	备注
VIC1 ARM 电源 内存 接口 外存	31	63	ONENAND_AUDI	
	30	62	MIPI_DSI	
	29	61	MIPI_CSI	
	28	60	HSMMC2	
	27	59	HSMMC1	
	26	58	HSMMC0	
	25	57	MODEMIF	
	24	56	OTG(usb)	
	23	55	UHOST(usb)	
	22	54		
	21	53		
	20	52	_HDMI_PHY	
	19	51	2	
	18	50	AUDIO_SS	
	17	49		

续表

模块	VIC 端口号	编号	中断请求	备　　注
VIC1 ARM 电源 内存 接口 外存	16	48	SPI1	
	15	47	SPI0	
	14	46	0	
	13	45	UART3	
	12	44	UART2	
	11	43	UART1	
	10	42	UART0	
	9	41	CFC	
	8	40	NFC	
	7	39		
	6	38	IEM_IEC	
	5	37	IEM_APC	
	4	36	Cortex4	
	3		nCTIIRQ	
	2	35	Cortex3	
	1		(nDMAEXTERIRQ)	
	0	34	Cortex2	

表 7-3　VIC2 组中断编号

模块	VIC 端口号	编号	中断请求	备　　注
VIC2 多媒体 音频 安全等	31	95	SDM_FIQ(security)	
	30	94	SDM_IRQ(security)	
	29	93	PCM2	
	28	92	IntFeedCtrl_SSS	
	27	91	IntHash_SSS	
	26	90		
	25	89	KEYPAD	
	24	88	PENDN(TSADC)	
	23	87	ADC(TSADC)	
	22	86	SPDIF	
	21	85	PCM1	
	20	84	PCM0	
	19	83	AC97	
	18	82		
	17	81	I2S1	

续表

模块	VIC 端口号	编号	中断请求	备注
VIC2 多媒体 音频 安全等	16	80	12S0	
	15	79	TVENC	
	14	78	MFC	
	13	77	_HDMI_DDC	
	12	76	HDMI	
	11	75	Mixer	
	10	74	3D	
	9	73	2D	
	8	72	JPEG	
	7	71	FIMC2	
	6	70	FIMC1	
	5	69	FIMC0	
	4	68	ROTATOR	
	3	67		
	2	66	LCD[2]	
	1	65	LCD[1]	
	0	64	LCD[0]	

表 7-4　VIC3 组中断编号

模块	VIC 端口号	编号	中断请求	备注
VIC3 多媒体 音频 安全等	31	127		
	30	126		
	29	125		
	28	124		
	27	123		
	26	122		
	25	121		
	24	120		
	23	119		
	22	118		
	21	117		
	20	116		
	19	115		
	18	114		
	17	113		

续表

模块	VIC端口号	编号	中断请求	备注
VIC3 多媒体 音频 安全等	16	112		
	15	111		
	14	110		
	13	109		
	12	108		
	11	107		
	10	106	PENDN1(TSADC)	
	9	105	ADC1(TSADC)	
	8	104		
	7	103		
	6	102		
	5	101		
	4	100	TSI	
	3	99	CEC	
	2	98	MMC3	
	1	97		
	0	96		

7.4.2 VIC相关寄存器

S5PV210的中断控制相关寄存器如表7-5所示，其中n为0～3。

表7-5 VIC中的寄存器

寄存器名称	描述	备注
VICnIRQSTATUS	R，相关位为1表示该IRQ中断发生且未被屏蔽	
VICnFIQSTATUS	R，相关位为1表示该FIQ中断发生且未被屏蔽	
VICnRAWINTR	R，表示屏蔽之前的中断状态	该寄存器读出32个原始中断请求而不考虑它们是否为软件中断使能和分类
VICnINTSELECT	选择中断请求类型	
VICnnINTENABLE	W，1中断使能	
VICnINTENCLEAR	W，1中断失能	
VICnSOFTINT	指定软件中断寄存器	该寄存器的内容与32个来自设备的中断请求相“或”
VICnSOFTINTCLEAR	指定软件中断清除寄存器	

续表

寄存器名称	描　　述	备　　注
VICnPROTECTION	使能或失能 Protection mode	该寄存器运行特权模式下运行的软件对 VIC 寄存器进行有限的访问
VICnSWPRIORITYMASK	软件优先级掩码寄存器	
VICnVECTPRIORITYDAISY	设置中断优先级	向量优先级寄存器，指定中断向量的优先级
VICnVECTADDR(0～31)	表示各个中断源的 ISR(Interrupt Service Routine)	
VICnVECTPRIORITY(0～31)	各个中断源的优先级	
VICnADDRESS	中断发生时，对应 ISR 函数地址会复制到这个寄存器中	
VICnPERIPHID0～3	指定外围标识寄存器	
VICnPCELLID0～3	指定初始单元识别寄存器	

接下来，将介绍实现中断处理功能的主要寄存器，中断请求信号从 VIC 输入端口到输出端口的框图如图 7-4 所示。

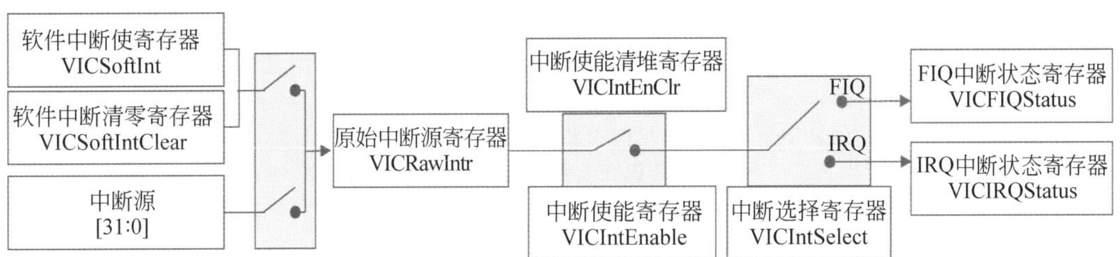

图 7-4　VIC 输入端口到输出端口框图

左边输入是中断源和 VICSoftInt，中断源来自外部，是其他 SoC 内部模块或者 SoC 外部产生的真实中断；VICSoftInt 在框图的内部，是由 VIC 自己产生的。无论这两者哪个发生，在 VICRawIntr 寄存器都会看到这个原始中断源的存在。

VICSoftInt 软件中断，可以模拟激活硬件中断，例如 ADC、DAC、串口、GPIO 等都可以仿真，这和 SWI 指令软件中断是有区别的。

1. 原始中断源寄存器 VICnRAWINTR(n:0～3)

该寄存器显示被 VICnINTENABLE 和 VICnINTSELECT 寄存器掩码前的中断状态，如表 7-6 所示。

表 7-6　原始中断源寄存器 VICnRAWINTR 的位说明

VICnRAWINTR	位	描　　述	初始状态
RawInterrupt	[31:0]	0=屏蔽前中断未激活； 1=屏蔽前中断激活； 该寄存器提供 raw 中断的直接视图，因此 reset 值未知。每个中断源在寄存器中有一个对应位	——

2. 中断使能寄存器 VICnINTENABLE(n:0～3)

该寄存器使能中断请求,允许中断到达处理器,如表7-7所示。

表7-7 中断使能寄存器 VICnINTENABLE 的位说明

VICnINTENABLE	位	描　述	初始状态
IntEnable	[31:0]	读: 0=禁止中断; 1=允许中断; 使用此寄存器使能中断。 写: 0=无效; 1=允许中断。 重置时,禁止所有中断。每个中断源在寄存器中有一个对应位	0x00000000

3. 中断使能清除寄存器 VICnINTENCLEAR(n:0～3)

该寄存器清除 VICnINTENABLE 寄存器中的对应位,如表7-8所示。

表7-8 中断使能清除寄存器 VICnINTENCLEAR 的位说明

VICnINTENCLEAR	位	描　述	初始状态
IntEnable Clear	[31:0]	0=无效; 1=清除相应中断位; 每个中断源在寄存器中有一个对应位	0x00000000

4. 中断选择寄存器 VICnINTSELECT(n:0～3)

该寄存器为中断选择中断类型,如表7-9所示。

表7-9 中断选择寄存器 VICnINTSELECT 的位说明

VICnINTSELECT	位	描　述	初始状态
IntSelect	[31:0]	0=IRQ中断; 1=FIQ中断; 每个中断源在寄存器中有一个对应位	0x00000000

5. 中断状态寄存器 VICnIRQSTATUS(n:0～3)

该寄存器显示被 VICnINTENABLE 和 VICnINTSELECT 寄存器掩码后的 IRQ 中断状态,如表7-10所示。

表7-10 中断状态寄存器 VICnIRQSTATUS 的位说明

VICnIRQSTATUS	位	描　述	初始状态
IRQStatus	[31:0]	0=中断未激活; 1=中断激活; 每个中断源在寄存器中有一个对应位	0x00000000

6. 快中断状态寄存器 VICnFIQSTATUS(n:0～3)

该寄存器显示被 VICnINTENABLE 和 VICnINTSELECT 寄存器掩码后的 FIQ 中断状态,如表 7-11 所示。

表 7-11 快中断状态寄存器 VICnFIQSTATUS 的位说明

VICnFIQSTATUS	位	描　　述	初始状态
FIQStatus	[31:0]	0=中断未激活; 1=中断激活; 每个中断源在寄存器中有一个对应位	0x00000000

7. 向量地址寄存器 VICnADDRESS(n:0～3)

该寄存器包含目前活动的 ISR 的地址,如表 7-12 所示。

表 7-12 向量地址寄存器 VICnADDRESS 的位说明

VICnADDRESS	位	描　　述	初始状态
VectAddr	[31:0]	读取此寄存器返回 ISR 地址并且使当前中断得到响应。读取必须在存在一个激活的中断时执行,写任何值到此寄存器都会清除当前中断。写操作必须在中断服务结束时执行	0x00000000

8. 向量地址寄存器组 VICnVECTADDR[0～31](n:0～3)

该寄存器中包含中断服务程序 ISR 向量地址,每组 VIC 有 32 个向量地址寄存器,如表 7-13 所示。

表 7-13 向量地址寄存器组 VICnVECTADDR[0～31]的位说明

VICnVECTADDR	位	描　　述	初始状态
VectorAddr0～31	[31:0]	包含 ISR 向量地址	0x00000000

每一个 VIC 端口都有 32 个向量地址寄存器,用来存放 VIC 端口对应的中断请求信号对应的中断服务程序(ISR)地址,这些地址最终要加载到 VICnAddress 里,IRQ 中断时会直接到该寄存器执行中断响应程序。

9. 向量优先级寄存器 VICnVECTPRIORITY(n:0～3)

该寄存器用来选择中断优先级,如表 7-14 所示。

表 7-14 向量优先级寄存器 VICnVECTPRIORITY 的位说明

VICnVECTPRIORITY	位	描　　述	初始状态
VectPriority	[31:4]	保留,0 为读取,不修改	0x0
	[3:0]	选择中断优先级。可以根据所需要的优先级,用十六进制值 0～15 编辑寄存器选择中断优先级	0xF

7.5 中断源信号产生

7.5.1 外部中断源与 VIC 关系

本节以外部中断为例,通过 GPIO 产生中断信号。所有的外部中断源都由 VIC0 管理,其中外部中断含有 16 个独立的中断号和一个共用的中断号,都由 VIC0 控制器管理,图 7-5 为外部中断源 0 号与 VIC 的关系。

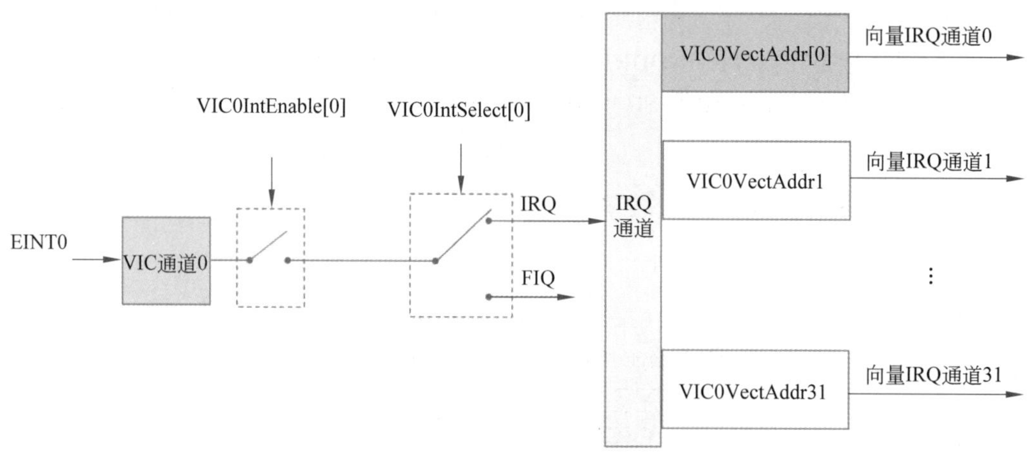

图 7-5 外部中断源 0 号与 VIC 的关系

外部中断 0 位于 VIC0 的 0 号中断源 0,中断使能寄存器 VIC0IntEnable[0]=1 用来控制通道 0 的使能;当 VIC0IntEnClear[0]=1 时,通道 0 中断禁止。

中断选择寄存器 VIC0IntSelect[0]用来选择通道 0 的中断类型:当 VIC0IntSelect[0]=0 时,分配为 IRQ 中断;当 VIC0IntSelect[0]=1 时,分配为 FIQ 中断。

7.5.2 外部中断源信号产生

外部中断发起中断请求流程图如图 7-6 所示。

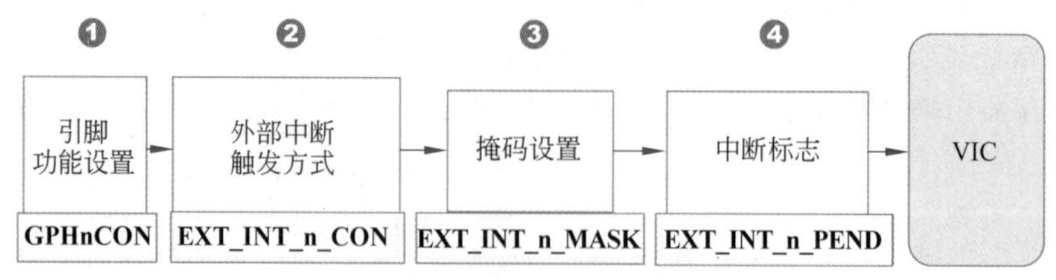

图 7-6 外部中断发起中断请求流程

① 通过设置 GPHnCON(n:0～3)寄存器选择对应引脚为外部中断输入引脚。

② 通过设置 EXT_INT_n_CON(n:0～3)确定外部中断的触发信号的特性。

③ 通过设置 EXT_INT_n_MASK(n:0～3)确定是否屏蔽对应引脚信号。

④ 有效的中断信号会置位挂起寄存器的对应位。

7.5.3 外部中断相关寄存器

外部中断源

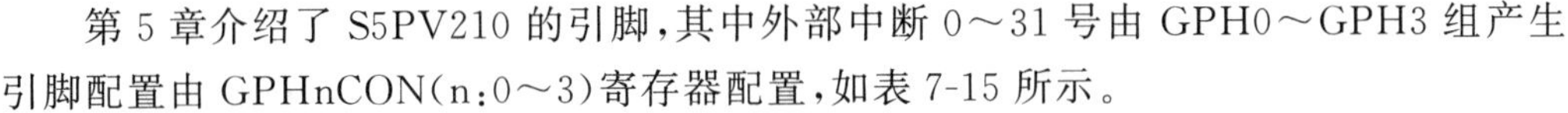

第 5 章介绍了 S5PV210 的引脚，其中外部中断 0～31 号由 GPH0～GPH3 组产生。引脚配置由 GPHnCON(n:0～3)寄存器配置，如表 7-15 所示。

表 7-15 GPHnCON(n:0～3)寄存器位说明

GPHnCON	位	描　述	复位值
GPHnCON[0]	[3:0]	0000＝输入 0001＝输出 0010～1110＝保留 1111＝EXT_INT[0] (n=0) EXT_INT[8] (n=1) EXT_INT[16] (n=2) EXT_INT[24] (n=3)	0000
GPHnCON[1]	[7:4]	0000＝输入 0001＝输出 0010～1110＝保留 1111＝EXT_INT[1] (n=0) EXT_INT[9] (n=1) EXT_INT[17] (n=2) EXT_INT[25] (n=3)	0000
GPHnCON[2]	[11:8]	0000＝输入 0001＝输出 0010～1110＝保留 1111＝EXT_INT[2] (n=0) EXT_INT[10] (n=1) EXT_INT[18] (n=2) EXT_INT[26] (n=3)	0000
GPHnCON[3]	[15:12]	0000＝输入 0001＝输出 0010～1110＝保留 1111＝EXT_INT[3] (n=0) EXT_INT[11] (n=1) EXT_INT[19] (n=2) EXT_INT[27] (n=3)	0000
GPHnCON[4]	[19:16]	0000＝输入 0001＝输出 0010～1110＝保留 1111＝EXT_INT[4] (n=0) EXT_INT[12] (n=1) EXT_INT[20] (n=2) EXT_INT[28] (n=3)	0000

续表

GPHnCON	位	描　　述	复位值
GPHnCON[5]	[23:20]	0000=输入 0001=输出 0010～1110=保留 1111=EXT_INT[5]　(n=0) EXT_INT[13]　(n=1) EXT_INT[21]　(n=2) EXT_INT[29]　(n=3)	0000
GPHnCON[6]	[27:24]	0000=输入 0001=输出 0010～1110=保留 1111=EXT_INT[6]　(n=0) EXT_INT[14]　(n=1) EXT_INT[22]　(n=2) EXT_INT[30]　(n=3)	0000
GPHnCON[7]	[31:28]	0000=输入 0001=输出 0010～1110=保留 1111=EXT_INT[7]　(n=0) EXT_INT[15]　(n=1) EXT_INT[23]　(n=2) EXT_INT[31]　(n=3)	0000

当把外部按键接到对应的引脚并设置为外中断,可以通过外部中断相关寄存器对中断源信号进行配置,相关的寄存器列表如表 7-16 所示。

表 7-16　外部中断的寄存器

寄存器名称	描　　述	访问	复位值
EXT_INT_n_CON	设置外部中断方式的寄存器	R/W	0
EXT_INT_n_FLTCON0 EXT_INT_n_FLTCON1	外部中断源滤波器设置	R/W	0x80808080
EXT_INT_n_MASK	外部中断掩码设置寄存器	R/W	0xFF
EXT_INT_n_PEND	外部中断挂起寄存器	R/W	0

1. 外部中断方式控制寄存器 EXT_INT_n_CON (n:0～3)

该寄存器每 3 位设置一个中断源的触发方式,两个中断源触发方式中保留一位,例如 EXT_INT_0_CON 的第 0～2 位用于设置中断源 0,第 3 位保留,第 4～6 位用于设置中断源 1,第 7 位保留,具体说明如表 7-17 所示。

表 7-17 外部中断方式控制寄存器 EXT_INT_n_CON(n:0～3)寄存器位说明

EXT_INT_n_CON	位	描　述	复位值
EXT_INT_n_CON[0]	[0:2]	n 为 0,设置 EXT_INT[0]中断信号模式 n 为 1,设置 EXT_INT[8]中断信号模式 n 为 2,设置 EXT_INT[16]中断信号模式 n 为 3,设置 EXT_INT[24]中断信号模式 000=低电平触发;001=高电平触发; 010=下降沿触发;011=上升沿触发; 100=双边触发;101～111=保留	000
Reserved	[3]	保留	0
EXT_INT_n_CON[1]	[4:6]	n 为 0,设置 EXT_INT[1]中断信号模式 n 为 1,设置 EXT_INT[9]中断信号模式 n 为 2,设置 EXT_INT[17]中断信号模式 n 为 3,设置 EXT_INT[25]中断信号模式 000=低电平触发;001=高电平触发; 010=下降沿触发;011=上升沿触发; 100=双边触发;101～111=保留	000
Reserved	[7]	保留	0
EXT_INT_n_CON[2]	[8:10]	n 为 0,设置 EXT_INT[2]中断信号模式 n 为 1,设置 EXT_INT[10]中断信号模式 n 为 2,设置 EXT_INT[18]中断信号模式 n 为 3,设置 EXT_INT[26]中断信号模式 000=低电平触发;001=高电平触发; 010=下降沿触发;011=上升沿触发; 100=双边触发;101～111=保留	000
Reserved	[11]	保留	0
EXT_INT_n_CON[3]	[12:14]	n 为 0,设置 EXT_INT[3]中断信号模式 n 为 1,设置 EXT_INT[11]中断信号模式 n 为 2,设置 EXT_INT[19]中断信号模式 n 为 3,设置 EXT_INT[27]中断信号模式 000=低电平触发;001=高电平触发; 010=下降沿触发;011=上升沿触发; 100=双边触发;101～111=保留	000
Reserved	[15]	保留	0
EXT_INT_n_CON[4]	[16:18]	n 为 0,设置 EXT_INT[4]中断信号模式 n 为 1,设置 EXT_INT[12]中断信号模式 n 为 2,设置 EXT_INT[20]中断信号模式 n 为 3,设置 EXT_INT[28]中断信号模式 000=低电平触发;001=高电平触发; 010=下降沿触发;011=上升沿触发; 100=双边触发;101～111=保留	000
Reserved	[19]	保留	0

续表

EXT_INT_n_CON	位	描　　述	复位值
EXT_INT_n_CON[5]	[20:22]	n 为 0,设置 EXT_INT[5]中断信号模式 n 为 1,设置 EXT_INT[13]中断信号模式 n 为 2,设置 EXT_INT[21]中断信号模式 n 为 3,设置 EXT_INT[29]中断信号模式 000=低电平触发;001=高电平触发; 010=下降沿触发;011=上升沿触发; 100=双边触发;101～111=保留	000
Reserved	[23]	保留	0
EXT_INT_n_CON[6]	[24:26]	n 为 0,设置 EXT_INT[6]中断信号模式 n 为 1,设置 EXT_INT[14]中断信号模式 n 为 2,设置 EXT_INT[22]中断信号模式 n 为 3,设置 EXT_INT[30]中断信号模式 000=低电平触发;001=高电平触发; 010=下降沿触发;011=上升沿触发; 100=双边触发;101～111=保留	000
Reserved	[27]	保留	0
EXT_INT_n_CON[7]	[28:30]	n 为 0,设置 EXT_INT[7]中断信号模式 n 为 1,设置 EXT_INT[15]中断信号模式 n 为 2,设置 EXT_INT[23]中断信号模式 n 为 3,设置 EXT_INT[31]中断信号模式 000=低电平触发;001=高电平触发; 010=下降沿触发;011=上升沿触发; 100=双边触发;101～111=保留	000
Reserved	[31]	保留	0

2. 外部中断掩码设置寄存器 EXT_INT_n_MASK(n:0～3)

该寄存器对外部中断信号产生屏蔽,每组低 8 位有效,具体说明如表 7-18 所示。

表 7-18　外部中断掩码设置寄存器 EXT_INT_n_MASK (n:0～3)寄存器位说明

EXT_INT_n_MASK	位	描　　述	复位值
EXT_INT_n_MASK [0]	[0]	0=允许中断;1=中断屏蔽	1
EXT_INT_n_MASK [1]	[1]	0=允许中断;1=中断屏蔽	1
EXT_INT_n_MASK [2]	[2]	0=允许中断;1=中断屏蔽	1
EXT_INT_n_MASK [3]	[3]	0=允许中断;1=中断屏蔽	1
EXT_INT_n_MASK [4]	[4]	0=允许中断;1=中断屏蔽	1
EXT_INT_n_MASK [5]	[5]	0=允许中断;1=中断屏蔽	1
EXT_INT_n_MASK [6]	[6]	0=允许中断;1=中断屏蔽	1
EXT_INT_n_MASK [7]	[7]	0=允许中断;1=中断屏蔽	1
Reserved	[8:31]	保留	0

3. 外部中断挂起寄存器 EXT_INT_n_PEND(n:0～3)

该寄存器为清除中断挂起,它的功能是当发生中断后,就会产生计数,从 0 变为 1。每组低 8 位有效,具体说明如表 7-19 所示。

表 7-19 外部中断挂起寄存器 EXT_INT_n_PEND(n:0～3)寄存器位说明

EXT_INT _n_PEND	位	描　　述	复位值
EXT_INT_n_PEND [0]	[0]	0=没有发生;1=发生中断	1
EXT_INT_n_PEND [1]	[1]	0=没有发生;1=发生中断	1
EXT_INT_n_PEND [2]	[2]	0=没有发生;1=发生中断	1
EXT_INT_n_PEND [3]	[3]	0=没有发生;1=发生中断	1
EXT_INT_n_PEND [4]	[4]	0=没有发生;1=发生中断	1
EXT_INT_n_PEND [5]	[5]	0=没有发生;1=发生中断	1
EXT_INT_n_PEND [6]	[6]	0=没有发生;1=发生中断	1
EXT_INT_n_PEND [7]	[7]	0=没有发生;1=发生中断	1
Reserved	[8:31]	保留	0

注意:通过向该寄存器对应位写"1",清除中断请求。

7.6 CPU 中断处理过程

中断处理过程

7.6.1 CPSR 与 VIC 关系

ARM 内核通过 CPSR 监视和控制内部的操作,CPSR 中的"I"位和"F"位分别用来控制 IRQ 模式和 FIQ 模式的使能,如图 7-7 所示。

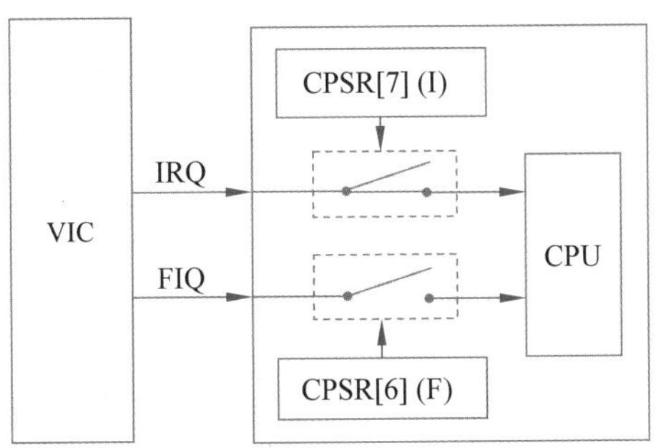

图 7-7 CPSR 与 VIC 的关系

中断控制器里可以配置与控制器相连的某个中断输入是 FIQ 还是 IRQ,所以一个中断是可以指定为 FIQ 或者 IRQ 的,为了合理,要求系统更快地响应,自身处理所耗时间也很短的中断设置为 FIQ,否则就设置为 IRQ。

如果该中断设置为 IRQ,那么当该中断产生的时候,中断处理器通过 IRQ 请求线告诉 ARM,ARM 就知道有 IRQ 中断产生,然后 ARM 切换到 IRQ 模式运行。类似地,如果该中断设置为 FIQ,那么当该中断产生的时候,中断处理器通过 FIQ 请求线告诉

ARM,ARM 就知道有个 FIQ 中断产生,然后切换到 FIQ 模式运行。

1. FIQ 与 IRQ 的区别

ARM 的 FIQ 模式提供了分组 R8～R14 还有 SPSR,而 IRQ 模式就没有那么多,这就意味着在 ARM 的 IRQ 模式下,中断处理程序要保存这些寄存器的值,然后退出中断处理时程序要恢复这几个寄存器,而 FIQ 这些寄存器的值被 CPU 自动复制到对应的分组寄存器中,退出 FIQ 模式时自动恢复,所以这个过程 FIQ 比 IRQ 快。

FIQ 比 IRQ 有更高优先级,如果 FIQ 和 IRQ 同时产生,那么 FIQ 先处理。

FIQ 的中断向量地址在 0x0000001C(也就是中断向量表的最后),而 IRQ 的在 0x00000018。中断向量表的每个地址只能放一条跳转指令,而 FIQ 由于在最后,这样可以直接放 FIQ 的中断处理程序。

IRQ 和 FIQ 的响应延迟有区别,IRQ 的响应会延迟几个指令周期才跳转到中断向量处。

2. 中断嵌套

正常情况下,ARM 处理器都只是机械地随着 PC 的指示去做事情。

当 CPSR 中的 I 位和 F 位为 1 时,IRQ 和 FIQ 全部处于禁止状态。此时,无论 IRQ 和 FIQ 的状态寄存器上有怎样的中断请求信号,处理器都不会有反应。

当 I 位和 F 位为 0 时,IRQ 有中断请求信号,就会打断处理当前工作,并且切换到 IRQ 模式下,跳到相应的异常向量表位置执行中断处理。这个过程是处理器内核电路自动完成的,但是在中断处理函数中需要手动返回中断前位置。

当处理器响应一个 IRQ 中断信号,并切换到 IRQ 模式的时候,此时 IRQ 线上中断信号挂起,如果接收到第二个 IRQ 信号,处理器不会被打断。因此,退出 IRQ 中断后需要清除挂起中断信号。

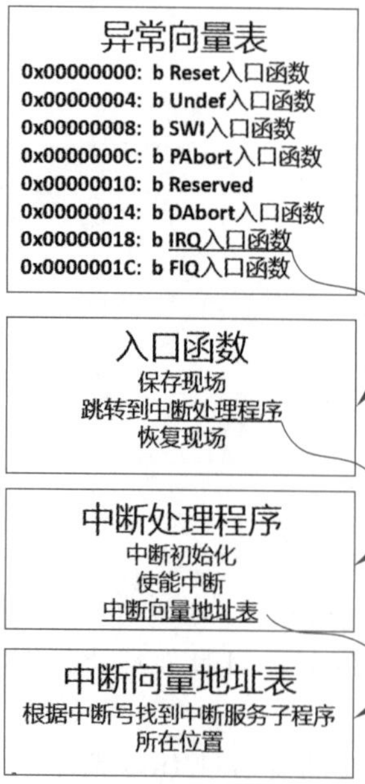

异常向量表
0x00000000: b Reset入口函数
0x00000004: b Undef入口函数
0x00000008: b SWI入口函数
0x0000000C: b PAbort入口函数
0x00000010: b Reserved
0x00000014: b DAbort入口函数
0x00000018: b IRQ入口函数
0x0000001C: b FIQ入口函数

入口函数
保存现场
跳转到中断处理程序
恢复现场

中断处理程序
中断初始化
使能中断
中断向量地址表

中断向量地址表
根据中断号找到中断服务子程序所在位置

图 7-8　中断处理过程

当处理器响应一个 IRQ 中断信号,并切换到 IRQ 模式的时候,此时 IRQ 线上中断信号挂起,如果 FIQ 线上有中断信号,则 CPU 会被直接打断,进入到 FIQ 模式,跳到相应的 FIQ 异常向量表处执行代码。然后 FIQ 线上中断信号挂起,无论新的 FIQ 或 IRQ 中断信号请求发出,都不会打断当前的 FIQ 中断处理。

因此得出一个结论,IRQ 模式只能被 FIQ 模式打断,FIQ 模式下谁也打不断。

7.6.2　处理器中断处理过程

这里以 IRQ 中断为例,说明 ARM 处理器的中断处理过程,整个流程如图 7-8 所示。

在 ARM 处理器收到中断请求信号后,硬件会自动将中断前的 CPSR 保存到 SPSR_irq,保存 PC 到 LR_irq,将 CPSR 的低 5 位设置为 0x12(IRQ 模式),并且关闭 IRQ 使能位(CPSR bit 7 置 1),然后 ARM 会将 PC 转到中断向量表的 0x18 偏移处，开始执行 IRQ 的入口函数，这个过程是处理器硬件自动完成跳转的。

在汇编启动函数中需要手动将入口函数放在中断向量表对应的位置。入口函数中主要包括保存现场寄存器(通常堆栈操作)，然后跳转到中断处理函数，以及返回现场。

中断处理函数中需要进行微处理器内核的中断初始化，设置 CPSR 中的 F 位和 I 位。建立中断向量地址表，弄清楚是哪个中断源发出中断请求，S5PV210 的做法就是遍历 VIC0IRQSTATUS～VIC3IRQSTATUS，若不为 0，代表该 VIC 有中断发生，跳转到对应的中断服务子程序中，完成具体操作功能的中断服务。中断服务子程序中，返回之前必须清除现场，返回中断前的状态。

7.6.3 中断处理编程

4 组按键，通过 GPIO 连接到 S5PV210 处理器的 GPH3_4、GPH3_5、GPH3_6、GPH3_7 引脚，如图 7-9 所示。

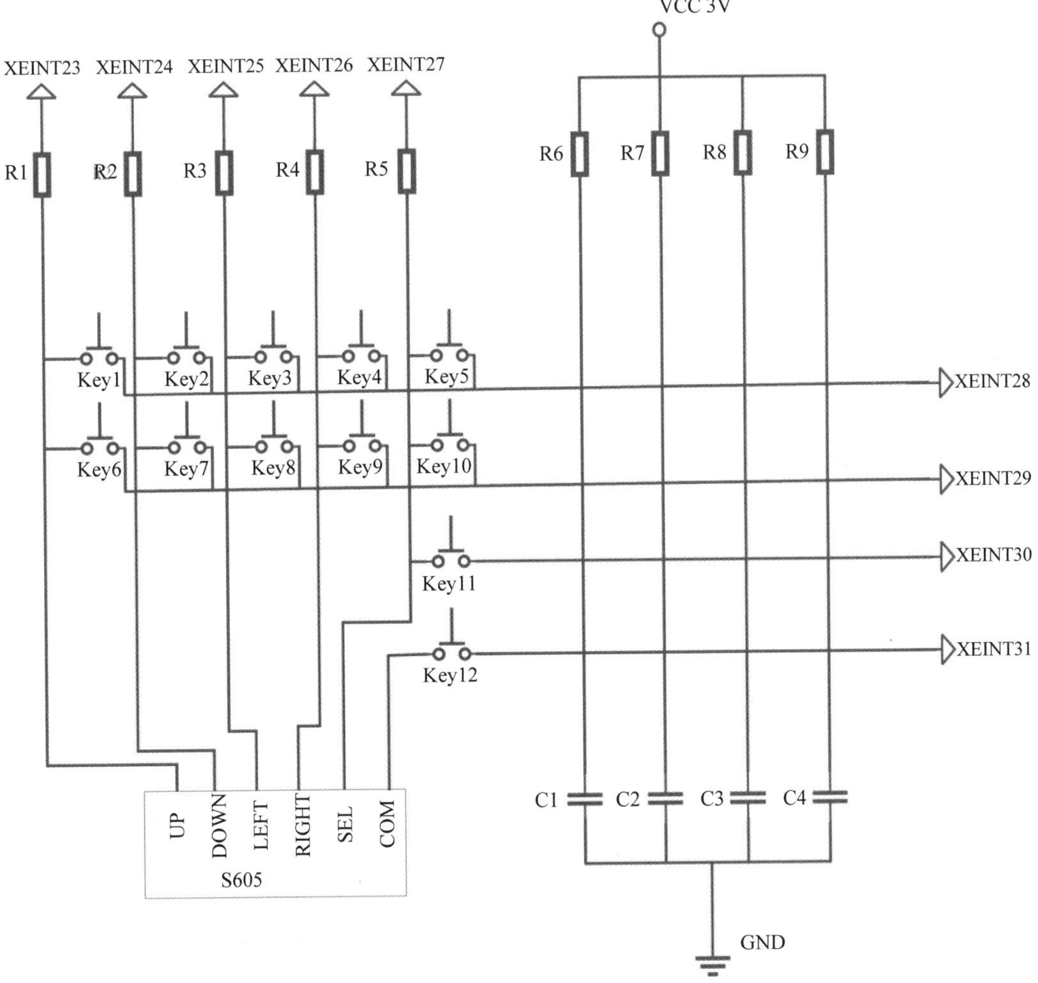

图 7-9 按键中断电路图

S5PV210 微处理器通过 VIC 简化中断处理编程。其主要的操作为使能 VIC、设置中断服务子程序(ISR)地址、将 GPIO 控制寄存器配置成中断引脚、配置中断方式、打开外部中断掩码、打开中断等。当系统产生中断后,由 VIC 直接跳转到指定的 ISR 地址。

按键中断编程具体流程图如图 7-10 所示。

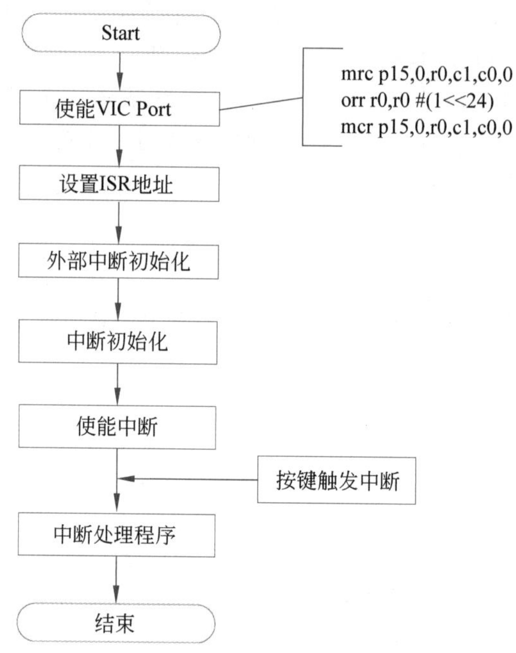

图 7-10　按键中断编程流程图

汇编文件 start.s 如下。

```
;/*    内存里直接启动时入口 */
    EXPORT    vic_enable
    EXPORT    irq_enable
    AREA  RESET, CODE, READONLY
    ENTRY
start
    ldr     PC, =ResetHandler              ;系统硬件复位
    ldr     PC, =UndHandler                ;未定义指定中断
    ldr     PC, =HandlerSWI                ;软件中断
    ldr     PC, =PAborthandler             ;取指令异常中断
    ldr     PC, =DAborthandler             ;取数据异常中断
    b.      ;handlerReserved
    ldr     pc, =IRQHandler                ;中断
    ldr     pc, =FIQHandler                ;快速中断

ResetHandler
...

   ldr    sp,=0x38000000                   ;设置栈以便调用 C 语言程序
      bl main
```

```
;/**定义中断向量表******************/
MAP Exception_Vector
HandleReset    #    4                          ;符号'#'则是 FIELD 伪操作
HandleUndef    #    4
HandleSWI      #    4
HandlePabort    #    4
HandleDabort    #    4
HandleReserved  #    4
HandleIRQ        #    4
HandleFIQ        #    4

    IRQHandler
;/* 保存用户寄存器 */
    ldr     sp, =0xd0038000
    sub     sp, sp, #72
    stmia sp, {r0 - r12}
    stmdb r8, {sp, lr}^
    str lr, [r8, #0]
    mrs r6, spsr
    str r6, [r8, #4]                           ;保存 CPRS
    str r0, [r8, #8]                           ;保存中断前 r0
    mov     r0, sp

    bl     ISR_irq

;/* 复原用户寄存器 */
    ldmia sp, {r0 - lr}^
    mov     r0, r0
    ldr     lr, [sp, #60]
    add     sp, sp, #72
    subs pc, lr, #4                            ;返回并将 SVC 模式下 SPSR 复制到 CPSR

irq_enable
    mrs     r0,cpsr
    bic     r0,r0,#(1<<7)
    msr     cpsr_c,r0
    mov pc,lr

irq_disable
    mrs     r0,cpsr
    orr     r0,r0,#(1<<7)
    msr     cpsr_c,r0
    mov pc,lr

vic_enable
    mrc p15, 0, r0, c1, c0, 0
    orr r0, r0, #(1<<24)
    mcr p15, 0, r0, c1, c0, 0
    mov pc,lr
```

```
vic_disable
    mrc p15, 0, r0, c1, c0, 0
    bic r0, r0, #(1<<24)
    mcr p15, 0, r0, c1, c0, 0
    mov pc,lr
```

C 语言文件如下。

```
/*****Main 函数********/
int main(void) {
    serial_initial();
    /* 中断相关初始化 */
    irq_initial();
    /* 按键初始化 */
    key_initial();
        while(1);

void serial_initial()

void irq_initial(void) {
int i;
/*选择中断类型,0 为 IRQ 中断,1 为 FIQ 中断*/
VIC0_INTSELECT = 0x00000000;
VIC1_INTSELECT = 0x00000000;
VIC2_INTSELECT = 0x00000000;
VIC3_INTSELECT = 0x00000000;
/*禁用所有中断*/
VIC0_INTENCLEAR = 0xffffffff;
VIC1_INTENCLEAR = 0xffffffff;
VIC2_INTENCLEAR = 0xffffffff;
VIC3_INTENCLEAR = 0xffffffff;
/*将 VIC 向量地址全部清零*/
VIC0_ADDRESS = 0x00000000;
VIC1_ADDRESS = 0x00000000;
VIC2_ADDRESS = 0x00000000;
VIC3_ADDRESS = 0x00000000;

    for (i = 0; i< 32; i++) {
        *((volatile unsigned *)( VIC0_VECTADDR0 + 4 * i)) = 0x00000000;
        *((volatile unsigned *)( VIC1_VECTADDR0 + 4 * i)) = 0x00000000;
        *((volatile unsigned *)( VIC2_VECTADDR0 + 4 * i)) = 0x00000000;
        *((volatile unsigned *)( VIC3_VECTADDR0 + 4 * i)) = 0x00000000;
    }
}

Void key_initial{
EXT_INT_3_CON= EXT_INT_3_CON& ~(0x7777<<16)) | (0x2222<<16));
EXT_INT_3_MASK=S5PV210_EXT_INT_3_MASK & ~(0xf<<4));
    request_irq(NUM_EINT16_31, irs_key);    //irs_key 中断服务子程序,略
    enable_irqs(NUM_EINT16_31,1);
```

```
    /* 设置 GPH3_4~GPH3_7 引脚外部中断,上拉使能 */
    GPH3CON=GPH3CON)|0xffff0000;
    GPH3PUD=GPH3PUD&0xff|0xAA00;
}

/*:申请中断,设置中断处理函数的地址**/
int request_irq(unsigned int irq, void (*isr)(void)) {
    if (irq<32) /* VIC0 */
    {    if (*((volatile unsigned *)( VIC0_VECTADDR0 + 4*irq)) == 0x00000000)
        *((volatile unsigned *)( VIC0_VECTADDR0 + 4*irq)) = (unsigned)isr;
      else
        return 0;
    } else if (irq<64) /* VIC1 */
    {VIC1,VIC2,VIC3 相似}
    return 1;
}

/* 释放中断 */
void free_irq(unsigned int irq) {
    if (irq<32) /* VIC0 */
    {
        *((volatile unsigned *)(VIC0_VECTADDR0 + 4*irq)) = 0x00000000;
    } else if (irq<64)
    { VIC1,VIC2,VIC3 相似}
}

/*打开或关闭中断*/
void enable_irqs(unsigned int irq, unsigned int enable)
{unsigned int irq_no = irq;
    if (irq_no < 32) {
        if (enable=1)
            VIC0_INTENABLE =VIC0_INTENABLE|(0x1<<irq_no);
        else
            VIC0_INTENCLEAR =VIC0_INTENCLEAR|(0x1<<irq_no);
    } else if
    { *VIC1\VIC2 和 VIC3 略}
}

/****中断处理程序*************/-
void ISR_irq(void) {
    void (*isr)(void)= NULL;
    /*读取 VIC 的 IRQ 状态寄存器值*/
    if (S5PV210_VIC0_IRQSTATUS != 0) {
        /*装载中断服务程序*/
        isr = (void (*)(void))S5PV210_VIC0_ADDRESS;

        /*将 VIC0 地址清零*/
        S5PV210_VIC0_ADDRESS = 0x00000000;
    } else if (略)
 {*VIC1\VIC2 和 VIC3 同 VIC0 处理方式相同};
```

```
    } else /* 将 VIC 向量地址清零 */
    {   VIC0_ADDRESS = 0x00000000;
        VIC1_ADDRESS = 0x00000000;
        VIC2_ADDRESS = 0x00000000;
        VIC3_ADDRESS = 0x00000000;
    }
    if (isr != NULL)
        (*isr)();     /* 调用中断处理函数 */}
}
```

7.7 本章小结

本章介绍了 S5PV210 微处理器异常的中断处理机制,包括软件中断和硬件中断,分别介绍了软件中断和硬件中断的概念和使用方法;重点介绍了 S5PV210 的硬件中断——IRQ 中断和 FIQ 中断的中断响应与退出步骤,从中断发起到中断响应依次介绍了外部中断源的产生,VIC 向量中断控制器对 S5PV210 的中断源识别,以及处理器内核如何进行中断处理。以外部中断为例,介绍了相关的寄存器和 VIC 的相关寄存器;最后通过外部按键中断实例介绍了中断的具体编程方法。

7.8 练习

1. 简述轮询和中断的特点。
2. 什么是异常向量表,异常向量表的作用是什么?
3. 软件中断是通过什么方式获取的?
4. 硬件中断是通过什么方式获取的?
5. 向量中断控制器是什么?在中断过程中的作用是什么?
6. 软件中断和向量控制器中断源中的软件中断有什么区别?
7. IRQ 中断和 FIQ 中断发生时,处理器进行哪些工作?
8. 中断处理完毕后,处理器是如何回到原来的程序断点处的?
9. FIQ 为什么比 IRQ 响应快?
10. S5PV210 的中断处理过程是怎样的?

第 8 章 chapter 8

定　时　器

定时器可以让 SoC 在执行主程序的同时，可以(通过定时器)具有计时功能，计时结束，定时器会产生中断提醒 CPU，CPU 会去处理中断并执行定时器中断的 ISR，从而去执行预先设定好的事件。由于定时时长是计数值和计数时间周期的乘积，所以定时器必然包括两个组成部分——分频器和计数器。本章先介绍 S5PV210 的时钟体系，了解时钟频率的作用范围，然后介绍 S5PV210 中的 3 种时钟：脉宽调制(PWM)定时器、看门狗(Wathcdog)定时器和实时时钟(RTC)定时器。

8.1　S5PV210 的时钟体系

时钟是同步工作系统的同步节拍，时钟的快慢就是我们常说的工作频率，以赫兹(Hz)为单位。时钟系统指导器件的运行，分析器件的工作特性时，常会看器件的时序图，时序图中的时钟周期就是由时钟系统来决定的。

一般来说，MCU 的主时钟源主要是外部晶振或外部时钟，而用得最多的是外部晶振。在正常情况下，系统内所使用的时钟都是外部时钟源经过一定处理得到的，由于外部时钟源的频率一般不能满足系统所需要的高频条件，所以往往需要 PLL 进行倍频处理。

S5PV210 包括 3 个时钟域，即主要系统 MSYS、显示系统 DSYS 和外围系统 PSYS，如图 8-1 所示。

MSYS 域包括 Cortex-A8 处理器、DRAM 内存控制器、3D、内部存储器、芯片配置界面。Cortex-A8 只支持同步模式，因此它必须与 200MHz AXI 总线同步操作。

DSYS 域包含显示相关模块，包括 FIMD、FIMC、JPEG 多媒体。

PSYS 域用于安全子系统、I/O 外设和低功耗音频播放。

每个总线系统操作在 200MHz、166Hz 和 133Hz，分别有异步总线桥梁在两个不同的领域。

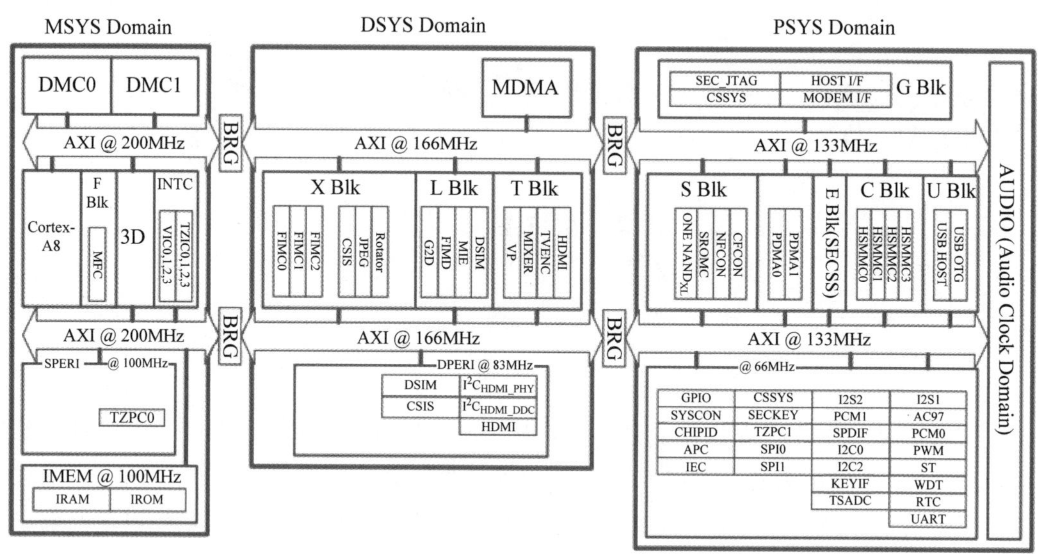

图 8-1 S5PV210 的时钟域

8.2 PWM 定时器

8.2.1 PWM 定时器概念

PWM 定时器

脉冲宽度调制(Pulse Width Modulation,PWM)是一种对模拟信号电平进行数字编码的方法。PWM 控制方式就是对逆变电路开关器件的通断进行控制,使输出端得到一系列幅值相等的脉冲,用这些脉冲代替正弦波或所需要的波形,这些波形是占空比可变的脉冲波形。

PWM 波的两个重要概念如下。

- 周期 T:PWM 波是周期性的波形,每个周期由一段高电平和一段低电平组成。
- 占空比 Duty:就是一个周期内高电平的时间除以周期时间的商。

在 S5PV210 中,PWM 定时器是能够输出 PWM 波形的通用定时器。

图 8-2 为一个 PWM 波占空比。

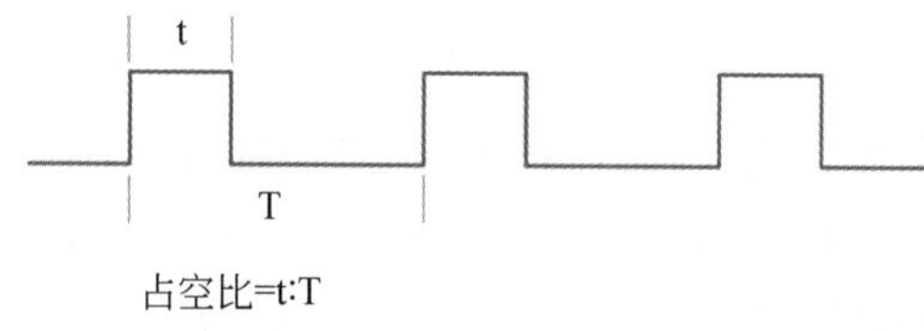

图 8-2 PWM 波占空比

8.2.2 S5PV210 的 PWM 定时器

1. PWM 定时器通道

S5PV210 有 5 个 32 位 PWM 定时器。这些定时器为 ARM 分系统产生内部中断。

此外,定时器 0、1、2、3 包含一个 PWM 功能模块,用于驱动外部 I/O 信号。定时器 0 中的 PWM 可选择的死区发生器,能够支持一个大电流设备。定时器 4 是没有外部引脚的内部定时器。图 8-3 为 S5PV210 的 PWM 定时器结构图。

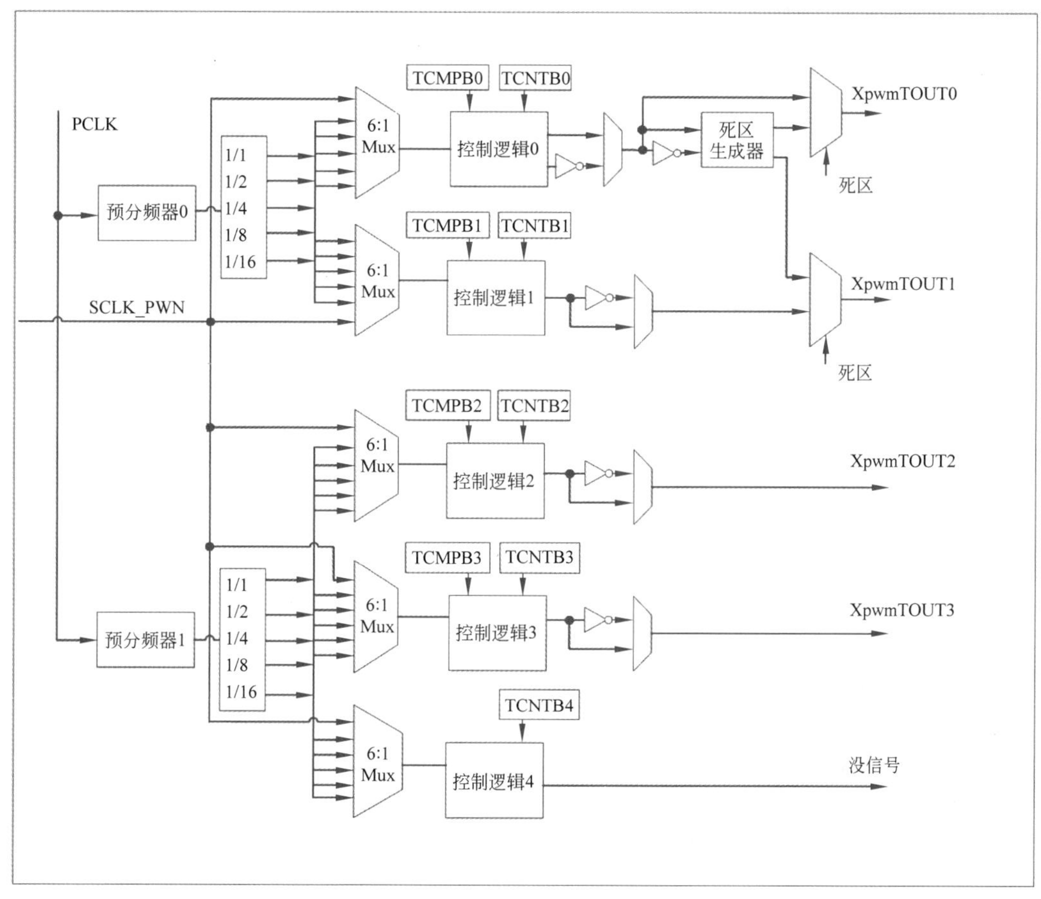

图 8-3　S5PV210 的 PWM 定时器结构图

定时器将 APB 总线上的 PCLK 作为时钟源。

定时器 0 和 1 共用一个可编程 8 比特分频器,该分频器为 PCLK 提供第一层分频,也叫预分频器(PRESCALER)。

定时器 2、3、4 共用一个不同的 8 比特分割器(MUX)。每个定时器有自己的专用时钟分频器,用于提供第二层的时钟分频器(分频器分为 2、4、8、16 分频)。

每一个定时器有自己的由定时器时钟分频得到的 32 比特减法计数器。减法计数器最初从定时器计数缓存寄存器(TCNTBn)中得到初值,然后在定时器时钟控制下进行减法操作。在自动重载工作状态,如果减法计数器降到 0,TCNTBn 相应的值会重载到减法计数器启动下一个循环。

PWM 功能要用到比较缓存寄存器(TCMPBn)的值。如果在定时器控制逻辑下,减法计数器的值与比较寄存器的值相匹配,定时器逻辑会改变输出电平。因此,比较缓存寄存器决定了 PWM 输出的开启和关闭时间。

TCNTBn 和 TCMPBn 寄存器都是双缓存配置,能够使定时器参数在循环的中间得到更新。新的数值直到当前时钟循环完成后才会起作用。

2. PWM 定时器工作模式

PWM 定时器有两种工作模式，即自动重载和单次脉冲。

- 自动重载模式下，根据程序占空比和极性产生连续的脉冲信号。
- 单次脉冲模式下，根据程序占空比和极性只产生一个 PWM 信号。

3. PWM 定时器组成

一个 PWM 定时器的组成包括减法计数器、初值寄存器、比较寄存器、观察寄存器和控制逻辑 5 部分，如图 8-4 所示。

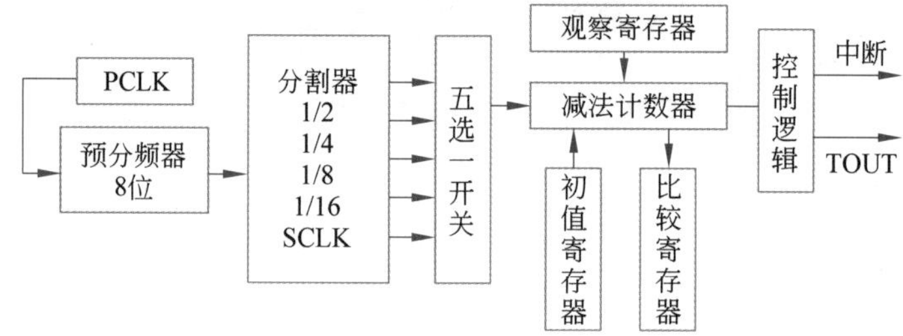

图 8-4　S5PV210 的 PWM 定时器组成框图

如果分割器不直接选择 SCLK，则输入时钟频率的公式为

输入时钟频率＝PCLK/(预分频器值＋1)/(分割器划分值)

预分频器为 8 位，所以取值范围为 0～255。

分割器划分根据设置可以取 2,4,8,16。

一个 8 位预分频器和 4 位分割器提供以下输出频率/周期，如表 8-1 所示。

表 8-1　PWM 定时器输出频率

分割器取值	最小分辨率	最大分辨率	最大周期
1	0.030μs(33.0MHz)	3.879μs(257.8KHz)	16659.27s
2	0.061μs(16.5MHz)	7.758μs(128.9KHz)	33318.53s
4	0.121μs(8.25MHz)	15.515μs(64.5KHz)	66637.07s
8	0.242μs(4.13MHz)	31.03μs(32.2KHz)	133274.14s
16	0.485μs(2.06MHz)	62.061μs(16.1KHz)	266548.27s

4. PWM 定时器时序

PWM 定时器操作的基本流程如图 8-5 所示。

定时器(除定时器通道 4 外) 包括 TCNTBn、TCNTn、TCMPBn 和 TCMPn。当定时器清零时，TCNTBn 和 TCMPBn 载入 TCNTn 和 TCMPn 中。当 TCNTn 清零时，如果中断信号启动，则将产生中断请求。TCNTn 和 TCMPn 是内部寄存器的名称，可以从 TCNTOn 寄存器中读取 TCNTn 寄存器。

5. 自动重新加载和双缓冲

定时器有一个双缓冲功能，在没有停止当前定时器操作基础上，它可以改变加载数值以适合于下一个定时器的操作。虽然新的定时器值被设定，但当前定时器的操作已经被成功完成。定时器的值可以被写入 TCNTBn(即定时器计数缓存寄存器)，以及定时器

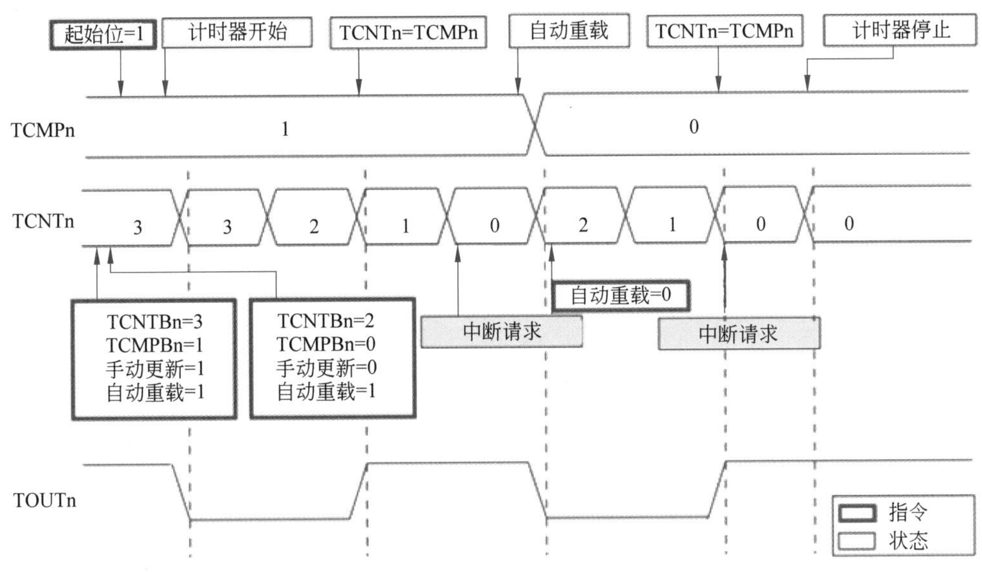

图 8-5 S5PV210 的 PWM 定时器时序图

的当前计数器值从 TCNTOn(即定时器计数观察寄存器)中被读取。如果读 TCNTBn，这个值是下一个定时器的重载值不是当前计数器的状态。自动重新加载是一个操作，当 TCNTn 清零时，它复制 TCNTBn 到 TCNTn。值写入 TCNTBn，当 TCNTn 达到“0”并自动重新启动时，它只能被加载到 TCNTn 中。图 8-6 为 PWM 定时器双缓冲功能的框图，图 8-7 为 PWM 定时器双缓冲功能的时序图示例。

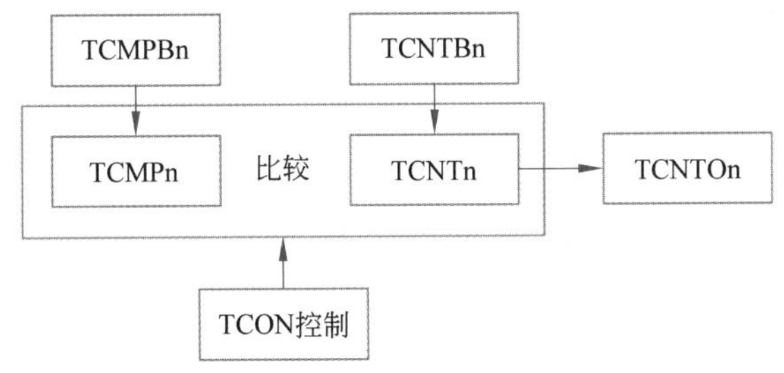

图 8-6 S5PV210 的 PWM 定时器双缓冲功能

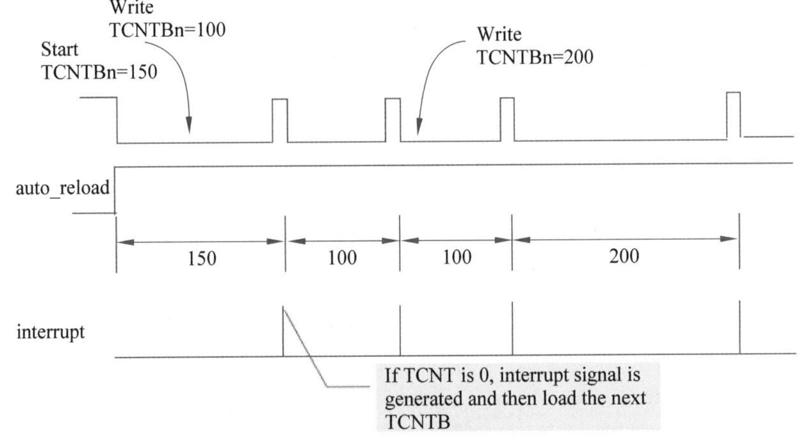

图 8-7 S5PV210 的 PWM 定时器双缓冲功能时序图示例

6. 定时器操作

图 8-8 显示了 PWM 定时器的实例操作过程。

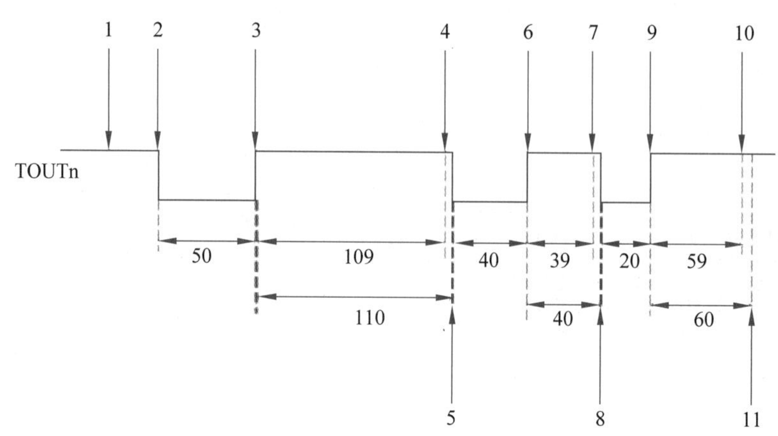

图 8-8　PWM 定时器操作实例

① 启用自动重新加载功能。设置 TCNTBn 为 159(即 50＋109),TCMPBn 为 109。设置手动更新位和反转位(开/关)。该手动更新位设置 TCNTn 和 TCMPn 为 TCNTBn 和 TCMPBn 的值。然后,设置 TCNTBn 和 TCMPBn 为 79(即 40＋39) 和 39,以确定下一个重新加载的值。

② 启动定时器,即设置启动位和关闭手动更新位。

③ 当 TCNTn 和 TCMPn 有相同值时,TOUTn 的逻辑电平由低变为高。

④ 当 TCNTn 达到"0"时,TCNTn 和 TCNTBn 自动重装,在同一时间产生中断请求。

⑤ 在 ISR(即中断服务程序)中,TCNTBn 和 TCMPBn 被设置为 79(即 20＋59)和 59,它被用于下一个持续时间。

⑥ 当 TCNTn 和 TCMPn 有相同值时,TOUTn 的逻辑电平由低变为高。

⑦ 当 TCNTn 达到"0"时,TCNTn 和 TCNTBn 自动重装,在同一时间产生中断请求。

⑧ 在 ISR 中,自动重新加载并且中断请求被禁止,以便停止定时器。

⑨ 当 TCNTn 和 TCMPn 有相同值时,TOUTn 的逻辑电平由低变为高。

⑩ 当 TCNTn 达到"0"时,TCNTn 没有任何更多的重载,因为自动重载被禁止而使定时器被停止,没有产生中断请求。

7. 初始化定时器

因为 TCNTn 达到"0"时,定时器发生自动重载操作,所以用户必须首先设置 TCNTn 的初始值。可以采取下列步骤启动定时器。

① 写初始值到 TCNTBn 和 TCMPBn 中。

② 设置相应定时器的手动更新位(建议设置逆变器的开/关位(即是否启动逆变器))。

③ 设置相应定时器的起始位去启动定时器,并清空手动更新位。

PWM 功能应使用 TCMPBn。

TCNTBn 决定 PWM 的频率。

TCMPBn 决定 PWM 的值。

如果需要较高的 PWM 值,则减少 TCMPBn 值;如果需要较低的 PWM 值,则增加 TCMPBn 值。

8. 输出电平控制

在 TCON 中,通过逆变器的开/关位,TOUTn 可以被转换。逆变器移除额外的电路以调节输出电平。

8.2.3 S5PV210 PWM 定时器相关寄存器

PWM 定时器相关寄存器

为了控制 PWM 的功能,S5PV210 PWM 定时器提供了 18 个特殊的功能寄存器。PWM 是一个可编程输出,双时钟输入的 AMBA 从模块,并连接到先进的外围总线(APB)。

PWM 定时器相关的寄存器有 TCFG0、TCFG1、TCON、TCNTBn、TCMPBn 和 TCNTOn。如表 8-2 所示,前两个是定时器配置寄存器,主要用来设置预分频值和分割器(MUX)值。第 3 种是控制寄存器,主要用来设置各定时器功能,第 4 种是计数缓存寄存器,第 5 种是比较缓存寄存器,第 6 种是计数观察寄存器。

表 8-2 PWM 定时器寄存器列表

寄存器	描 述	重 置 值
TCFG0	定时器配置寄存器 0,用来配置 2 个预分频器和死区的长度	0x0000_0101
TCFG1	定时器配置寄存器 1,控制 5 个 MUX 选择位	0x0000_0000
TCON	定时器控制寄存器	0x0000_0000
TCNTB0	定时器 0 计数缓冲寄存器	0x0000_0000
TCMPB0	定时器 0 比较缓冲寄存器	0x0000_0000
TCNTO0	定时器 0 计数观察寄存器	0x0000_0000
TCNTB1	……	……

1. 定时器配置寄存器 0——TCFG0

定时器配置寄存器 TCFG0,用来配置 2 个预分频器和死区长度的寄存器,如表 8-3 所示。

表 8-3 定时器配置寄存器 TCFG0 的位说明

TCFG0	位	描 述	初始状态
保留	[31:24]	保留位	0x00
死区长度	[23:16]	死区长度	0x00
预分频器 1	[15:8]	定时器 2、3、4 的预分频器 1 的值	0x01
预分频器 0	[7:0]	定时器 0,1 的预分频器 0 的值	0x01

注意:如果死区长度设置为 n,则真正死区长度为 n+1(n=0~254)。

2. 定时器配置寄存器 1——TCFG1

定时器配置寄存器 TCFG1 用来配置每个定时器独有的分割器的值,如表 8-4 所示。

表 8-4 定时器配置寄存器 TCFG1 的位说明

TCFG1	位	描　　述	初始状态
保留	[31:20]	保留位	0x00
分割器 MUX4	[19:16]	为 PWM 定时器 4 选择 Mux 输入 0000=1/1; 0001=1/2; 0010=1/4; 0011=1/8; 0100=1/16; 1010=SCLK_PWM	0x00
分割器 MUX3	[15:12]	为 PWM 定时器 3 选择 Mux 输入 0000=1/1; 0001=1/2; 0010=1/4; 0011=1/8; 0100=1/16; 1010=SCLK_PWM	0x00
分割器 MUX2	[11:8]	为 PWM 定时器 2 选择 Mux 输入 0000=1/1; 0001=1/2; 0010=1/4; 0011=1/8; 0100=1/16; 1010=SCLK_PWM	0x00
分割器 MUX1	[7:4]	为 PWM 定时器 1 选择 Mux 输入 0000=1/1; 0001=1/2; 0010=1/4; 0011=1/8; 0100=1/16; 1010=SCLK_PWM	0x00
分割器 MUX0	[3:0]	为 PWM 定时器 0 选择 Mux 输入 0000=1/1; 0001=1/2; 0010=1/4; 0011=1/8; 0100=1/16; 1010=SCLK_PWM	0x00

3. 定时器控制寄存器 TCON

定时器控制寄存器 TCON 控制定时器的工作模式、定时器启停等,如表 8-5 所示。复位后的初始值为 0x00000000。

表 8-5 定时器控制寄存器 TCON 的位说明

TCON	位	描　　述	初始状态
保留	[31:23]	保留位	0x0
定时器 4 自动重载 开启/关闭	[22]	0=单触发 1=间隔模式(自动重载)	0x0
定时器 4 手动更新	[21]	0=无操作,1=更新 TCNTB4	0x0
定时器 4 开启/停止	[20]	0=停止,1=启动定时器 4	0x0
定时器 3 自动重载 开启/关闭	[19]	0=单触发 1=间隔模式(自动重载)	0x0
定时器 3 输出反相器 开启/关闭	[18]	0=反相器关闭 1=TOUT_3 反相器开启	0x0
定时器 3 手动更新	[17]	0=无操作,1=更新 TCNTB3	0x0
定时器 3 开启/停止	[16]	0=停止,1=启动定时器 3	0x0
定时器 2 自动重载 开启/关闭	[15]	0=单触发 1=间隔模式(自动重载)	0x0
定时器 2 输出反相器 开启/关闭	[14]	0=反相器关闭 1=TOUT_2 反相器开启	0x0

续表

TCON	位	描　述	初始状态
定时器 2 手动更新	[13]	0=无操作 1=更新 TCNTB2、TCMPB2	0x0
定时器 2 开启/停止	[12]	0=停止,1=启动定时器 2	0x0
定时器 1 自动重载 开启/关闭	[11]	0=单触发 1=间隔模式(自动重载)	0x0
定时器 1 输出反相器 开启/关闭	[10]	0=反相器关闭 1=TOUT_1 反相器开启	0x0
定时器 1 手动更新	[9]	0=无操作 1=更新 TCNTB1、TCMPB1	0x0
定时器 1 开启/停止	[8]	0=停止,1=启动定时器 1	0x0
保留	[7:5]	保留位	0x0
死区 允许/禁止	[4]	死区生成器允许/禁止	0x0
定时器 0 自动重载 开启/关闭	[3]	0=单触发 1=间隔模式(自动重载)	0x0
定时器 0 输出反相器 开启/关闭	[2]	0=反相器关闭 1=TOUT_0 反相器开启	0x0
定时器 0 手动更新	[1]	0=无操作 1=更新 TCNTB0、TCMPB0	0x0
定时器 0 开启/停止	[0]	0=停止,1=启动定时器 0	0x0

4. 定时器 n 计数缓冲寄存器 TCNTBn(n:0～4)

定时器 n 计数缓冲寄存器 TCNTBn 用于定时器 n 的时间计数值的设置,如表 8-6 所示。初始值为 0x00000000。该寄存器值在定时器启动时被送入减法计数器中,作为初值开始减法计数。在定时器启动周期内改变该寄存器的值不会影响当前的定时器工作,改变的值在定时器减至 0 并开始下一次定时操作时才会生效。

表 8-6　定时器 n 计数缓冲寄存器 TCNTBn(n:0～4)的位说明

TCNTBn	位	描　述	初始状态
定时器 n 计数缓冲	[31:0]	定时器 n 计数缓冲寄存器	0x000000000

5. 定时器 n 比较缓冲寄存器 TCMPBn(n:0～4)

该寄存器用于 PWM 波形输出占空比的设置,如表 8-7 所示,初始值为 0x00000000。在定时器工作时,若减法计数器的值与该比较缓冲寄存器的值相匹配,定时器会改变输出电平。因此,比较缓冲寄存器决定了 PWM 输出的开启和关闭时间。

表 8-7　定时器 n 比较缓冲寄存器 TCMPBn(n:0～4)的位说明

TCMPBn	位	描　述	初始状态
定时器 n 比较缓冲	[31:0]	定时器 n 计数比较寄存器	0x00000000

6. 定时器 n 计数观察寄存器 TCNTOn(n:0～4)

该寄存器用于观察 PWM 定时器当前定时值,如表 8-8 所示。减法计数器当前计数值只能通过该观察寄存器读取。

表 8-8　定时器 n 观察寄存器 TCNTOn(n:0～4)的位说明

TCNTOn	位	描　述	初始状态
定时器 n 计数观察	[31:0]	定时器 n 计数观察值	0x00000000

8.2.4 S5PV210 PWM 定时器编程

这里使用 timer0 进行计时,并产生中断信号绑定中断服务子程序,与中断相关的设置请参考第 7 章。

```
/* * TIMER0 定时器寄存器初始化 *  */
void timer0_init
(unsigned long uprescaler, unsigned long udivider,
       unsigned long utcntb, unsigned long utcmpb)

{
unsigned long temp0;

    /* 设置预分频系数为 */
    temp0 = TCFG0;
    temp0 = (temp0 & (~(0xff00ff))) | ((uprescaler-1)<<0);
    TCFG0=temp0;

    /* 16 分频 */
    temp0 = TCFG1;
    temp0 = (temp0 & (~0xf)) | udivider;
    TCFG1=temp0;

    /* 1s = 62500hz */
    TCNTB0=utcntb;
    TCMPB0=utcmpb;

    /* 手动更新 */
    TCON=TCON|(1<<1));

    /* 清除手动更新位 */
    TCON,=TCON&(~(1<<1)));

    /* 自动加载和启动 TIMER0 */
    TCON=TCON|(1<<0)|(1<<3));

    /* 使能 TIMER0 中断 */
    temp0 = TINT_CSTAT;
    temp0 = (temp0 & (~(1<<0)))|(1<<0);
```

```
    TINT_CSTAT=temp0;
}

/*******定时器初始化*****************/
void s5pv210_timer_initial(void)
{
    /* 禁止所有 Timer */
    TCON=0x00;

    /* 设置 timer0 中断的中断处理函数 */
    request_irq(NUM_TIMER0,irs_timer);   //irs_timer 定时器中断服务子程序,略

    /* 使能 TIMER0 中断 */
    enable_irqs(NUM_TIMER0,TRUE);

    /* TIMER0 定时 */
    timer0_init(65, 4, 62500, 31250);
}
```

8.3 看门狗定时器

8.3.1 看门狗定时器概念

看门狗定时器(WDT,Watch Dog Timer)实际上是一个计数器,一般给看门狗定时器一个数字,程序开始运行后看门狗定时器开始计数。如果程序运行正常,过一段时间CPU应发出指令让看门狗定时器置零,重新开始计数。如果看门狗定时器增加到设定值可以认为程序没有正常工作,产生系统复位信号(Reset Signal)。

看门狗定时器

8.3.2 S5PV210 的看门狗定时器

看门狗定时器是S5PV210中的一个定时设备,它可以在由于噪音和系统错误等引起的故障后恢复系统操作。看门狗定时器还能被作为一个内部的16位定时器完成请求中断服务。看门狗定时器也能产生一个复位信号。S5PV210上的看门狗定时器相当于一个普通的16位的定时器,它与PWM定时器的区别是看门狗定时器可以产生复位信号而PWM定时器不能。

看门狗定时器的关键特性如下。

- 支持正常的内部定时模式并产生中断请求。
- 如果内部计数器的值到达0就会激活内部复位信号。
- 支持电平触发中断机制。

看门狗定时器框图如图8-9所示。

PCLK为系统时钟,看门狗定时器的时钟由PCLK经过预分频后再分割得到。预分频器的值和频率分割因子可由看门狗定时器的控制寄存器(WTCON)进行编程设定,可选范围是0～255。频率分割因子可选择的值为16、32、64、128。

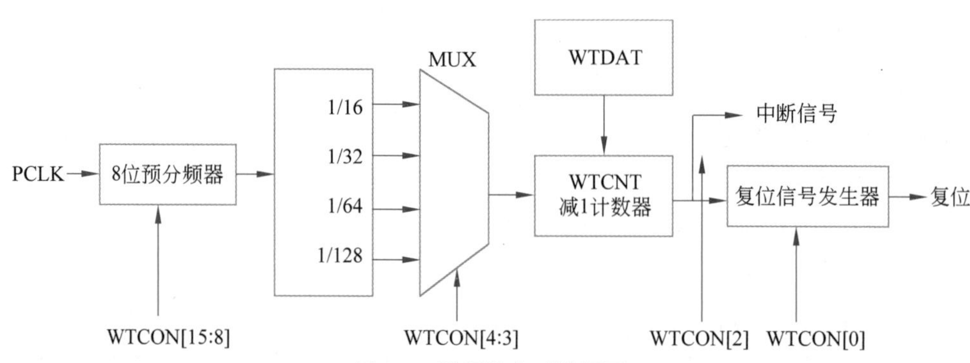

图 8-9 看门狗定时器框图

下面给出计算看门狗定时器的计数时钟周期公式,即

T_watchdog=1/[PCLK/(预分频器值+1)/分割器划分值]

看门狗定时器在计数器变为 0 时,会产生一个宽度为 128 个 PCLK 的复位脉冲信号。

程序在正常工作时,应该定期将看门狗定时器重置。如果程序进入错误地址或死循环,则看门狗定时器清零时会将系统复位,防止应用系统出现死机。

看门狗定时器第一次被使能时,WTDAT 寄存器的值不能自动加载进 WTCNT 中,所以在开始使用看门狗定时器之前,必须给 WTCNT 寄存器装入初值。

开启开门狗,设置 WTCON[0] 和 WTCON[5]这两个位为 1。

考虑调试的环境,如果 S5PV210 在使用 ICE 调试时,看门狗定时器不能运行。看门狗定时器根据 CPU 内核的信号(即 DBGACK 信号)确定当前是否为调试模式。一旦出现 DBGACK 信号,看门狗定时器默认复位输出信号不被激活。

8.3.3 S5PV210 看门狗定时器相关寄存器

1. 看门狗定时器控制寄存器 WTCON

看门狗定时器控制寄存器 WTCON 的内容包括用户是否启用看门狗定时器、4 个分频比的选择、是否允许中断产生、是否允许复位操作等。如果用户想把看门狗定时器当作一般定时器使用,应该中断使能,禁止看门狗定时器复位。看门狗定时器控制寄存器 WTCON 的具体定义如表 8-9 所示。

表 8-9 看门狗定时器控制寄存器 WTCON 的位说明

WTCON	位	描 述	初始状态
保留	[31:16]	保留	0
预分频器值	[15:8]	预分频器值有效范围为 $0\sim(2^8-1)$	0x80
保留	[7:6]	保留正常操作下这两位为 00	00
看门狗定时器	[5]	允许或禁止看门狗定时器位,0=禁止,1=允许	1
时钟选择	[4:3]	决定时钟分频值,00:16;01:32;10:64;11:128	00
中断生成	[2]	允许或禁止中断位,0=禁止,1=允许	0
保留	[1]	保留正常操作下该位为 0	0
重置允许/禁止	[0]	允许或禁止看门狗定时器输出位用于重置信号,1=看门狗超时时允许 S5PV210 重置信号,0=禁止看门狗定时器的重置功能	1

2. 看门狗定时器数据寄存器 WTDAT

看门狗定时器数据寄存器 WTDAT 用于指定超时时间，在初始化看门狗定时器操作后，看门狗定时器数据寄存器的值不能被自动加载到看门狗定时器计数寄存器（WTCNT）中。然而，初始值 0x8000 可以自动加载 WTDAT 的值到 WTCNT 中。看门狗定时器数据寄存器 WTDAT 的具体定义如表 8-10 所示。

表 8-10　看门狗定时器数据寄存器 WTDAT 的位说明

WTCNT	位	描　述	初始状态
保留	[31:16]	保留	0
计数重载值	[15:0]	用于重载的看门狗定时器位计数值	0x8000

3. 看门狗定时器计数寄存器 WTCNT

看门狗定时器计数寄存器 WTCNT 包含看门狗定时器工作时计数器的当前计数值。注意，在初始化看门狗定时器操作后，看门狗定时器数据寄存器的值不能被自动加载到 WTCNT 中，所以看门狗计数器被允许之前应该初始化看门狗计数寄存器的值。表 8-11 是看门狗定时器计数寄存器 WTCNT 的位说明。

表 8-11　看门狗定时器计数寄存器 WTCNT 的位说明

WTCNT	位	描　述	初始状态
保留	[31:16]	保留	0
计数值	[15:0]	看门狗定时器的目前计数值	0x8000

8.3.4 S5PV210 看门狗定时器编程

使用看门狗定时器产生中断的 C 语言程序部分如下。

```
//初始化 WDT 使之可以产生中断
void wdt_init_interrupt(void)
{
    //第一步,设置好预分频器和分割器,得到时钟周期是 128us
    rWTCON &= ~(0xff<<8);
    rWTCON |= (65<<8);                  //1MHz

    rWTCON &= ~(3<<3);
    rWTCON |= (3<<3);                   //1/128 MHz, T = 128us

    //第二步,设置中断和复位信号的使能或禁止
    rWTCON |= (1<<2);                   //使能看门狗
    rWTCON &= ~(1<<0);                  //禁用看门狗

    //第三步,设置定时时间
    //WDT 定时计数个数,最终定时时间为这里的值×时钟周期
    //rWTDAT = 10000;                   //定时 1.28s
    //rWTCNT = 10000;                   //定时 1.28s
```

```
    //WTDAT 中的值不会自动到 WTCNT 中去,如果不显式设置 WTCON 中的值,它的值就是
    //默认值,然后以这个默认值开始计数,时间比较久。如果显式地
    //设置了 WTCNT 和 WTDAT 一样的值,则第一次的定时值就和后面一样
    rWTDAT = 1000;                //定时 0.128s
    //rWTCNT = 1000;              //定时 0.128s

    //第四步,先把所有寄存器都设置好之后,再开启看门狗
    rWTCON |= (1<<5);             //使能看门狗
}

//wdt 的中断处理程序
void isr_wdt(void)
{
    static int i = 0;
    //看门狗定时器计时结束启动中断处理程序
    printf("wdt interrupt, i = %d...", i++);

    //清中断
    intc_clearvectaddr();
    rWTCLRINT = 1;
}
```

8.4 RTC

8.4.1 RTC 概念

实时时钟(REAL TIMER CLOCK,RTC)单元可以为嵌入式系统其提供可靠的时钟,包括时、分、秒和年、月、日。当系统电源关闭时,RTC 单元可以使用备用电池工作。虽然电源关闭,备用电池可以按秒,分钟,小时,星期几,日,月和年存储时间数据。RTC 单元与外部晶振一起工作,并执行警报功能。

8.4.2 S5PV210 的 RTC

RTC 控制器可以将年、月、日、时、分、秒、星期等信息的 8 位数据以 BCD 码格式输出。它由外部时钟驱动工作,外部时钟频率一般为 32.768kHz,同时 RTC 控制器还具有报警功能。

S5PV210 微处理器的 RTC 控制器特性如下。

- 支持 BCD 编号,即秒,分钟,小时,星期几,日,月和年。
- 支持闰年生成器。
- 支持警报功能,即警报中断或从断电模式唤醒(空闲,深度空闲,停止,深度停止和睡眠)。
- 支持滴答计数器功能,即滴答中断或从断电模式唤醒(空闲,深度空闲,停止,深度停止和睡眠)。
- 支持独立电源引脚(RTCVDD)。

- 支持 RTOS 内核时间刻度的毫秒刻度时间中断。

S5PV210 微处理器的 RTC 控制器框图如图 8-10 所示。

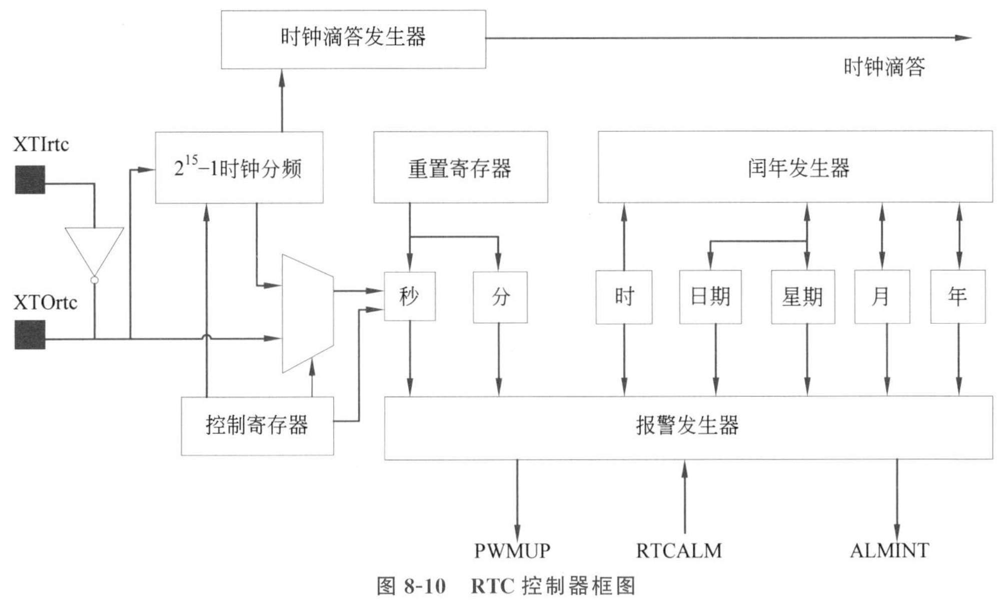

图 8-10 RTC 控制器框图

其中,XTIrtc、XTOrtc 是外部时钟引脚,一般外接 32.768kHz 的晶振,为 RTC 内部提供基准工作频率。

1. 闰年生成器

闰年生成器确定 28、29、30 或 31 中每个月的最后一天。这是根据 BCDDAY, BCDMON 和 BCDYEAR 中的数据计算得出的。该块在决定一个月的最后一天时会考虑闰年。

注意:BCDYEAR 寄存器为 12 位宽。它最多可以表示 3 个 BCD 数字。千位数的隐式数量为 2。因此,它可以表示从 400×n 到 400×n+999(n=0、1、2、3、4、5…)的年份。

2. 读/写寄存器

要将 BCD 寄存器写入 RTC 块,请设置 RTCCON 寄存器的位 0。要显示秒、分钟、小时、星期几、日、月和年,CPU 应该分别在 RTC 块中读取 BCDSEC, BCDMIN, BCDHOUR, BCDDAYWEEK, BCDDAY, BCDMON 和 BCDYEAR 寄存器中的数据。但是,由于读取了多个寄存器,因此可能存在 1s 的偏差。

3. 备用电池操作

备用电池可以驱动 RTC 逻辑。即使系统电源关闭,备用电池也会通过 RTCVDD 引脚向 RTC 模块供电。如果系统关闭,则应阻塞 CPU 和 RTC 逻辑的接口,并且为了最大程度地降低功耗,备用电池仅驱动振荡电路和 BCD 计数器。

4. 警报功能

在电源关闭模式或正常操作模式下,RTC 在特定时间生成 ALARM_INT(警报中断)和 ALARM_WK(警报唤醒)。在正常操作模式下,ALARM_INT 被激活。在断电模式下,ALARM_WK 信号和 ALARM_INT 均被激活。RTC 警报寄存器(RTCALM)确定警报启用/禁用状态以及警报时间设置的条件。

5. 滴答时间中断

RTC 滴答时间用于中断请求。TICCNT 寄存器包含一个中断允许位和该中断的计数值。如果计数值达到“0”(如果发生滴答时间中断)。那么中断周期如下。

周期=(n+1)/(时钟源频率)秒(n=时钟计数器值)

8.4.3 S5PV210 RTC 相关寄存器

RTC 控制器内部有许多用于控制其操作的寄存器。通过编程对这些寄存器进行设定,用户就可以控制 RTC 的工作。RTC 相关寄存器列表如表 8-12 所示。

表 8-12 RTC 相关寄存器

寄存器	读/写	描述	重置值
INTP	读/写	中断悬挂寄存器	0x00000000
RTCCON	读/写	RTC 控制寄存器	0x00000000
TICCNT	读/写	时间片计数寄存器	0x00000000
RTCALM	读/写	RTC 报警控制寄存器	0x00000000
ALMSEC	读/写	报警秒钟数据寄存器	0x00000000
ALMMIN	读/写	报警分钟数据寄存器	0x00000000
ALMHOUR	读/写	报警小时数据寄存器	0x00000000
ALMDAY	读/写	报警日期数据寄存器	0x00000000
ALMMON	读/写	报警月数据寄存器	0x00000000
ALMYEAR	读/写	报警年数据寄存器	0x00000000
BCDSEC	读/写	BCD 秒钟寄存器	0x00000000
BCDMIN	读/写	BCD 分钟寄存器	0x00000000
BCDHOUR	读/写	BCD 小时寄存器	0x00000000
BCDDAYWEEK	读/写	BCD 星期寄存器	0x00000000
BCDDAY	读/写	BCD 日期寄存器	0x00000000
BCDMON	读/写	BCD 月寄存器	0x00000000
BCDYEAR	读/写	BCD 年寄存器	0x00000000
CURTICCNT	读	当前时间计数寄存器	0x00000000

1. RTC 控制寄存器 RTCCON

RTC 控制寄存器 RTCCON 设置 RTC 时钟,控制 RTC 使能等,其具体定义如表 8-13 所示。

表 8-13 RTC 控制寄存器 RTCCON 的位说明

RTCCON	位	描述	初始状态
保留	[31:10]	保留	0
CLKOUTTEN	[9]	允许 RTC 在 XRTCCLLKO 输出 0=禁止;1=允许	0

续表

RTCCON	位	描　述	初始状态
TICEN	[8]	使能时间片定时器 0=禁止;1=允许	0
TICCKSEL	[7:4]	时间片定时器子时钟选择 0000=32768Hz　0001=16384Hz 0010=8192Hz　0011=4096Hz 0100=2048Hz　0101=1024Hz 0110=512Hz　0111=256Hz 1000=128Hz　1001=64Hz 1010=32Hz　1011=16Hz 1100=8Hz　1101=4Hz 1110=2Hz　1111=1Hz	0000
CLKRST	[3]	RTC 计数清零 0=RTC 计数器(时钟分频)允许 1=RTC 计数器清零和禁止 注意：当 RTCEN 使能时,CLKRST 影响 RTC	0
CNTSEL	[2]	BCD 计数选择 0=合并 BCD 计数器 1=保留(分离 BCD 计数器) 注意：当 RTCEN 使能时,CLKSEL 影响 RTC	0
CLKSEL	[1]	BCD 时钟选择 0=XTAL 1/分频时钟 1=保留 (XTAL 时钟仅用于测试) 注意：当 RTCEN 使能时,CLKSEL 影响 RTC	0
RTCEN	[0]	使能 RTC 控制 0=禁止 1=允许 注意：当 RTCEN 使能时,可以更改 BCD 时间计数器设置,可执行时钟分频器清零、BCD 计数器选择和 BCD 时钟选择	0

2. RTC 时间片计数寄存器 TICCNT

RTC 时间片计数寄存器 TICCNT 定义如表 8-14 所示。

表 8-14　RTC 时间片计数寄存器 TICCNT 的位说明

TICCNT	位	描　述	初始状态
TICK_TIME_COUNT	[31:0]	32 位时间片计数值,该值不能为 0	0

3. RTC 报警控制寄存器 RTCALM

RTCALM 寄存器决定是否使能报警。在节电模式下,RTCALM 寄存器通过 ALARM_INT 和电源唤醒信号产生报警信号。在正常工作模式下则只需 ALARM_INT 信号。RTCALM 寄存器定义如表 8-15 所示。

表 8-15 RTC 报警控制寄存器 RTCALM 的位说明

RTCALM	位	描　述	初始状态
保留	[31:7]	保留	0
ALMEN	[6]	使能全局报警功能 0=禁止;1=允许	0
YEAREN	[5]	使能年报警 0=禁止;1=允许	0
MONEN	[4]	使能月报警 0=禁止;1=允许	0
DAYEN	[3]	使能天报警 0=禁止;1=允许	0
HOUREN	[2]	使能小时报警 0=禁止;1=允许	0
MINEN	[1]	使能分钟报警 0=禁止;1=允许	0
SECEN	[0]	使能秒报警 0=禁止;1=允许	0

8.4.4 S5PV210 RTC 编程

```
char * day[8] = {" ","Sunday","Monday","Tuesday","Wednesday","Thursday",
"Friday","Saturday"};

void rtc_realtime_display(void)
{
    unsigned long usec = 0;

    //使能 rtc 控制器
    rtc_enable(true);
    //使能 rtc tick timer
    rtc_ticktime_enable(true);

    //关闭 rtc 控制器
    rtc_ticktime_enable(false);
    //关闭 rtc tick timer
    rtc_enable(false);

}

//使能/关闭 rtc 控制器
void rtc_enable(unsigned char bdata)
{
    unsigned long uread;
```

```
    uread = RTCCON;
    RTCCON = (uread&~(1<<0))|(bdata);
}

//使能/关闭 Tick timer
void rtc_ticktime_enable(unsigned char bdata)
{
    unsigned long uread;
    uread = RTCCON;
    RTCCON = ( (uread&~(1<<8)) | (bdata<<8) );
}

//打印时间
void rtc_print(void)
{
    unsigned long uyear,umonth,udate,uday,uhour,umin,usec;

    uyear = BCDYEAR;
    uyear = 0x2000 + uyear;
    umonth= BCDMON;
    udate = BCDDATE;
    uhour = BCDHOUR;
    umin  = BCDMIN;
    usec  = BCDSEC;
    uday  = BCDDAY;

    printf("%2x : %2x : %2x  %10s,  %2x/%2x/%4x\r\n", uhour, umin, usec, day
[uday], umonth, udate, uyear);
}

void rtc_settime(void)
{
    //初始值为重置值
    unsigned long year = 12;
    unsigned long month = 6;
    unsigned long date = 20;
    unsigned long hour = 12;
    unsigned long min = 0;
    unsigned long sec = 0;
    unsigned long weekday= 1;

    //将时间转换为 BCD 码
    year = ( ((year/100)<<8) +(((year/10)%10)<<4) + (year%10)  );
    month  = ( ((month/10)<<4)+ (month%10) );
    date = ( ((date/10)<<4) + (date%10) );
    weekday = (weekday%10);
    hour =( ((hour/10)<<4) + (hour%10) );
    min  =( ((min/10)<<4)  + (min%10) );
    sec  =( ((sec/10)<<4)  + (sec%10) );
```

```
    rtc_enable(true);
    //保存 BCD 码
    BCDSEC  = sec;
    BCDMIN  = min;
    BCDHOUR = hour;
    BCDDATE = date;
    BCDDAY  = weekday;
    BCDMON  = month;
    BCDYEAR = year;
    rtc_enable(false);

    printf("reset success\r\n");
}
```

8.5 本章小结

本章的主要内容是定时器的概念和操作。首先介绍了 S5PV210 微处理器的时钟系统,使读者对时钟信号有所了解。然后介绍了 3 种定时器,包括双缓冲 PWM 定时器、看门狗定时器和实时时钟定时器,分别对这 3 种定时器的特点、结构原理和相关寄存器配置进行了介绍,并列举了相关编程。

8.6 练　　习

1. 简述通用定时器工作原理,以及定时器中两个重要的模块是什么?
2. 如何对 S5PV210 微处理器的 PWM 定时器时钟进行分频?定时时间如何计算?
3. 结合相关寄存器,简述双缓冲定时器的工作原理。
4. 试编写定时器控制蜂鸣器鸣叫频率和占空比的程序。
5. 简述看门狗定时器工作原理。
6. 简述 RTC 定时器工作原理。

第 9 章 chapter 9

存储管理

第 2 章介绍了存储器硬件的分类和特点，第 3 章介绍了 ARM 处理器的存储管理单元以及 S5PV210 的内存地址映射等相关内容，本章将介绍 CPU 的存储系统及其管理方法，包括 S5PV210 的芯片启动过程中内存单元的功能区划分，内存控制器包括 DRAM 控制器、SROM 控制器、OneNAND 控制器、NAND Flash 控制器和外部总线接口(EBI)，这里着重介绍 NAND Flash 控制器的操作和寄存器设计，并给出编程实例。

9.1 存储系统

按照前面提到的存储器分类，来看内部存储器和外部存储器。

- 内部存储器：用来运行程序的 RAM，如 DRAM，SRAM，DDR。
- 外部存储器：用来存储程序和数据的 ROM(存放 BootLoader 和 OS)。
- Nor Flash：总线式访问，接到 SROM bank，其优点是可以直接总线访问，一般用来启动。
- NAND Flash：分为 SLC 和 MLC。
- Emmc：相当于 NAND Flash＋主控 IC。
- OneNAND：OneNAND 是三星公司出的一种 NAND。
- SD 卡/TF 卡/MMC 卡。
- eSSD。
- SATA 硬盘：机械式访问、磁存储原理、SATA 是接口。

图 9-1 是 S5PV210 的存储系统结构图。

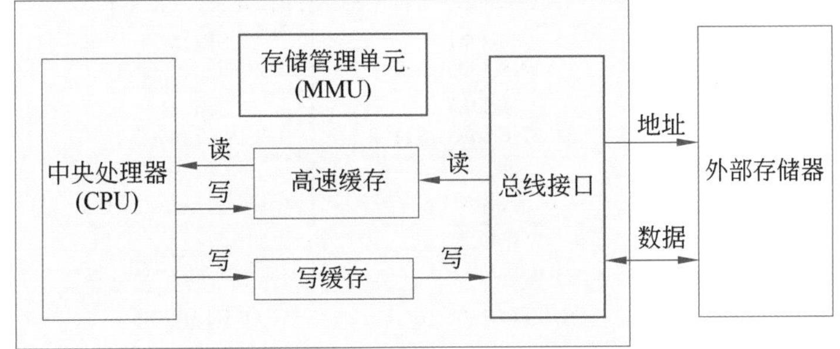

图 9-1 存储系统结构图

从 CPU 的角度看,内部存储器和外部存储器区别如下。

CPU 连接内存和外存的方式不同。

内存是直接通过地址总线和数据总线访问的,其好处是直接访问,随机访问,坏处是占用 CPU 的地址空间,大小受限。

外存是通过外部总线接口实现的,其好处是不占用地址总线,坏处是访问速度没有访问内存快,访问时序复杂。

启动模式也不同。

内存启动模式如下。

- SRAM 静态内存容量小,价格高,其优点是不需要软件初始化,上电就可以使用。
- DRAM 动态内存容量大,价格低,其缺点就是上电后不能直接使用,软件初始化后才能使用。

外存启动模式如下。

- Nor Flash 容量小,价格高,能与 CPU 总线相连,上电后可直接读取,用作启动介质。
- NAND Flash 跟硬盘一样,容量大,价格低,其缺点是不能总线访问,需要先初始化。

9.1.1 S5PV210 的启动过程

启动过程

嵌入式系统启动时需要加载 BootLoader(即引导程序),初始化必要的硬件,引导内核启动。ARM 处理器上电后都是从 0x0000 0000 地址处开始执行程序的,这个地址存放的内容是什么呢? ARM 上电启动支持 NAND 和非 NAND(这里是 Nor Flash)两种方式,具体采用的方式取决于 OM(操作模式)引脚的状态,OM 的值可以通过读对应寄存器得到。以 SC6410 核心芯片为例,两种模式的地址分布如图 9-2 所示。

地址	OM[1:0]=01,10	OM[1:0]=00
0xFFFF_FFFF 0x6000_0000	Not Used	Not Used
0x4800_0000	SFR Area	SFR Area
0x4000_FFFF 0x4000_0000	BootSRAM(4KB)	Not Used
0x3800_0000	SDRAM (BANK7,nGCS7)	SDRAM (BANK7,nGCS7)
0x3000_0000	SDRAM (BANK6,nGCS6)	SDRAM (BANK6,nGCS6)
0x2800_0000	SROM (BANK5,nGCS5)	SROM (BANK5,nGCS5)
0x2000_0000	SROM (BANK4,nGCS4)	SROM (BANK4,nGCS4)
0x1800_0000	SROM (BANK3,nGCS3)	SROM (BANK3,nGCS3)
0x1000_0000	SROM (BANK2,nGCS2)	SROM (BANK2,nGCS2)
0x0800_0000	SROM (BANK1,nGCS1)	SROM (BANK1,nGCS1)
0x0000_0000	SROM (BANK0,nGCS0)	BootSRAM(4KB)

图 9-2 SC6410 核心芯片两种启动模式地址分布

图 9-2 左侧是从 Nor Flash 启动的地址布局，图 9-2 右侧是从 NAND 启动的地址布局。从 Nor Flash 启动时，地址线和数据线独立，从 NAND Flash 启动时，地址线/数据线复用。

从 Nor Flash 启动时，Nor Flash 启动时可以运行程序，所以 BootLoader 放在 0 地址处即可。

从 NAND 启动的时候 0 地址处是 BootSRAM(又称垫脚石)，上电后处理器自动将 NAND 前 4KB 的内容复制到 BootSRAM 开始执行，这一过程就是 BL1 加载过程(由 CPU 内部的 BL0 代码程序完成)。

通过 BootSRAM 复制进来的 4KB 初始化相关硬件和寄存器，从而访问 NAND Flash，接下来把剩余的 BootLoader 复制到内存(SDRAM/DRAM)中 (即 BL1→BL2)，当 BootSRAM 里面的 4KB 执行完后跳转到内存继续执行，完成系统的启动。

嵌入式系统的启动方案通常直接用外接大容量 NAND＋DRAM ＋ SoC 内部 SRAM。ARM 支持多种启动方式，其能引导的介质包括 Nor，NAND，OneNAND，SD/MMC 等。

三星公司为 S5PV210 芯片设计的启动过程，包含内置一块大小为 96KB 的 SRAM (iRAM)，同时还有一块内置 64KB 大小的 Nor Flash(iROM)。

图 9-3 为 S5PV210 的启动过程示意图。

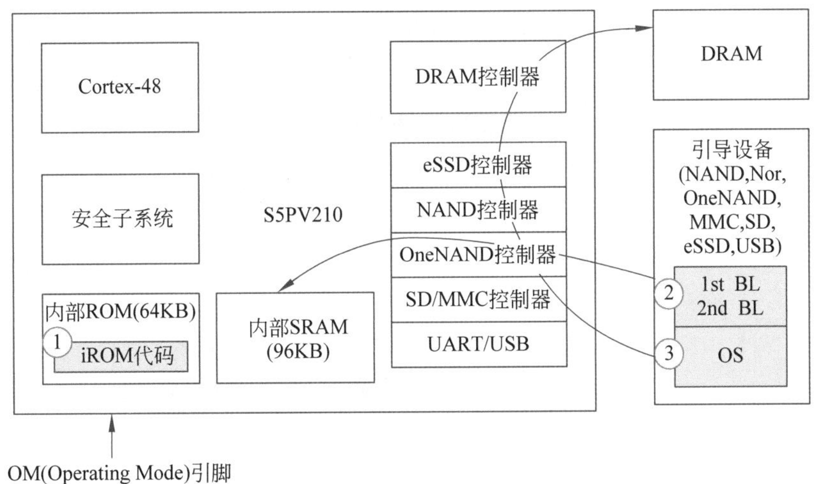

图 9-3 S5PV210 的启动过程

模块中包含和启动相关的程序及代码。

- iROM 代码：也常被称作 BL0，为系统固化启动代码，主要作用为初始化系统时钟，设备特定控制器和启动设备(Booting Device)，也就是核心板上 4GB 的 iNAND(eMMC)。然后这一段代码会判断选择的启动介质(通过硬件跳线(0Ω 电阻)可以更改启动介质核心板上使用的 iNAND)。iROM 代码(boot code)可以将相应的外部存储器(iNAND) 中的引导加载程序加载到 SRAM(iRAM)。引导加载程序称为 BL1，然后 iROM 验证 BL1 在安全引导模式下的完整性。
- BL1：在 iRAM 自动从外存储器(NAND/SD/USB)中复制的 uboot.bin 二进制文件头 16KB 代码；BL1 将加载 SRAM 上剩余的名为 BL2 的引导加载程序，然后

BL1 验证 BL2 在安全引导模式下的完整性。

- BL2：在代码重定向后在内存中执行的 UBOOT 完整代码；BL2 初始化 DRAM 控制器(核心板上的 DDR2)，然后将 iNAND 中的操作系统等数据加载到 SDRAM。

S5PV210 上电将从 iROM 处执行固化的启动代码 BL0，它对时钟等初始化、对启动设备进行判断，并从启动设备中复制 BL1(最大 16KB)到 iRAM 地址 0xD0020000 处，其中 0xD0020010 之前的 16 个字节储存的 BL1 的校验信息和 BL1 尺寸，对 BL1 进行校验，校验成功后转入 BL1 进行执行。

图 9-4 为 S5PV210 的初始化引导流程图。

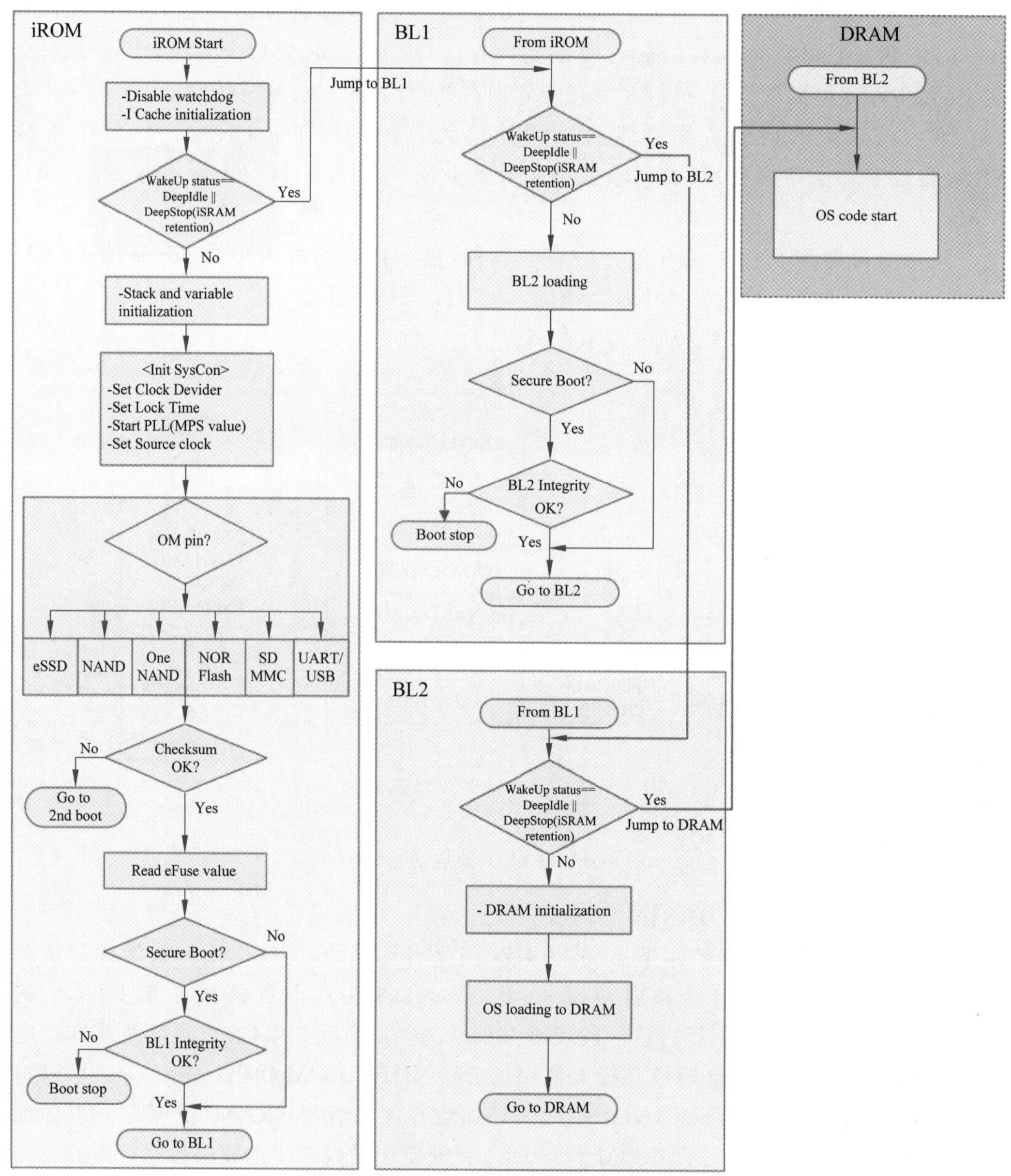

图 9-4　S5PV210 的初始化引导流程

iROM 即 BL0 的工作如下。

- 关闭看门狗定时器。
- 初始化指令缓存控制器。
- 初始化栈和堆区域。
- 校验安全码。
- 设置时钟分频器、锁定时间、PLL 以及源时钟。
- 校验 OM 引脚和从启动设备(区块 0) 加载 16KB 大小 BL1 到 iRAM 的 0xD0020000 处执行。
- 若安全启动成功,则执行完整校验。
- 若完整校验通过,则在 iRAM 中跳转到 BL1 部分(0xD0020010 处执行),也就是初始化环境→加载映像→校验映像→跳转至映像并执行。

从内部 SRAM 即 iRAM 的角度看,BL1 和 BL2 的工作如下。

- 从启动设备加载 BL2 到 iRAM。
- 若安全启动成功,则进行完整校验。
- 若完整校验通过,则在 iRAM 中跳转到 BL2 部分(跳转地址由软件代码中设置)。
- 若完整校验不通过,则停止 BL1。
- BL2 初始化 DRAM 控制器。
- 从启动设备(区块 1) 中加载 OS 映像到外部 DRAM。
- 在外部 DRAM 中跳转到 OS 代码(0x20000000 或 0x40000000)。

BL1 和 BL2 具体做了什么,这视 BootLoader 的代码而定。因为 BootLoader 有许多种,如 ARMBoot、U-Boot 等。

9.1.2 iCache 控制

Cache 是高速缓冲存储器,iCache(instructions cache)是指令高速缓冲存储器,dCache(data cache)是数据高速缓冲存储器。存储介质的基本规律是读写速度越快,单位存储容量的价格就越高,为了平衡存储速度和价格,计算机的采用分级的存储系统,按照读写速度由快到慢排序为：CPU→寄存器→Cache→内存→外存。iCache 和 dCache 属于 cCache,iCache 用于缓存指令,dCache 用于缓存数据。iCache 和 dCache 的作用是提高系统性能。比如：CPU 一次只能处理一条指令,如果执行完一条指令去内存读取一条指令,那么 CPU 会频繁读取内存,但是内存的速度远远小于 CPU 的执行速度,这样会限制 CPU 的运行速度。有了 iCache 后,可以一次性将要执行的指令和该指令邻近的指令都读取到 iCache 缓存起来,要执行指令时先去 iCache 中查找,没有找到再去内存中读取,只要保证命中率比较高,就可以有效减少 CPU 读取内存的次数;dCache 也是同样的原理,把最近用到的数据缓存起来。这其中涉及程序的空间局部性原理和时间局部性原理。

ARM 处理器的 iCache 是由 CP15 协处理的寄存器 C1 的[12]位控制,想要开关 iCache 就是去操作 CP15 协处理的寄存器 C1,采用经典的"读改写"三部曲。

① 用 MRC 命令将 CP15 的寄存器 C1 的值读取到 ARM 处理的 r0 寄存器(这里的 r0 是代表 ARM 处理器的可用寄存器,用其他的寄存器也可以)。

② 修改 r0 寄存器的[12]位的值,0 是关,1 是开。

③ 用 MCR 将 r0 的值写回 C1,这样就完成了对寄存器 C1[12]位的改写,从而实现开关 iCache。

具体汇编代码如下。

```
mrc p15,0,r0,c1,c0,0;          //读出 cp15 的 c1 到 r0 中
bic r0, r0, #(1<<12)           //bit12 置 0  关 icache
orr r0, r0, #(1<<12)           //bit12 置 1  开 icache
mcr p15,0,r0,c1,c0,0;
```

S5PV210 启动时,iCache 是自动开启的,尝试把延迟程序分别在开启或者关闭 iCache 条件下进行试验,发现关闭 iCache 后,延时的时间有了明显的延长,说明 iCache 的开关确实非常影响 CPU 的处理速度。

9.1.3 重定位代码

嵌入式设备都是交叉编译的,在 A 机上编译成可执行程序,在 B 机上执行程序。A 机一般是计算机端,B 机一般是嵌入式设备。首先要把 A 机上编译好的可执行程序下载到 B 机的某个地址处,然后 B 机执行程序,可执行程序加载地址和执行地址可以相同,也可以不同。下面介绍几个概念。

- 执行地址或运行地址:程序执行时的地址,因为命令执行分取指、译码、执行,所以运行地址就是 PC-8 处的地址。
- 链接地址:链接地址是给编译器用的,用来计算代码中相关地址偏移的。
- 加载地址或存储地址:指的是程序保存在 Flash 中的地址。
- 位置无关码:b、bl、mov 等都是位置无关码。
- 位置相关码:ldr pc,=xxx 等都是位置有关码。

设备执行程序是在内存(SRAM)中,然而可执行程序是不可能保存在 SRAM 中的,原因很简单,SRAM 是断电丢失的,无法保存程序,程序一般保存在 Flash 或者磁盘中。那这样就涉及两个地址,一个是程序被保存的地址(即在 Flash、磁盘中的地址)和程序执行时的地址(即在 SRAM 中的地址),这些概念就是用来描述加载地址和执行地址的。这两个地址也可以相同,就是把程序直接下载到 Nor Flash 或者 SRAM 中,但这种情况不算常见。

这两个地址之间的关系是:加载地址就是下载到存储器的哪个地址就是哪个地址,你可以通过烧录程序的时候指定;而程序在 SRAM 中运行时候的地址是通过链接脚本指定的。

1. 重定位代码的概念

重定位代码就是代码的复制或者搬移,把在 A 地址存放的代码复制一份到 B 地址,至于 A、B 地址,程序员是事先知道的,可以通过芯片的数据手册查询得知。并且由于某些条件的限制,有时候不能直接将代码加载到 B 地址,只能先加载到 A 地址,然后运行代码,将代码复制到 B 地址接着运行。

2. 要重定位代码的原因

重定位代码不是为了优化性能,而是由于硬件的限制,不得不进行重定位。

试想一下，一台设备只要上电就可以运行代码，那代码必定要先保存在设备的存储介质中，并且是断电不丢失的存储介质，具有断电不丢失性质的存储介质有磁盘、Flash等，但是这些都不能用作内存，内存都是RAM。内存是断电丢失，必然不能用于存储代码，但是代码又必须在内存里运行。所以就只能先把代码下载到磁盘、Flash等断电不丢失的存储介质中，在启动后通过重定位将代码重定位到内存中。同时对于嵌入式系统来说，它的程序可能会比较大，超出内部的Flash大小，程序无法整个放入到芯片内部存储中；链接脚本指定的链接地址和执行地址就不同，也需要进行代码重定位。

当链接地址与运行地址不同时，假如链接地址是0x1000，运行地址是0x0000，链接脚本指定函数label是要存放到(基地址+偏移量)=0x1000+0x0001=0x1001地址的，但是在下载的时候却把这个程序下载到0x0000，所以label的地址实际上是存放在(基地址+偏移量)=0x0000+0x0001=0x0001这个地址的。当程序运行到一行位置有关码如ldr PC,label，编译器首先就会按照链接脚本指定的函数的那个地址0x1001寻找label，但是因为加载地址跟链接地址不同的原因，实际上label已经被放到了0x0001，所以执行就会出错。所以，当这两个地址不同时，执行一段位置有关码的时候就会发生不可预估的错误。

解决的方法有两种：一种是全部使用位置无关码，另一种就是进行重定位。一个大的代码文件很难保证全部都使用位置无关码，这也是不现实的，所以必须使用重定位解决这个问题。

对于S5PV210而言，启动时只会从NAND Flash/SD等启动设备中复制前16KB的代码到iRAM中，那么当程序超过16KB怎么办？那就需要在前16KB的代码中将整个程序完完整整地复制到其他更大存储空间，然后再进行跳转并运行代码。重定位可以定位到iRAM中的高地址，但是对于S5PV210的iRAM只有96KB，因此意义不大，可以将代码重定位到更大的主存DRAM中。

9.2 DRAM控制器

9.2.1 DRAM控制器概述

DRAM控制器是高级微控制总线结构(AMBA)AXI。为支持高速存储设备，DRAM控制器使用SEC DDR PHY接口。S5PV210有两个独立的DRAM控制器和接口DMC0和DMC1。DMC0和DMC1支持的最大内存容量分别为512Mb和1Gb，但这两个控制器必须使用同样的内存容量，其主要特性如下。

- 兼容JEDEC DDR2、低功率DDR和DDR2 SDRAM标准。
- 使用SEC LPDDR2 PHY接口支持高速存储设备。
- 支持两个外部芯片选择和每芯片包含1/2/4/8个存储体。
- 支持128MB,256MB,512MB,1GB,2GB和4GB的密度存储设备。
- 支持16/32b的存储数据带宽。

图9-5显示了DRAM的整体结构原理。

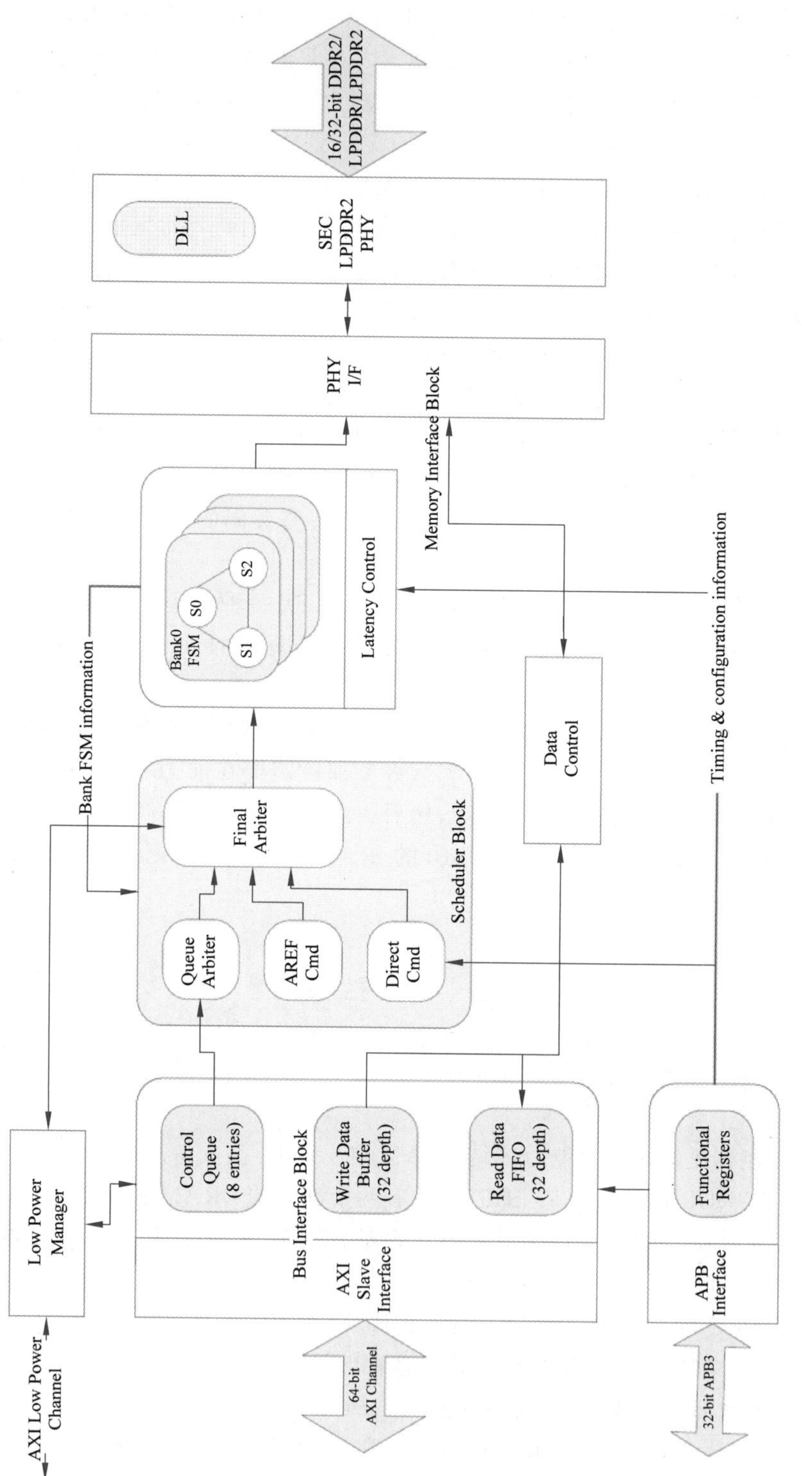

图 9-5 DRAM 控制器的整体结构图

该结构图显示了总线接口模块、调度器模块、存储器接口模块(该模块与 SEC LPDDR2 PHY 连接)。

1. 总线接口模块

总线接口模块保存了用于存储接口的总线协议,该接口来自 AXI 从端口并用于指导排队。此外,它还用于缓存写入数据,或者把读入的数据通过 AXI 总线发送到 Master。它还在 AXI Master 没准备好的情况下用来读取 FIFO,同时该总线接口模块有一个 AXI 低功耗频道接口和一个 APB 接口,该接口用于具体功能注册和直接命令。

2. 调度器模块

调度器模块使用存储器 FSM 信息审核命令队列的总线协议,并将命令转换为存储器命令类型,该类型会被发送到存储器接口模块。该模块还控制存储器和 AXI 总线之间的读写数据流。

3. 存储器接口模块

存储器接口模块根据来自调度器的存储器命令更新每个存储体的状态,并把存储体的状态送回给调度器。该模块根据存储器延时创建存储器命令,并通过 PHY 接口将命令发送到 SEC LPDDR2 PHY。

S5PV210 有两个 DRAM 控制器和端口,分别为 DMC0 和 DMC1。DRAM0 的内存地址范围为 0x20000000 ~ 0x3FFFFFFF(512MB),DRAM1 的内存地址范围为 0x40000000~0x7FFFFFFF(1024MB),S5PV210 实际最多能外接 1.5GB 的内存。32 位的 CPU 理论上能接 4GB 的内存,但是 ARM 结构的机器是统一编址,寄存器会占据一部分地址空间,所以实际是达不到 4GB 的内存。

DRAM 端口的引脚:32 根数据线(Xm1_DATAn)+14 根地址线(Xm1_ADDRn)+3 根片选信号线(Xm1_BAn)+控制信号线。

9.2.2 DRAM 控制器相关寄存器

S5PV210 有 DMC0 和 DMC1 两个独立的 DRAM 控制器,它们包含的寄存器组功能相同,地址不同,如表 9-1 所示。

表 9-1 DMC 相关寄存器

寄存器名称	描述
CONCONTROL	指定控制器控制寄存器
MEMCONTROL	指定内存控制寄存器
MEMCONFIGn(n:0~1)	指定内存 Chip0 或 Chip1 配置寄存器
DIRECTCMD	指定内存直接命令寄存器
PRECHCONFIG	指定预充电策略配置寄存器
PHYCONTROLn(n:0~1)	指定 PHY 控制 0 或 1 寄存器
PWRDNCONFIG	指定动态断电配置寄存器
TIMINGAREF	指定 SDRAM 自动刷新的交流定时寄存器
TIMINGROW	指定 SDRAM 行的交流定时寄存器

续表

寄存器名称	描　　述
TIMINGDATA	指定 SDRAM 数据的 AC 定时寄存器
TIMINGPOWER	指定 SDRAM 电源模式的交流定时寄存器
PHYSTATUS	指定 PHY 状态寄存器
CHIPnSTATUS(n:0～1)	指定内存 Chip 0 或 1 状态寄存器
AREFSTATUS	指定自动刷新的计数器状态寄存器
MRSTATUS	指定内存模式寄存器状态寄存器
PHYTESTn(n:0～1)	指定 PHY 测试寄存器 0 或 1
QOSCONTROLn(n:0～15)	指定服务质量控制寄存器 n
QOSCONFIGn(n:0～15)	指定服务质量配置寄存器 n

这里介绍几个重要的寄存器,其他的寄存器可以查阅 S5PV210 手册。

1. 内存控制寄存器 MEMCONTROL

表 9-2 为 DMC 内存控制寄存器 MEMCONTROL 的说明。

表 9-2　DMC 内存控制寄存器 MEMCONTROL 的说明

MEMCONTROL	位	说　明	初始状态
Reserved	[31:23]	应该为 0	0x0
bl	[22:20]	内存突发长度 0x0=Reserved;0x1=2;0x2=4; 0x3=8;0x4=16;0x5～0x7=Reserved 对于 DDR2/LPDDR2,控制器仅支持突发长度 4	0x2
num_chip	[19:16]	内存芯片数量 0x0=1 chip;0x1=2 chips;0x2～0xf=Reserved	0x0
mem_width	[15:12]	内存数据总线宽度 0x0=Reserved;0x1=16-bit; 0x2=32-bit;0x3～0xf=Reserved	0x2
Mem_type	[11:8]	内存类型 0x0=Reserved;0x1=LPDDR; 0x2=LPDDR2;0x3=Reserved; 0x4=DDR2;0x5～0xf=Reserved	0x1
add_lat_pall	[7:6]	PALL 的额外延迟 0x0=0 cycle;0x1=1 cycle; 0x2=2 cycle;0x3=3 cycle。 如果所有 banks 发出预充电命令, 预充电延迟将为 tRP + add_lat_pall	0x0
dsref_en	[5]	动态自刷新 0x0=禁用;0x1=使能	0x0
tp_en	[4]	预充电超时 0x0=禁用;0x1=使能	0x0

续表

MEMCONTROL	位	说　明	初始状态
dpwrdn_type	[3:2]	动态断电类型 0x0＝主动/预充电断电； 0x1＝强制预充电断电； 0x2～0x3＝Reserved	0x0
dpwrdn_en	[1]	动态断电 0＝禁止，1＝使能	0x2
clk_stop_en	[0]	动态时钟控制 0x0＝始终运行； 0x1＝怠速期间停止	0x0

2. 内存 Chip0 或 Chip1 配置寄存器 MEMCONFIGn(n:0～1)

表 9-3 为 DMC 内存 Chip0 或 Chip1 配置寄存器 MEMCONFIG0,1 的说明。

表 9-3　DMC 内存 Chip0 或 Chip1 配置寄存器 MEMCONFIG0、1 的说明

MEMCONFIGn	位	说　明	初始状态
chip_base	[31:24]	AXI 基址：AXI base address [31:24]＝chip_base	DMC0：0x20 DMC1：0x40
chip_mask	[23:16]	AXI 掩码：确定内存芯片 AXI 偏移地址的高位掩码。0＝相应地址位不用于比较；1＝相应的地址位用于比较	DMC0：0xF0 DMC1：0xE0
chip_map	[15:12]	地址映射方法(AXI 到内存) 0x0＝线性 ({bank,row,column,width}), 0x1＝间隔扫描({row,bank,column,width}), 0x2＝混合 (if bank(MSB)＝1'b1), {1'b1,bank(except MSB),row,column,width} else{1'b0,row,bank(except MSB),column,width}), 0x3～0xf＝Reserved	0x0
chip_col	[11:8]	列地址位数 0x0＝Reserved;0x1＝8 bits;0x2＝9bits; 0x3＝10bits;0x4＝11bits;0x5～0xf＝Reserved	0x3
chip_row	[7:4]	行地址位数 0x0＝12bits;0x1＝13bits;0x2＝14bits; 0x3＝15bits;0x4～0xf＝Reserved	0x1
chip_bank	[3:0]	Banks 数量 0x0＝1 bank;0x1＝2 banks;0x2＝4 banks; 0x3＝8 banks;0x4～0xf＝Reserved	0x2

3. 自动刷新内存的交流定时寄存器 TIMINGAREF

表 9-4 为 DMC 自动刷新内存交流定时寄存器 TIMINGAREF 的说明。

表 9-4　DMC 自动刷新内存交流定时寄存器 TIMINGAREF 的说明

TIMINGAREF	位	说　明	初始状态
Reserved	[31:16]	应该为 0	0
t_refi	[15:0]	平均定期刷新间隔 应为最小内存 tREFI(所有组)<t\u refi * t(mclk), 例如,对于 7.8us 的所有 bank 刷新周期 mclk 频率为 133MHz,编程值为: 7.8us * 133MHz=1038	0x40E

4. 内存行的交流定时寄存器 TIMINGROW

表 9-5 为 DMC 内存行的交流定时寄存器 TIMINGROW 的说明。

表 9-5　DMC 内存行的交流定时寄存器 TIMINGROW 的说明

TIMINGROW	位	说　明	初始状态
t_rfc	[31:24]	自动刷新到激活/自动刷新命令周期,以周期为单位 t_rfc * T(mclk)应大于或等于内存 tRFC 的最小值	0xF
t_rrd	[23:20]	激活 bank A 到激活 bank B 延迟,以周期为单位 t_rrd * T(mclk)应大于或等于内存 tRRD 的最小值	0x2
t_rp	[19:16]	预充电命令期,以周期为单位 t_rp * T(mclk)应大于或等于内存 tRP 的最小值	0x3
t_rcd	[15:12]	激活到读/写延迟,以周期为单位 t_rcd * T(mclk)应大于或等于内存 tRCD 的最小值	0x3
t_rc	[11:6]	激活到激活期,以周期为单位 t_rc * T(mclk)应大于或等于内存 tRC 的最小值	0xA
t_ras	[5:0]	激活至预充电指令期,以周期为单位 t_ras * T(mclk)应大于或等于内存 tRAS 的最小值	0x6
t_rfc	[31:24]	自动刷新到激活/自动刷新命令周期,以周期为单位 t_rfc * T(mclk)应大于或等于内存 tRFC 的最小值	0xF

9.2.3 DRAM 初始化和重定位编程

芯片的 DRAM 初始化步骤如下。

① 设置 GPIO 引脚,DRAM Driver Strength(内存访问信号的强度)。

② 设置 DRAM 控制器的 PHY DLL,给 DRAM 控制器提供稳定的时钟信号。

③ 关闭 DRAM 的自动重刷新;配置 DRAM 的相关参数:行地址、列地址、自动重刷新间隔、DRAM 的有效地址空间、Memory Burst Length、数据线宽度、DRAM 类型等关键参数。

④根据数据手册里的初始化步骤,依次给 DRAM 发命令进行初始化。发命令的实质就是按照时序初始化 DDR2,只不过时序由 DRAM 控制器产生。

最终 DDR2 初始化成功,后面的程序都重定位到 DDR2 中执行,初始化汇编代码如下。

```
/* dram_init.S DRAM初始化代码 */
#include "s5pv210.h"

//设置 MemControl 寄存器,突发长度为 4,芯片数量为 1,内存类型为 DDR2,禁用动态自刷新、
  禁用动态掉电,主动预充电、断电
#define DMC0_MEMCONTROL            0x00202400
//设置 MemConfig0 寄存器  256MB,banks 数量 8,映射方式线性
#define DMC0_MEMCONFIG_0           0x20F00313
//设置 MemConfig1 寄存器
#define DMC0_MEMCONFIG_1           0x00F00313

//设置 TimingAref 寄存器  200MHz
#define DMC0_TIMINGA_REF           0x00000618
//设置 TimingRow 寄存器  200MHz
#define DMC0_TIMING_ROW            0x2B34438A
//设置 TimingData 寄存器  CAS 延时为 3
#define DMC0_TIMING_DATA           0x24240000
//设置 TimingPower 寄存器
#define DMC0_TIMING_PWR            0x0BDC0343

.globl dram_init
dram_init:
    //1. 设置 DMC0 Drive Strength (Setting 2X)
    ldr    r0, =ELFIN_GPIO_BASE
    ldr    r1, =0x0000AAAA
    str    r1, [r0, #MP1_0DRV_SR_OFFSET]
    ldr    r1, =0x0000AAAA
    str    r1, [r0, #MP1_1DRV_SR_OFFSET]
    ldr    r1, =0x0000AAAA
    str    r1, [r0, #MP1_2DRV_SR_OFFSET]
    ldr    r1, =0x0000AAAA
    str    r1, [r0, #MP1_3DRV_SR_OFFSET]
    ldr    r1, =0x0000AAAA
    str    r1, [r0, #MP1_4DRV_SR_OFFSET]
    ldr    r1, =0x0000AAAA
    str    r1, [r0, #MP1_5DRV_SR_OFFSET]
    ldr    r1, =0x0000AAAA
    str    r1, [r0, #MP1_6DRV_SR_OFFSET]
    ldr    r1, =0x0000AAAA
    str    r1, [r0, #MP1_7DRV_SR_OFFSET]
    ldr    r1, =0x00002AAA
    str    r1, [r0, #MP1_8DRV_SR_OFFSET]

    //2. 初始化 PHY DLL
    ldr    r0, =APB_DMC_0_BASE
    //step 3: PhyControl0 DLL parameter setting, manual 0x00101000
    ldr    r1, =0x00101000
    str    r1, [r0, #DMC_PHYCONTROL0]
    //PhyControl1 DLL parameter setting, LPDDR/LPDDR2 Case
    ldr    r1, =0x00000086
```

```
    str     r1, [r0, #DMC_PHYCONTROL1]

    //step 2: PhyControl0 DLL on
    ldr     r1, =0x00101002
    str     r1, [r0, #DMC_PHYCONTROL0]
    //step 4: PhyControl0 DLL start
    ldr     r1, =0x00101003
    str     r1, [r0, #DMC_PHYCONTROL0]

find_lock_val:
    //Loop until DLL is locked
    ldr     r1, [r0, #DMC_PHYSTATUS]
    and     r2, r1, #0x7
    cmp     r2, #0x7
    bne     find_lock_val

    //Force Value locking
    and     r1, #0x3fc0
    mov     r2, r1, LSL #18
    orr     r2, r2, #0x100000
    orr     r2, r2, #0x1000
    orr     r1, r2, #0x3
    str     r1, [r0, #DMC_PHYCONTROL0]

    //3. 初始化 DMC0
    //step 5: ConControl auto refresh off
    ldr     r1, =0x0FFF2010
    str     r1, [r0, #DMC_CONCONTROL]
    //step 6: MemControl BL=4, 1 chip, DDR2 type, dynamic self refresh, force
precharge, dynamic power down off
    ldr     r1, =DMC0_MEMCONTROL
    str     r1, [r0, #DMC_MEMCONTROL]
    //step 7: MemConfig0 256MB config, 8 banks,Mapping Method[12:15]0:linear,
1:linterleaved, 2:Mixed
    ldr     r1, =DMC0_MEMCONFIG_0
    str     r1, [r0, #DMC_MEMCONFIG0]
    //MemConfig1
    ldr     r1, =DMC0_MEMCONFIG_1
    str     r1, [r0, #DMC_MEMCONFIG1]
    //step 8:PrechConfig
    ldr     r1, =0xFF000000
    str     r1, [r0, #DMC_PRECHCONFIG]
    //step 9:TimingAref      7.8us//133MHz=1038(0x40E), 100MHz=780(0x30C),
20MHz=156(0x9C), 10MHz=78(0x4E)
    ldr     r1, =DMC0_TIMINGA_REF
    str     r1, [r0, #DMC_TIMINGAREF]
    //TimingRow     for //200MHz
    ldr     r1, =DMC0_TIMING_ROW
    str     r1, [r0, #DMC_TIMINGROW]
    //TimingData     CL=4
```

```
ldr    r1, =DMC0_TIMING_DATA
str    r1, [r0, #DMC_TIMINGDATA]
//TimingPower
ldr    r1, =DMC0_TIMING_PWR
str    r1, [r0, #DMC_TIMINGPOWER]

//4. 初始化 DDR2 DRAM
//DirectCmd    chip0 Deselect
ldr    r1, =0x07000000
str    r1, [r0, #DMC_DIRECTCMD]
//step 16:DirectCmd    chip0 PALL
ldr    r1, =0x01000000
str    r1, [r0, #DMC_DIRECTCMD]
//step 17:DirectCmd    chip0 EMRS2
ldr    r1, =0x00020000
str    r1, [r0, #DMC_DIRECTCMD]
//step 18:DirectCmd    chip0 EMRS3
ldr    r1, =0x00030000
str    r1, [r0, #DMC_DIRECTCMD]
//step 19:DirectCmd    chip0 EMRS1 (MEM DLL on, DQS#disable)
ldr    r1, =0x00010400
str    r1, [r0, #DMC_DIRECTCMD]
//step 20:DirectCmd    chip0 MRS (MEM DLL reset) CL=4, BL=4
ldr    r1, =0x00000542
str    r1, [r0, #DMC_DIRECTCMD]
//DirectCmd    chip0 PALL
ldr    r1, =0x01000000
str    r1, [r0, #DMC_DIRECTCMD]
//DirectCmd    chip0 REFA
ldr    r1, =0x05000000
str    r1, [r0, #DMC_DIRECTCMD]
//DirectCmd    chip0 REFA
ldr    r1, =0x05000000
str    r1, [r0, #DMC_DIRECTCMD]
//DirectCmd    chip0 MRS (MEM DLL unreset)
ldr    r1, =0x00000442
str    r1, [r0, #DMC_DIRECTCMD]
//DirectCmd    chip0 EMRS1 (OCD default)
ldr    r1, =0x00010780
str    r1, [r0, #DMC_DIRECTCMD]
//DirectCmd    chip0 EMRS1 (OCD exit)
ldr    r1, =0x00010400
str    r1, [r0, #DMC_DIRECTCMD]
//DirectCmd    chip1 Deselect
ldr    r1, =0x07100000
str    r1, [r0, #DMC_DIRECTCMD]
//DirectCmd    chip1 PALL
ldr    r1, =0x01100000
str    r1, [r0, #DMC_DIRECTCMD]
//DirectCmd    chip1 EMRS2
```

```
    ldr    r1, =0x00120000
    str    r1, [r0, #DMC_DIRECTCMD]
    //DirectCmd    chip1 EMRS3
    ldr    r1, =0x00130000
    str    r1, [r0, #DMC_DIRECTCMD]
    //DirectCmd    chip1 EMRS1 (MEM DLL on, DQS#disable)
    ldr    r1, =0x00110400
    str    r1, [r0, #DMC_DIRECTCMD]
    //DirectCmd    chip1 MRS (MEM DLL reset) CL=4, BL=4
    ldr    r1, =0x00100542
    str    r1, [r0, #DMC_DIRECTCMD]
    //DirectCmd    chip1 PALL
    ldr    r1, =0x01100000
    str    r1, [r0, #DMC_DIRECTCMD]
    //DirectCmd    chip1 REFA
    ldr    r1, =0x05100000
    str    r1, [r0, #DMC_DIRECTCMD]
    //DirectCmd    chip1 REFA
    ldr    r1, =0x05100000
    str    r1, [r0, #DMC_DIRECTCMD]
    //DirectCmd    chip1 MRS (MEM DLL unreset)
    ldr    r1, =0x00100442
    str    r1, [r0, #DMC_DIRECTCMD]
    //DirectCmd    chip1 EMRS1 (OCD default)
    ldr    r1, =0x00110780
    str    r1, [r0, #DMC_DIRECTCMD]
    //DirectCmd    chip1 EMRS1 (OCD exit)
    ldr    r1, =0x00110400
    str    r1, [r0, #DMC_DIRECTCMD]
    //ConControl    auto refresh on
    ldr    r1, =0x0FF02030
    str    r1, [r0, #DMC_CONCONTROL]
    //PwrdnConfig
    ldr    r1, =0xFFFF00FF
    str    r1, [r0, #DMC_PWRDNCONFIG]
    //MemControl    BL=4, 1 chip, DDR2 type, dynamic self refresh, force
precharge, dynamic power down off
    ldr    r1, =0x00202400
    str    r1, [r0, #DMC_MEMCONTROL]

    mov    pc, lr

/**函数 start.s 重定位代码到 DRAM0x30000000* /
.globl _start
_start:
/************************设置栈*****************************/
//IROM 里的固定代码设置的 sp 就等于 0xD003_7D80,
//所以设置栈一般就指向 0xD003_7D80,以调用 c 函数

    ldr sp, =0xD0037D80
```

```
/**********************初始化 DRAM**************************/
    bl dram_init //跳转到 DRAM 初始化函数

/************************重定位**************************/
//adr 短加载,加载_start 的地址,即_start 的当前地址
    adr r0, _start
//ldr 长加载,加载_start 的链接地址
    ldr r1, =_start
//加载 bss_start 的链接地址
    ldr r2, =bss_start
//比较 r0 和 r1 是否相同
    cmp r0, r1
    beq clear_bss

//复制代码到链接地址
copy_loop:
    ldr r3, [r0], #4          //源代码
    str r3, [r1], #4          //目标代码
    cmp r1, r2                //只复制到 bss_start 处就可以了
    bne copy_loop

//清 bss 段
clear_bss:
    ldr r0, =bss_start
    ldr r1, =bss_end
    cmp r0, r1
    beq run_dram
    ldr r2, =0x0
clear_loop:
    str r2, [r0], #4
    cmp r0, r1
    bne clear_loop

//跳转到链接地址中的 main 函数处
run_dram:
    ldr pc, =main
//汇编死循环
    b .

/* 链接函数 dram.lds */
SECTIONS
{
    . = 0x30000000;     /* 指定链接地址为 DRAM0 的 0x30000000 地址 */

    .text : {
        start.o         /* 表示 start.o 排在代码段的最开始 */
        * (.text)       /* (.text)表示后面的顺序随意 */
    }

    .data : {
```

```
        * (.data)
    }

    bss_start = .;     /*将 bss 段的起始地址赋给 bss_start,以方便外部使用该地址*/
    .bss : {
        * (.bss)
    }

    bss_end  = .;      /*bss_end 同上*/

}
```

9.3 SROM 控制器

S5PV210 SROM 支持外置 8/16 比特 Nor Flash/PROM/SRAM 存储器,共支持 6 个高达 16MB 的存储体。

SROM 控制器的主要特性如下。

- 支持 SRAM,各种 ROM 和 Nor Flash。
- 仅支持 8 比特或 16 比特的数据总线。
- 地址空间:每存储体可达 16MB。
- 支持 6 个存储体。
- 内存的起始地址固定。
- 支持比特和半字。

SROM 控制器的整体结构图如图 9-6 所示。

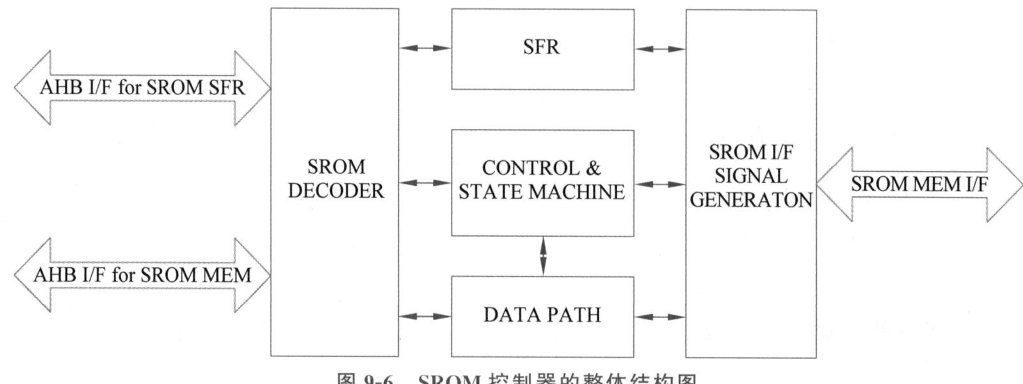

图 9-6 SROM 控制器的整体结构图

9.4 OneNAND 控制器

S5PV210 支持用于 OneNAND 和 Flex-OneNAND 存储设备的外部总线。OneNAND 控制器支持异步和同步总线读/写操作,还整合专用 DMA 引擎对存储设备操作进行加速。

OneNAND 控制器的主要特性如下。

- 支持数据缓冲(23 位预读取 FIFO 和 32 位输出 FIFO)。
- 为匹配 OneNAND 和 AHB 系统总线接口速度,支持异步 FIFO。
- 支持 OneNAND Flash 设备的同步和异步读/写。
- 可编程突发传输大小的 OneNAND Flash 接口。
- 支持 16 位数据通道内存和 32 位数据通道 AHB 系统总线接口。
- 用单一总线接口协议支持 OneNAND 家族多种存储设备。
- 最多支持两个 OneNAND 设备。
- 支持 OneNAND 设备的复位功能。

OneNAND 控制器的整体结构图如图 9-7 所示。

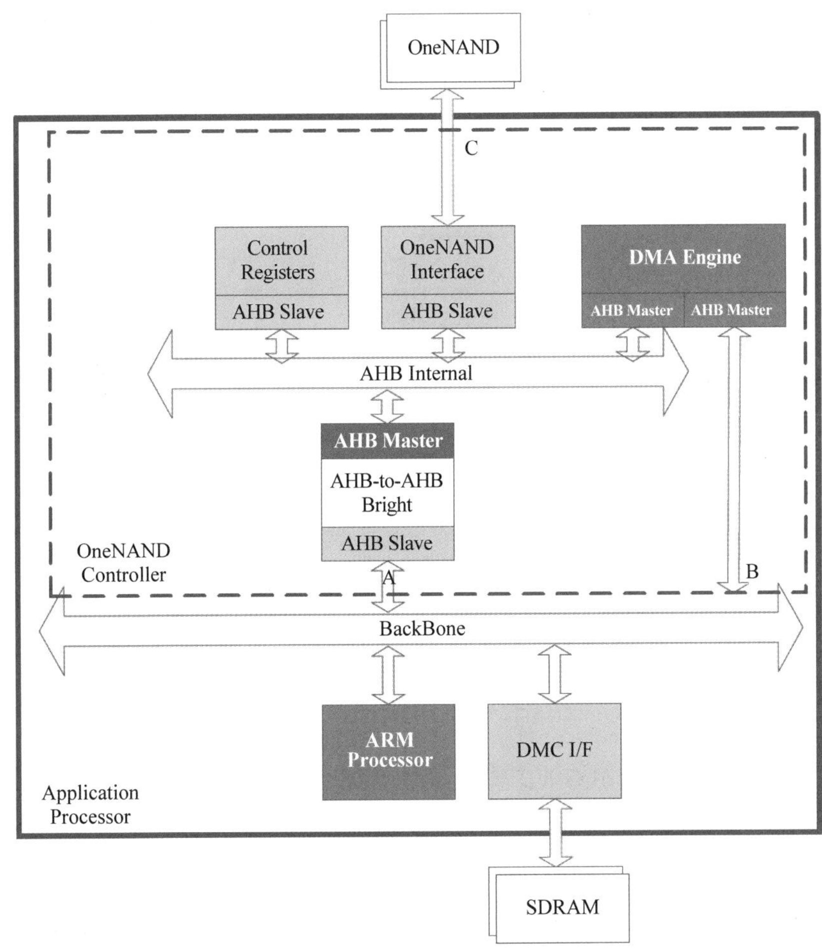

图 9-7 OneNAND 控制器的整体结构图

默认情况下,ARM 处理器直接访问 OneNAND。此外,内部 DMA 引擎可以访问 OneNAND。例如,内部 DMA 引擎在 OneNAND DataRAM 和 system main 之间传输数据内存(如 DRAM),而不浪费 ARM 处理器的处理时间。这些附加硬件可以利用资源最大限度地提高性能,最大限度地减少 OneNAND 的 ARM 处理器的使用读/写/复制操作。

9.5 NAND Flash 控制器

9.5.1 NAND Flash 控制器概述

NAND Flash
控制器

S5PV210 上的启动程序可以在外部 NAND Flash 中执行。它会将 NAND Flash 上的数据复制到 DRAM 中。当 NAND Flash 内容被复制到 DRAM 之后，主程序会在 DRAM 上执行。

NAND 控制器的主要特性如下。

- NAND Flash 接口：支持 512B,2KB,4KB,8KB 页面。
- 软件模式可以直接访问 NAND Flash，例如用于读/擦除/编程 NAND Flash。
- 支持 8 位 NAND Flash 接口总线。
- 支持 SLC 和 MLC NAND Flash。
- 支持 1 /4 /8/12 /16 位 ECC。
- 支持字节/半字/字数据。

OneNAND 控制器的整体结构图如图 9-8 所示。

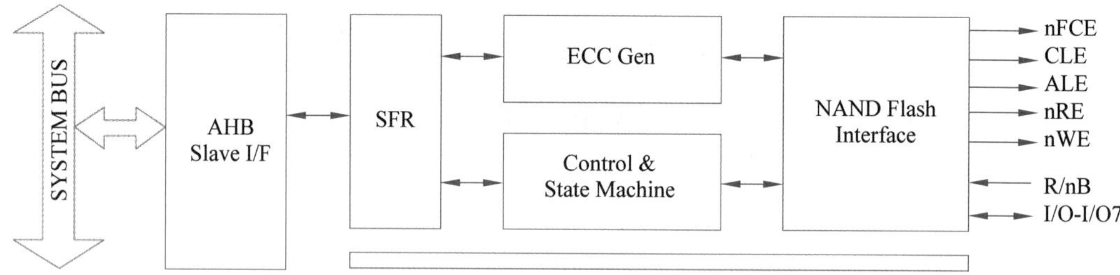

图 9-8 OneNAND 控制器的整体结构图

SFR：编程时就是通过读写 SFR 产生 NAND 接口时序以读写 NAND 芯片的。

Nand interface：硬件接口，将来和 Nand 芯片的相应引脚进行连接。

9.5.2 NAND Flash 控制器相关寄存器

S5PV210 的 NAND 控制器的主要寄存器如表 9-6 所示。

表 9-6 NAND 控制器的相关寄存器

寄存器名	描 述	复位值
NFCONF	配置寄存器	0x00001000
NFCONT	控制寄存器	0x00C100C6
NFCMMD	命令寄存器	0x00000000
NFADDR	地址寄存器	0x00000000
NFDATA	数据寄存器	0x00000000
NFMECCD0	1 和 2 主 ECC 数据寄存器	0x00000000

续表

寄存器名	描述	复位值
NFMECCD1	3和4主ECC数据寄存器	0x00000000
NFSECCD	备用ECC读寄存器	0xFFFFFFFF
NFSBLK	可编程启动块地址寄存器	0x00000000
NFEBLK	可编程结束块地址寄存器	0x00000000
NFSTAT	NAND状态寄存器	0xF0800f0D

1. 配置寄存器 NFCONF

表9-7为NAND控制器的配置寄存器NFCONF的位说明。

表9-7 配置寄存器NFCONF的位说明

NFCONF	位	说明	初始状态
Reserved	[31:26]	保留	0
MsgLength	[25]	0=512字节信息长度;1=24字节信息长度	0
ECCType0	[24:23]	指定ECC使用类型: 00=1-bit ECC;10=4-bit ECC; 01=11=Disable 1-bit and 4-bit ECC	0
Reserved	[22:16]	保留	0
TACLS	[15:12]	CLE和ALE时长设置值(0～15) 时长=HCLK x TACLS	0x1
TWRPH0	[11:8]	TWRPH0时长设置值(0～15) 时长=HCLK x (TWRPH0+1)	0
TWRPH1	[7:4]	TWRPH1时长设置值(0～15) 时长=HCLK x (TWRPH1+1)	0
MLCFlash	[3]	指定使用的NAND Flash内存 0=SLC NAND Flash;1=MLC NAND Flash	0
PageSize	[2]	指定NAND Flash内存页尺寸, 当MLCFlash为0,页尺寸如下: 0=2048 Bytes/page;1=512 Bytes/page。 当MLCFlash为1,页尺寸如下: 0=4096 Bytes/page;1=2048 Bytes/page	0
AddrCycle	[1]	指定NAND Flash内存的地址周期数 当页大小为512B 0=3个地址周期;1=4个地址周期 当页大小为2KB或4KB 0=4个地址周期;1=5个地址周期	0
Reserved	[0]	保留	0

2. 控制寄存器 NFCONT

表9-8为NAND控制器的控制寄存器NFCONT的位说明。

表 9-8 控制寄存器 NFCONT 的位说明

NFCONT	位	说 明	初始状态
Reserved	[31:24]	保留	0
Reg_nCE3	[23]	NAND Flash 内存 nRCS[3] 信号控制 0=强制 nRCS[3] 为低 (使能 chip 选择) 1=强制 nRCS[3] to High (禁止 chip 选择)	1
Reg_nCE2	[22]	NAND Flash 内存 nRCS[2] 信号控制 0=强制 nRCS[2] 为低 (使能 chip 选择) 1=强制 nRCS[2] to High (禁止 chip 选择)	1
Reserved	[21:19]	保留	0
MLCEccDirection	[18]	4-bit,ECC 编码/解码控制 0=解码 4-bit ECC,为读页使用 1=编码 4-bit ECC,为读编程使用	0
LockTight	[17]	锁紧设置 0=禁止锁紧;1=使能锁紧 如果此位设置为 1,则无法清除	0
LOCK	[16]	软锁设置 0=禁用软锁 0;1=使能软锁	1
Reserved	[15:14]	保留	00
EnbMLCEncInt	[13]	4-bit ECC 编码完成中断控制 0=禁止中断;1=允许中断	0
EnbMLCDecInt	[12]	4-bit ECC 解码完成中断控制 0=禁止中断;1=允许中断	0
	[11]	保留	0
EnbIllegalAccINT	[10]	非法访问中断控制 0=禁止中断;1=允许中断 当 CPU 试图将锁定区域(NFSBLK(0xB0E0\U 0020)中的区域设置)编程或擦除为 NFEBLK(0xB0E0\U 0024)-1 时,会发生非法访问中断	0
EnbRnBINT	[9]	RnB 状态输入信号转换中断控制 0=禁止 RnB 中断;1=允许 RnB 中断	0
RnB_TransMode	[8]	RnB 转换检测控制 0=检测上升沿;1=检测下降沿	0
MECCLock	[7]	锁定主区 ECC 生成器 0=解锁主区 ECC;1=锁定主区 ECC 主区 ECC 状态寄存器为 NFMECC0/NFMECC1(0xB0E0\U 0034/0xB0E0\U 0038)	1

续表

NFCONT	位	说　明	初始状态
SECCLock	[6]	锁定备份 ECC 生成器 0=解锁备份 ECC;1=锁定备份 ECC 备份 ECC 状态寄存器为 NFSECC(0xB0E0_003C)	1
InitMECC	[5]	1=初始化主区 ECC 解码器/编码器（只写）	0
InitSECC	[4]	1=初始化备份 ECC 解码器/编码器（只写）	0
HW_nCE	[3]	保留（HW_nCE）	0
Reg_nCE1	[2]	NAND Flash 内存 nRCS[1] 信号控制 0=强制 nRCS[1] 为低（使能 chip 选择） 1=强制 nRCS[1] to High（禁止 chip 选择）	1
Reg_nCE0	[1]	NAND Flash 内存 nRCS[0] 信号控制 0=强制 nRCS[1] 为低（使能 chip 选择） 1=强制 nRCS[1] to High（禁止 chip 选择） 注意,不允许将所有 nCE[3:0]设置为 0。只能断言一个 nCE 以启用外部 NAND Flash。当用户设置所有 nCE[3:0]为 0 时,低位具有更高的优先级	1
MODE	[0]	NAND Flash 控制器操作模式: 0=禁止 NAND Flash 控制器 1=使能 NAND Flash 控制器	0

其他寄存器的详细配置说明可以参考 S5PV210 芯片手册。

9.5.3 NAND Flash 编程

图 9-9 为 NAND Flash 引脚接线。

对 NAND Flash 进行初始化编程,C 语言程序如下,寄存器地址已在头文件中配置。

```
/* Nandflash Controller Registers Init */
void s5pv210_nand_initial(void)
{

    NFCONF=NFCONF&(~(0x777F)))|(NFCONF_VAL);

    NFCONT,=S5PV210_NFCONT&(~(0x707C7)))|(NFCONT_VAL));

    NFCONF=NFCONF|0x7770);
    NFCONT=S5PV210_NFCONT|0x03);
    NFCONT=NFCONT&(~(1<<1)));
}
```

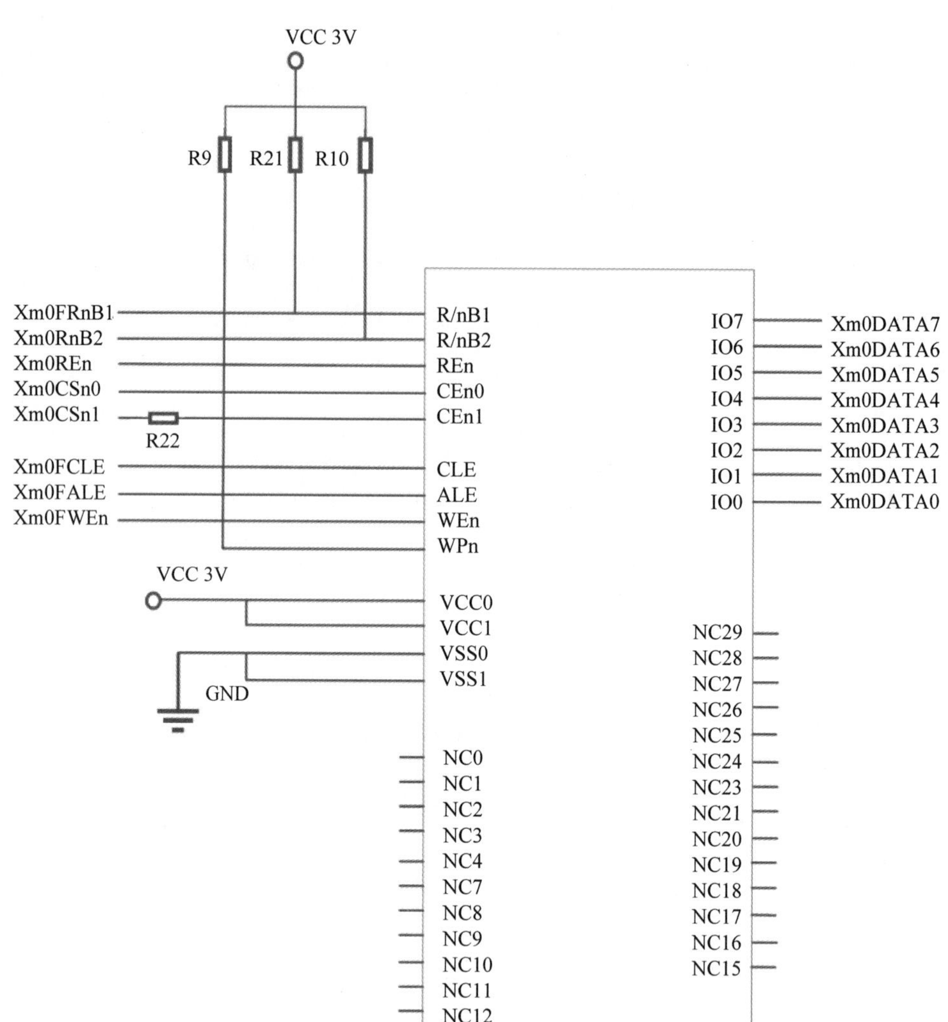

图 9-9 NAND Flash 引脚接线

9.6 外部总线接口

外部总线接口(EBI)用作 S5PV210 中的外围设备。它依靠内存控制器释放内存控制器空闲时对外部总线的外部请求,因为它不知道内存何时空闲访问将开始或完成。它支持一个 SROM 控制器、一个 OneNAND 控制器和一个 NAND Flash 控制器,共享同一个外部内存总线内存端口 0。

S5PV210 EBI 的主要特性如下。

- 3 个内存控制器(SROMC、OneNANDC 和 NFCON)共享 pad 接口。
- 优先级决定 pad 接口所有权(可以更改)。
- EBI 和内存控制器之间的握手由三线接口组成:EBIREQ、EBIGNT 和

EBIBACKOFF(均为高电平有效)。

- 内存控制器在需要外部总线访问时断言 EBIREQ 信号。
- 仲裁后的 EBIGNT 以最高优先级发送给内存控制器。
- 内存控制器必须完成电流传输并释放总线。要发出这些行动的信号,EBIBACKOFF 是 EBI 的输出。
- EBI 仲裁方案跟踪当前授予的内存控制器,并等待来自内存控制器的事务完成(内存控制器将 EBIREQ 设置为低),然后再授予下一个内存控制器。如果更高优先级的内存控制器请求总线,则 EBIBACKOFF 信号通知当前授予的内存控制器尽快终止当前传输。
- 系统控制器向内存子系统提供引导方法和 CS 选择信息。
- 内存端口 0 中的 nCS0 和 nCS1 仅为 SROMC 保留。
- 如果选择 NAND Flash 或 OneNAND 作为引导设备,则使用 nCS2 访问引导介质。
- 在 sync 模式下,EBIGNT 需要在 EBIREQ 解除后的一个周期内解除。
- 在 sync 模式下,EBIDackoff 需要在 EBIREQ 解除后的一个周期内解除。
- 在 sync 模式下,如果 EBIREQ 因优先级较高的 EBIBACKOFF 而取消,则必须将 EBIREQ 信号设置为低至少一个同步时钟周期。
- EBI_REQ 持续时间不需要从 CSYSREQ 到 CACTIVE 的至少 4 个周期。

通过 EBI 的内存接口框图如图 9-10 所示。

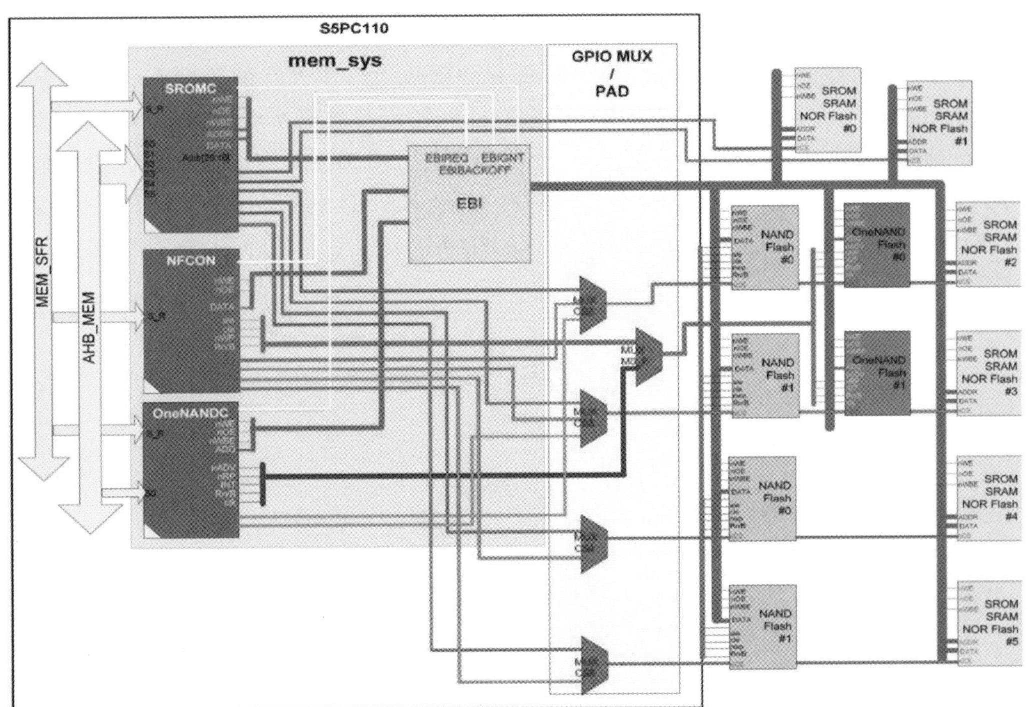

图 9-10　通过 EBI 的内存接口框图

内存控制器和 EBI 接口的时钟方案如图 9-11 所示。

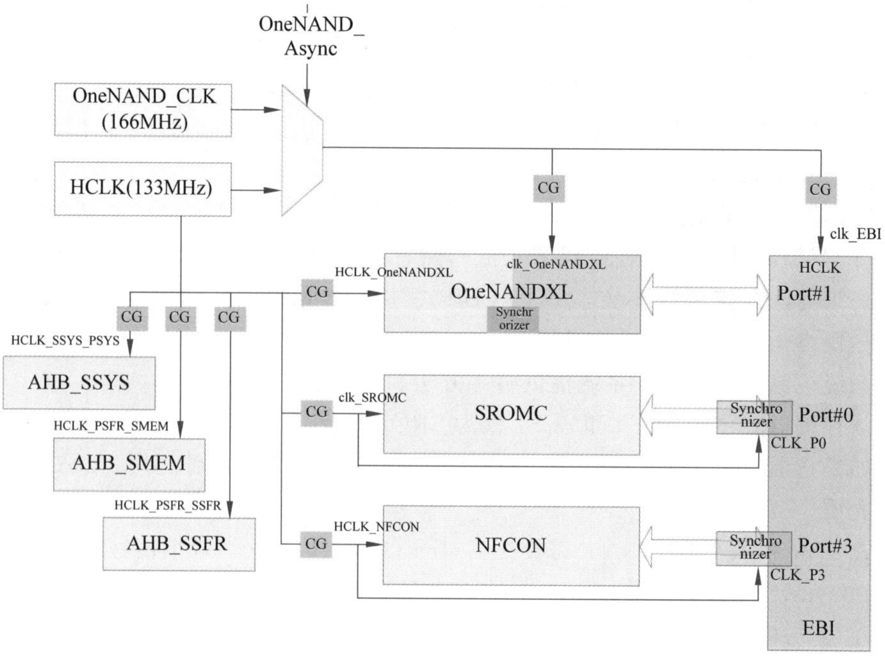

图 9-11 内存控制器和 EBI 接口的时钟方案

9.7 本章小结

本章介绍了 S5PV210 的存储器管理，首先分别从内存和外存的角度介绍了存储系统，然后介绍 S5PV210 的启动过程中使用的存储介质以及代码所在的地址，当加载地址和运行地址不同时如何进行代码重定位，以及如何打开或关闭缓存。接下来分别介绍了 DRAM 控制器，SROM 控制器，OneNAND 控制器，NAND Flash 控制器和外部总线接口(EBI)，并重点介绍了 DRAM 控制器和 NAND Flash 控制器的原理、寄存器配置和编程实例。

9.8 练习

1. 请解释 SRAM、DRAM 和 SDRAM。
2. 内存和外存有哪些区别？
3. S5PV210 的启动过程有哪些步骤？
4. 什么是重定位代码，为什么要进行代码重定位？
5. 嵌入式系统的初始化过程包括哪些步骤？
6. NAND Flash 如何读页，请结合编程说明。
7. NAND Flash 如何写页，请结合编程说明。
8. EBI 的功能是什么？

第 10 章 chapter 10

ADC 和触摸屏接口

本章介绍模/数转换器(Analog to Digital Converter,ADC)和触摸屏(Touch)接口的功能和用法,整体内容分为两部分:一部分是 ADC 的原理和相关寄存器配置;另一部分是 S5PV210 芯片上自带的触摸屏控制器的原理和相关寄存器配置。

10.1 ADC 概述

模拟信号只有转换为数字信号后才能用软件进行处理,这一切都是通过 ADC 来实现的。与模/数(A/D)转换相对应的是数/模(D/A)转换,D/A 转换是 A/D 转换的逆过程。

1. A/D 转换步骤

1)采样

在 A/D 转换期间,为了使输入信号不变,保持在开始转换时的值,通常要采用一个采样电路。启动转换实际上是把采样开关接通,进行采样。

2)保持

在 A/D 转换期间,采样电路采样后,过一段时间后,开关断开,采样电路进入保持模式,A/D 转换才真正开始。

3)量化

A/D 转换是为了将数字系统不能识别的采集信息转换为能识别的结果,在数字系统中只有 0 和 1 两种状态,而模拟量的状态很多,ADC 的作用就是把这个模拟量分为很多小份的量来组成数字量,以便数字系统识别,所以量化的作用就是用数字量更精确地表示模拟量。

4)编码

编码是将离散幅值经过量化以后变为二进制数的过程。

2. ADC 分类

下面对各种类型的 ADC 作简要介绍。

1)逐次逼近型 ADC

逐次逼近型 ADC 是应用非常广泛的 A/D 转换方法,它包括 1 个比较器、1 个 ADC、1 个逐次逼近寄存器(SAR)和 1 个逻辑控制单元。它是将采样输入信号与已知电压不断进行比较,1 个时钟周期完成 1 位转换,N 位转换需要 N 个时钟周期,转换完成,输出二进制数。这一类型 ADC 的分辨率和采样速率是相互矛盾的,分辨率低时采样速率较高,要提高分辨率,采样速率就会受到限制。TLC0831 是典型的逐次逼近型 ADC。

逐次逼近型 ADC 的优点是分辨率低于 12 位时,价格较低,采样速率可达 1MS/s;与其他 ADC 相比,功耗相当低。其缺点是在高于 14 位分辨率的情况下,价格较高;传感器产生的信号在进行 A/D 转换之前需要进行调理,包括增益级和滤波,这样会明显增加成本。

2）积分型 ADC

积分型 ADC 又称为双斜率或多斜率 ADC,它由 1 个带有输入切换开关的模拟积分器、1 个比较器和 1 个计数单元构成,通过两次积分将输入的模拟电压转换成与其平均值成正比的时间间隔。与此同时,在此时间间隔内利用计数器对时钟脉冲进行计数,从而实现 A/D 转换。积分型 ADC 两次积分的时间都是利用同一个时钟发生器和计数器确定的,因此所得到的 D 表达式与时钟频率无关,其转换精度只取决于参考电压 VR。此外,由于输入端采用了积分器,所以对交流噪声的干扰有很强的抑制能力。积分型 ADC 能够抑制高频噪声和固定的低频干扰(如 50Hz 或 60Hz),适合在嘈杂的工业环境中使用。这类 ADC 主要应用于低速、精密测量等领域,如数字电压表。TLC7135 是典型的积分型 ADC。

积分型 ADC 的优点是分辨率高,可达 22 位;功耗低、成本低。其缺点是转换速率低,转换速率在 12 位时为 100～300S/s。

3）并行比较 ADC

并行比较 ADC 的主要特点是速度快,它是 ADC 中速度较快的,现代发展的高速 ADC 大多采用这种结构,采样速率能超过 1GS/s。但受到功率和体积的限制,并行比较 ADC 的分辨率难以做得很高。并行比较 ADC 所有位的转换同时完成,其转换时间主要取决于比较器的开关速度、编码器的传输延迟时间等。增加输出代码对转换时间的影响较小,但随着分辨率的提高,需要高密度的模拟设计以实现转换所必需的数量很大的精密分压电阻和比较器电路。输出数字增加一位,精密电阻数量就要增加一倍,比较器也近似增加一倍。并行比较 ADC 的分辨率受管芯尺寸、输入电容、功率等限制。结果重复的并联比较器如果精度不匹配,还会造成静态误差,如会使输入失调电压增大。同时,这一类型的 ADC 由于比较器的亚稳压、编码气泡,还会产生离散的、不精确的输出,即所谓的"火花码"。

并行比较 ADC 的优点是 A/D 转换速率较高。其缺点是分辨率不高,功耗大,成本高。

4）压频变换型 ADC

压频变换型 ADC 是间接型 ADC,它先将输入模拟信号的电压转换成频率与其成正比的脉冲信号,然后在固定的时间间隔内对此脉冲信号进行计数,计数结果即为正比于输入模拟电压信号的数字量。从理论上讲,这种 ADC 的分辨率可以无限增加,只要采用时间长到满足输出频率分辨率要求的累积脉冲个数的宽度即可。AD650 属于压频变换型 ADC。

压频变换型 ADC 的优点是精度高、价格较低、功耗较低。其缺点类似于积分型 ADC,其转换速率受到限制,12 位时为 100～300S/s。

5）Σ-Δ 型 ADC

Σ-Δ 型 ADC 又称为过采样转换器，它采用增量编码方式，即根据前一量值与后一量值的差值的大小进行量化编码。Σ-Δ 型 ADC 包括模拟Σ-Δ 调制器和数字抽取滤波器。Σ-Δ 调制器主要完成信号抽样及增量编码，它给数字抽取滤波器提供增量编码即，Σ-Δ 码；数字抽取滤波器完成对Σ-Δ 码的抽取滤波，把增量编码转换成高分辨率的线性脉冲编码调制的数字信号。因此，抽取滤波器实际上相当于一个码型变换器。AD7705 属于Σ-Δ 型 ADC。

Σ-Δ 型 ADC 的优点是分辨率较高，高达 24 位；转换速率高，高于积分型和压频变换型 ADC；价格低；内部利用高倍频过采样技术，实现了数字滤波，降低了对传感器信号进行滤波的要求。其缺点是高速Σ-Δ 型 ADC 的价格较高；在转换速率相同的条件下，比积分型和逐次逼近型 ADC 的功耗高。

6）流水线型 ADC

流水线型 ADC，又称为子区式 ADC，是一种高效和强大的 ADC。

它能够提供高速、高分辨率的 A/D 转换，并且具有令人满意的低功率消耗和很小的芯片尺寸；经过合理的设计，还可以提供优异的动态特性。流水线型 ADC 由若干级级联电路组成，每一级包括一个采样/保持放大器、一个低分辨率的 ADC 和 DAC，以及一个求和电路，其中求和电路还包括可提供增益的级间放大器。快速精确的 n 位转换器分成两段以上的子区（即流水线）完成。首级电路的采样/保持放大器对输入信号取样后先由一个 m 位分辨率粗 ADC 对输入进行量化，接着用一个至少 n 位精度的乘积型数/模转换器（MDAC）产生一个对应于量化结果的模拟电平并送至求和电路，求和电路从输入信号中扣除此模拟电平，并将差值精确放大某一固定增益后送交下一级电路处理。经过各级这样的处理后，最后由一个较高精度的 K 位细 ADC 对残余信号进行转换。将上述各级粗、细 ADC 的输出组合起来即构成高精度的 n 位输出。

流水线型 ADC 的优点是有良好的线性和低失调；可以同时对多个采样进行处理，有较高的信号处理速度，典型的为 $T_{conv}<100ns$；低功率，高精度，高分辨率，可以简化电路。其缺点是基准电路和偏置结构过于复杂；输入信号需要经过特殊处理，以便穿过数级电路造成流水延迟；对锁存定时的要求严格。

逐次逼近型、积分型、压频变换型等 ADC，主要应用于中速或较低速、中等精度的数据采集和智能仪器中。

分级型和流水线型 ADC 主要应用于高速情况下的瞬态信号处理、快速波形存储与记录、高速数据采集、视频信号量化及高速数字通信技术等领域。

此外，采用脉动型和折叠型等结构的高速 ADC，可应用于广播卫星中的基带解调等方面。

Σ-Δ 型 ADC 主要应用于高精度数据采集，特别是数字音响系统、多媒体、地震勘探仪器、声呐等电子测量领域。

3. ADC 的主要技术指标

1）分辨率

分辨率（Resolution）指数字量变化一个最小量时模拟信号的变化量，定义为满刻度与 $2n$ 的比值。分辨率又称精度，通常用数字信号的位数表示。

2）转换速率

转换速率(Conversion Rate)是指完成一次从模拟转换到数字的 A/D 转换所需的时间的倒数。积分型 ADC 的转换时间是毫秒级,属低速 ADC;逐次比较型 ADC 是微秒级,属中速 ADC;全并行/串并行型 ADC 可达到纳秒级。采样时间则是另外一个概念,是指两次转换的间隔。为了保证转换的正确完成,采样速率 (Sample Rate)必须小于或等于转换速率。因此,有人习惯将转换速率在数值上等同于采样速率也是可以接受的。转换速率的常用单位是 kS/s 和 MS/s。

3）量化误差

量化误差(Quantizing Error)是由于 ADC 的有限分辨率而引起的误差,即有限分辨率 ADC 的阶梯状转移特性曲线与无限分辨率 ADC(理想 ADC)的转移特性曲线(直线)之间的最大偏差。通常是 1 个或半个最小数字量的模拟变化量,表示为 1LSB 或 1/2LSB。

4）偏移误差

偏移误差(Offset Error)是输入信号为零时输出信号不为零的值,可外接电位器调至最小。

5）满刻度误差

满刻度误差(Full Scale Error)是满刻度输出时对应的输入信号与理想输入信号值之差。

6）线性度

线性度(Linearity)是实际转换器的转移函数与理想直线的最大偏移,不包括以上 3 种误差。

其他指标还包括绝对精度(Absolute Accuracy)、相对精度(Relative Accuracy)、微分非线性、单调性和无错码、总谐波失真(Total Harmonic Distortion,THD)和积分非线性。

10.2 触摸屏概述

触摸屏

触摸屏(Touch Screen)又称为"触控屏""触控面板",是一种可接收触头等输入信号的感应式液晶显示装置,当接触屏幕上的图形按钮时,屏幕上的触觉反馈系统可根据预先编写的程序驱动各种连接装置,可用以取代机械式的按钮面板,并借由液晶显示画面制造出生动的影音效果。触摸屏作为一种最新的计算机输入设备,是目前较简单、方便、自然的一种人机交互方式。

触摸屏分为以下几类。

1. 电阻式触摸屏

电阻式触摸屏的工作部分由三部分组成,分别为两层透明的阻性导体层(即聚酯塑料)、两层导体之间的隔离层(即垫片气隙)和电极。电阻式触摸屏利用压力感应进行触点检测控制,需要直接应力接触,通过检测电阻定位触摸位置,其优点是精度高,缺点是不支持多点触控。电阻式触摸屏根据引出线数多少,分为四线、五线、六线、七线、八线等多线电阻式触摸屏,每种检测线各有优缺点。如图 10-1 所示,当手指接触屏幕时,外导电层会发生形变,与内层导电层之间出现接触点,触摸检测部件根据检测到的电压及电流,

计算 X、Y 方向的电阻值并送回控制器。

2. 电容式触摸屏

电容式触摸屏是一块4层复合玻璃屏，玻璃屏的内表面和夹层各涂一层ITO，最外层是只有0.0015mm厚的硅土玻璃保护层，夹层ITO涂层作工作面，4个角引出4个电极，内层ITO为屏幕层以保证工作环境。当用户触摸电容屏时，手指会吸收一个很小的电流，这个电流分别从屏的4个角上的电极中流出，且理论上流经4个电极的电流与手指头到4个角的距离成比例，控制器通过对4个电流比例的精密计算，得出位置。其结构原理图如图10-2所示。

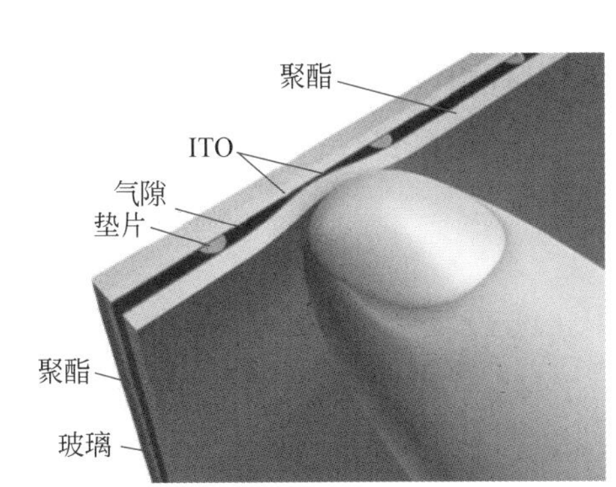

图10-1 电阻式触摸屏

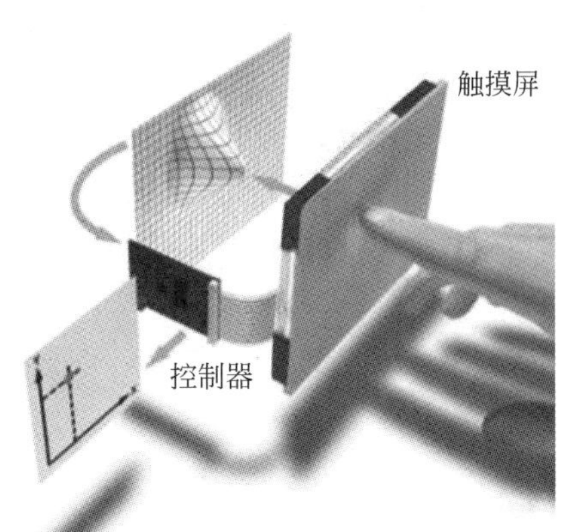

图10-2 电容式触摸屏

电容式触摸屏的优点是支持多点触控，不易误触，耐用度高。其缺点是精度较低，成本较高，有温度漂移，无法戴手套触碰。

3. 红外线式触摸屏

红外线式触摸屏是利用 X、Y 方向上密布的红外线矩阵检测并定位用户的触摸。红外线式触摸屏在显示器的前面安装一个电路板外框，电路板在屏幕四边排布红外发射管和红外接收管，一一对应形成横竖交叉的红外线矩阵。用户在触摸屏幕时，手指就会挡住经过该位置的横竖两条红外线，因而可以判断出触摸点在屏幕的位置。任何触摸物体都可改变触点上的红外线而实现触摸屏操作。其结构原理图如图10-3所示。

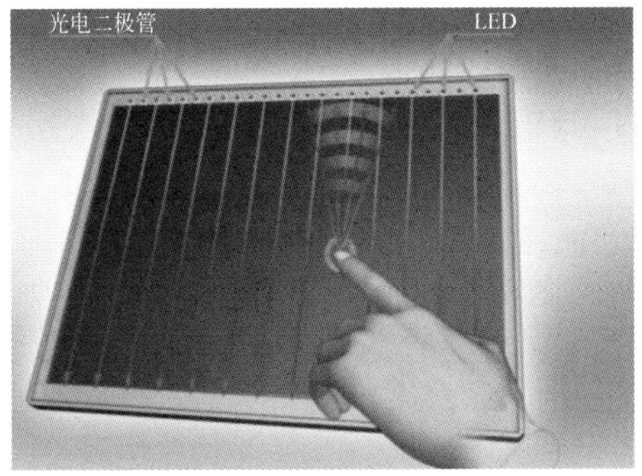

图10-3 红外线式触摸屏

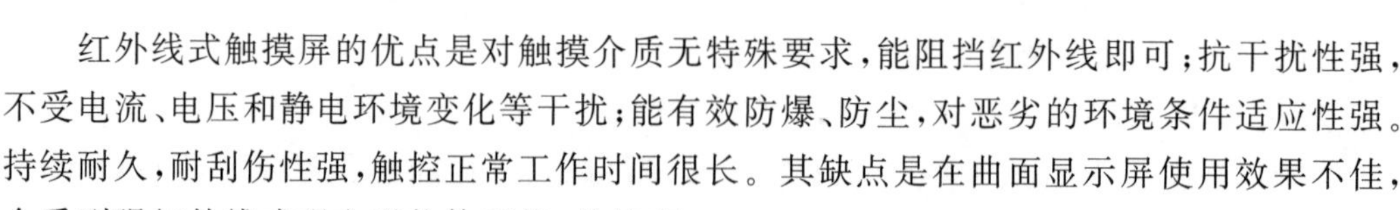

红外线式触摸屏的优点是对触摸介质无特殊要求,能阻挡红外线即可;抗干扰性强,不受电流、电压和静电环境变化等干扰;能有效防爆、防尘,对恶劣的环境条件适应性强。持续耐久,耐刮伤性强,触控正常工作时间很长。其缺点是在曲面显示屏使用效果不佳,会受到强红外线或强电磁物体干扰,价格高。

4. 表面声波式触摸屏

表面声波是超声波的一种,它是在介质(如玻璃或金属等刚性材料)表面浅层传播的机械能量波。表面声波式触摸屏的显示屏四角分别设有超声波发射换能器及接收换能器,能发出一种超声波并覆盖屏幕表面。当手指碰触显示屏时,由于吸收了部分声波能量,使接收波形发生变化,即某一时刻波形有一个衰减缺口,控制器依据衰减的信号即可计算出触摸点位置。

表面声波式触摸屏的优点是不受温度、湿度等环境因素影响,分辨率极高,有极好的防刮性,寿命长(5000 万次无故障),透光率高(92%),能保持清晰透亮的图像;没有漂移,只需安装时一次校正。其缺点是易受水滴、灰尘的影响。

10.3 S5PV210 的 ADC 和触摸屏接口

10.3.1 S5PV210 ADC 和触摸屏界面概述

ADC 和触摸屏

S5PV210 微处理器支持 10 位或 12 位 CMOS 逐次逼近型 ADC,具有 10 通道输入,并可将模拟量转换至 10 位或 12 位二进制数输出。当 A/D 转换频率为 5MHz 时,最大转换速率为 1MS/s。A/D 转换具备片上采样保持功能,同时也支持低功耗工作模式。

触摸屏接口可以控制输入板(XM、XP、YM 和 YP)以获得外部触摸屏设备上的 x/y 位置。触摸屏接口主要包括触摸屏控制逻辑、ADC 接口逻辑和中断生成逻辑三部分。其中,两组触摸屏接口共享一个 ADC。

S5PV210 微处理器的 ADC 和触摸屏界面包括如下特性。

- 10 位/12 位输出位可选。
- 微分误差为±1.0LSB。
- 积分误差为±2.0LSB。
- 最大转换速率为 1MS/s。
- 功耗小,电压输入为 3.3V。
- 模拟量输入范围为 0～3.3V。
- 支持片上采样保持功能。
- 通用转换模式。
- 独立 x/y 位置转换模式。
- 自动(顺序)x/y 位置转换模式。
- 等待中断模式。
- IDLE、DIDLE、STOP 和 DSTOP 模式唤醒源。
- 两个触摸屏接口。

10.3.2 S5PV210 ADC 和触摸屏接口操作

S5PV210 的 ADC 和触摸屏接口结构图如图 10-4 所示。

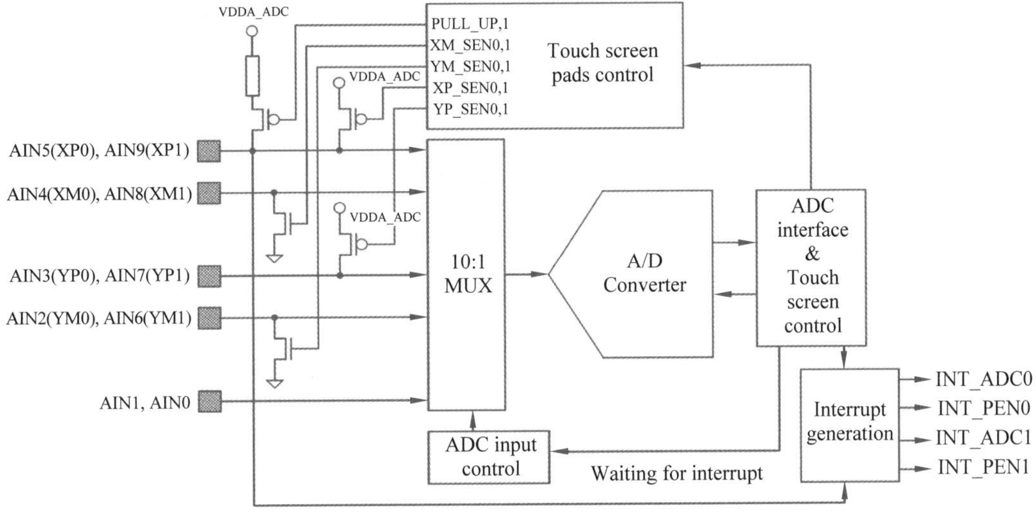

图 10-4 ADC 和触摸屏接口结构图

1. ADC 功能

ADC 与触摸屏控制是复用的，其中 AIN9、AIN8、AIN7、AIN6 可用于触摸屏 1 的 XP1、XM1、YP1、YM1 通道，AIN5、AIN4、AIN3、AIN2 可用于触摸屏 0 的 XP0、XM0、YP0、YM0 通道。AIN1 和 AIN0 是单独拉出的 A/D 输入端。在 ADC 内部的 10 选 1 多路选择器切换 ADC 的输入通道，并送入 ADC 中，转换结果除可以输出数字量外，还可以通过中断产生器输出 ADC 中断信号。当不使用触摸屏设备时，可将 XM、XP、YM 或 YP 连接到模拟输入信号进行正常转换。

A/D 转换时间包括 A/D 建立时间、1 位转换时间、保存数据时间等，加起来一共是 5 个时钟周期。

对于转换速率的计算（以 PCLK＝66MHz 为例），当 PCLK＝66MHz 时，预分频比 P＝65 时，12 位分辨率的转换时间如下。

A/D 转换频率＝66MHz/(65＋1)＝1MHz。

A/D 转换时间＝1/(1MHz/5)＝1/200kHz＝5μs。

所以，当最大转换频率达到 5MHz 时，A/D 转换速率可达 1MS/s(MS/s 为每秒的采样率)。

2. 触摸屏接口功能

采用触摸屏控制器或者触摸屏接口芯片来实现触摸屏的 A/D 转换时，S5PV210 处理器提供触摸屏的采样模式如下。

1）正常的转换模式(**AUTO_PST＝0，XY_PST＝0**)

这种模式的操作与 AIN0～AIN9 的操作相同。要初始化此模式，请设置 TSADCCON0(ADC 控制寄存器)和 TSCON0(触摸屏控制寄存器)。开关和上拉电阻应该关闭(如果 TSCON0 和 TSCON1 设置为 0x58,则所有开关都关闭)。转换后的数据可以从 TSDAT X0(ADC 转换数据 X 寄存器)读出。

注意:TSADCCON1 寄存器在正常转换模式下无用。因此,TSADCCON0 寄存器的 TSSEL 位应为 0。如果 TSSEL 位为 0,则 TSADCCON1 寄存器是无意义的。

2) 分离的 *x*/*y* 位置转换模式(AUTO_PST=0,XY_PST=control)

该模式由两个状态组成,即 *x* 位置测量状态和 *y* 位置测量状态。

(1) 操作 *x* 位置测量状态的步骤如下。

- 设置 TSCONn 值为 0x69(XY_PST=1,AUTO_PST=0,PULL_UP 禁用,XP 使能,XM 使能,YP 禁用,YM 禁用)。
- 通过设置 TSADCCONn 启动转换。
- 通过中断(int_adcn)通知 *x* 位置转换的结束。
- 从 TSDATXn 读出转换后的数据(*x* 位置)。

(2) 操作 *y* 位置测量状态的步骤如下。

- 设置 TSCONn 值为 0x9A(XY_PST=2,AUTO_PST=0,PULL_UP 禁用,XP 禁用,XM 禁用,YP 使能,YM 使能)。
- 通过设置 TSADCCONn 启动转换。
- 通过中断(int_ADCn)通知 *y* 位置转换的结束。
- 从 TSDATXn 读出转换后的数据(*y* 位置)。

触摸屏 0 在 *x*/*y* 测量中的引脚情况如表 10-1 所示。

表 10-1 触摸屏 0 在 *x*/*y* 测量中的引脚情况

State	XP0	XM0	YP0	YM0
TS0:X-position measurement	VDDA_ADC	VSSA_ADC	AIN3	Hi-z
TS0:Y-position measurement	AIN5	Hi-z	VDDA_ADC	VSSA_ADC

触摸屏 1 在 *x*/*y* 测量中的引脚情况如表 10-2 所示。

表 10-2 触摸屏 1 在 *x*/*y* 测量中的引脚情况

State	XP0	XM0	YP0	YM0
TS1:X-position measurement	VDDA_ADC	VSSA_ADC	AIN7	Hi-z
TS1:Y-position measurement	AIN9	Hi-z	VDDA_ADC	VSSA_ADC

3) 自动的 *x*/*y* 位置转换模式(AUTO_PST=1,XY_PST=0)

操作自动 *x*/*y* 位置转换模式的步骤如下。

- 设置 TSCONn 为 0x5c(XY_PST=0,AUTO_PST=1,PULL_UP 禁用,XP 禁用,XM 禁用,YP 禁用,YM 禁用)。
- 通过设置 TSADCCONn 启动转换。
- 触摸屏控制器转换 *x* 位置并写入 TSDATXn。
- 触摸屏控制器转换 *x* 位置并写入 TSDATYn。

- 触摸屏界面产生中断(INT_ADCn)。INT_ADCn 只出现一次。

4）等待中断模式(TSCONn[7:0]=0xD3)

触摸屏控制器产生一个中断信号(INT_PENn)时,手写笔是向下或向上。TSCONn[7:0]的值应该是 0xD3,即上拉启用、XP 禁用、XM 禁用、YP 禁用和 YM 启用。触摸屏控制器产生中断信号后,等待中断模式必须清除(设置 XY_PST 为 0)。

触摸屏 0 和 1 在等待中断模式中的引脚情况相同,如表 10-3 所示。

表 10-3　触摸屏 0 和 1 在等待中断模式中的引脚情况

模　式	XP0	XM0	YP0	YM0
TS0,1: Waiting for Interrupt Mode	VDDA_ADC (Pull-up enable)	Hi-z	Hi-z	VSSA_ADC

两组触摸屏接口,即用于触摸屏 0 的 AIN[5]~AIN[2]和用于触摸屏 1 的 AIN[9]~AIN[6]。XP、XM、YP 和 YM 有单独的开关,两个触摸屏接口的寄存器也有单独的寄存器。它们共享一个 ADC,因此与两个触摸屏的接口应该依次进行。TSADCCON0 寄存器的 TSSEL 位用于选择连接到 ADC 的触摸屏。

10.4　S5PV210 的 ADC 和触摸屏接口寄存器

1. A/D 通道选择寄存器 ADCMUX

A/D 通道选择寄存器 ADCMUX 对 ADC 的 10 个输入通道进行选择切换。同时,由于 S5PV210 微处理器的 A/D 控制寄存器和触摸屏复用端口,该寄存器也可以对触摸屏输入信号端进行选择,具体定义如表 10-4 所示。

表 10-4　A/D 通道选择寄存器 ADCMUX

ADCMUX	位	描　述	初始状态
SEL_MUX	[3:0]	模拟输入通道选择 0000=AIN0 0001=AIN1 0010=AIN2(YM0) 0011=AIN3(YP0) 0100=AIN4(XM0) 0101=AIN5(XP0) 0110=AIN6(YM1) 0111=AIN7(YP1) 1000=AIN8(XM1) 1001=AIN9(XP1)	0

2. A/D 控制寄存器 TSADCCONn

A/D 控制寄存器 TSADCCONn 对 ADC 及触摸屏进行配置,具体定义如表 10-5 所示。

表 10-5 A/D 控制寄存器 TSADCCONn

TSADCCONn	位	描述	初始状态
TSSEL	[17]	触摸屏选择 0=触摸屏 0(AIN2～AIN5) 1=触摸屏 1(AIN6～AIN9)	0
RES	[16]	ADC 输出精度选择 0=10 位 A/D 转换;1=12 位 A/D 转换	0
ECFLG	[15]	对话结束标志(只读) 0=A/D 转换正在进行;1=A/D 转换结束	0
PRSCEN	[14]	D 转换预分频器使能 0=禁止;1=允许	0
PRSCVL	[13:6]	A/D 转换预分频器值数据值:5～255 当预分频器值为 N 时,分割因子为 $N+1$。例如:当 PCLK 为 6.6MHz,预分额器值为 19 时,ADC 频率为 3.3MHz。 ADC 最大操作频率为 5MHz,所以预分频器值的设置必须使结果时钟频率不超过 5MHz	0xFF
保留	[5:3]	保留	0
STANDBY	[2]	待机模式选择 0=正常操作模式;1=待机模式	1
READ_START	[1]	D 转换由读操作开启 0=禁止读操作开启 1=允许读操作开启	0
ENABLE_START	[0]	D 转换通过使能开启 如果 READ_START 允许,则此位无效。 0=无操作 1=A/D 转换开始并且此位在开始后自动清零	0

3. A/D 延迟寄存器 TSDLYn

A/D 延迟寄存器 TSDLYn 配置延迟引用时钟源和延迟时间,具体定义如表 10-6 所示。

表 10-6 A/D 延迟寄存器 TSDLYn

TSDLYn	位	描述	初始状态
FILCLKer	[16]	延迟引用时钟源 0=Xtal 时钟;1=RTC 时钟	0
DELAY	[15:0]	在 ADC 转换模式下(正常、分离、自动转换):ADC 转换通过计算此值进行延迟,计数时钟是 PCLK。 注意,不可使用 0 值(0x0000)	00FF

4. A/D 转换数据 X 寄存器 TSDATXn

A/D 转换数据 X 寄存器 TSDATXn 定义了 X 位置触摸屏相关的显示值以及正常的 A/D 转换 AIN0 数据值,具体如表 10-7 所示。

表 10-7 A/D 转换数据 X 寄存器 TSDATXn

TSDATXn	位	描　述	初始状态
UPDOWN	[15]	在等待中断模式时的状态 0=pen down 状态;1=pen up 状态	—
AUTO_PST_VAL	[14]	TSCONn 寄存器中 AUTO_PST 域的显示器值,只读 0=正常 ADC 转换;1=X,Y 位置测量排序	—
XY_PST_VAL	[13:12]	TSCONn 寄存器中 XY_PST 域的显示器值,只读 00=无操作模式;10=X 位置测量; 10=Y 位置测量;11=等待中断模式	—
XPDATA (正常 ADC)	[11:0]	X 位置转换数据值(包括正常 ADC 转换数据) 数据范围: 0x0~0xFFF	—

5. A/D 转换数据 Y 寄存器 TSDATYn

A/D 转换数据 Y 寄存器 TSDATYn 定义了 Y 位置触摸屏相关的显示值以及正常的 A/D 转换 AIN1 数据值,具体如表 10-8 所示。

表 10-8 A/D 转换数据 Y 寄存器 TSDATYn

TSDATYn	位	描　述	初始状态
UPDOWN	[15]	在等待中断模式时的状态 0=pen down 状态;1=pen up 状态	—
AUTO_PST_VAL	[14]	TSCONn 寄存器中 AUTO_PST 域的显示器值,只读 0=正常 ADC 转换;1=X,Y 位置测量排序	—
XY_PST_VAL	[13:12]	TSCONn 寄存器中 XY_PST 域的显示器值,只读 00=无操作模式;10=X 位置测量; 10=Y 位置测量;11=等待中断模式	—
YPDATA (正常 ADC)	[11:0]	Y 位置转换数据值(包括正常 ADC 转换数据) 数据范围: 0x000~0xFFF	—

6. A/D 中断清除寄存器 CLRINTADCn

A/D 中断清除寄存器(CLRINTADCn)用来清除相关中断。当中断服务完成后,应由中断服务例程清除中断。对该寄存器写值可以清除相关中断标志,对该寄存器读操作则会返回不确定值,具体定义如表 10-9 所示。

表 10-9 A/D 中断清除寄存器 CLRINTADCn

CLRINTADCn	位	描　述	初始状态
INTADCCLR	[0]	INT_ADCn 中断清除。当有值写入时清除	—

10.5 ADC 编程

触摸屏引脚电路如图 10-5 所示。

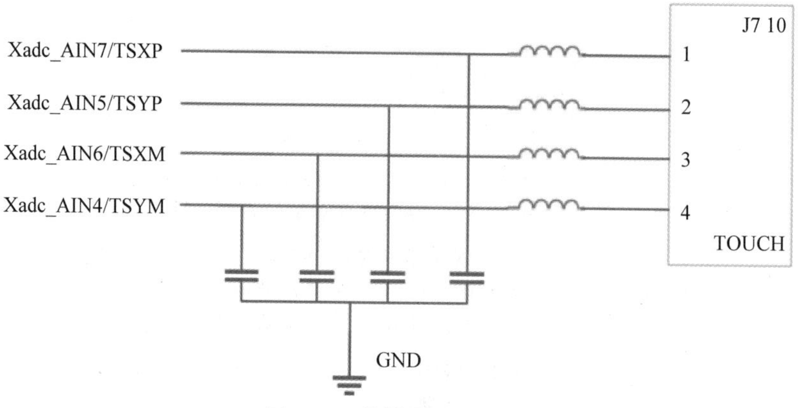

图 10-5　触摸屏引脚电路

```
/***触摸屏初始化******/
void ts_initial(void)
{
/* 初始化 ADC 寄存器预延迟时钟,在等待中断模式下表示产生 INT_TC 的间隔时间 */
    TSDLY0=0x2710;
    TSADCCON0= TSADCCON0 &(1<<16)|(1<<14)|(49<<6)); /* 12 位 ADC 转换模式 */
    TSCON0=WAIT4INT(0);                               /* 设置等待中断模式 */
    request_irq(NUM_ADC, stylus_action);              /* 申请 ADC 转换中断 */
    request_irq(NUM_PENDN, stylus_updown);            /* 申请 UP/DOWN 中断 */
    enable_irqs(NUM_ADC,TRUE);                        /* 使能中断 */
    enable_irqs(NUM_PENDN,TRUE);
/* 定义等待中断模式 */
#define WAIT4INT(x)     (((x)<<8) | \
            S3C_ADCTSC_YM_SEN | S3C_ADCTSC_YP_SEN | \
            S3C_ADCTSC_XP_SEN | S3C_ADCTSC_XY_PST(3))

/* 定义自动转换模式 */
#define AUTOPST     (S3C_ADCTSC_YM_SEN | S3C_ADCTSC_YP_SEN | \
        S3C_ADCTSC_XP_SEN | S3C_ADCTSC_AUTO_PST | \
        S3C_ADCTSC_XY_PST(0))

#define ts_shift  4
unsigned long ts_xp,ts_yp,ts_count;

/******笔尖检测中断处理函数****/
void stylus_updown(void)
{
    ts_xp = 0x00;
    ts_yp = 0x00;
    /* 清除中断标志位 */
CLRINTPEN0=0x0;
CLRINTADC0=0x0;
```

```
    UART_Printf("xxxxxxxxxxxxxxxxxxxxx\n");      /* 打印 X、Y 数据信息 */

    /* 进入触摸屏自动转换模式,开始转换 */
    TSCON0=S3C_ADCTSC_PULL_UP_DISABLE | AUTOPST;
    TSADCCON0= TSADCCON0 | S3C_ADCCON_ENABLE_START;
}

/****ADC 转换中断处理函数*********/
void stylus_action(void)
{
    long x;
    long y;

    /* 读取 ADC 数据寄存器内容 */
    ts_xp += (TSDATX0&S3C_ADCDAT0_XPDATA_MASK_12BIT);
    ts_yp += (readl(TSDATY0)&S3C_ADCDAT0_XPDATA_MASK_12BIT);
    ts_count++;

    if(ts_count < ts_shift){
        TSCON0=S3C_ADCTSC_PULL_UP_DISABLE | AUTOPST;
        TSADCCON0= TSADCCON0 | S3C_ADCCON_ENABLE_START;
    }
    else
    {
        x = ts_xp/ts_shift;
        y = ts_yp/ts_shift;
        UART_Printf("x = %d, y = %d\n",x,y);      /* 打印 X、Y 数据信息 */
        ts_xp = 0;
        ts_yp = 0;
        ts_count = 0;
        TSCON0= WAIT4INT(0);                      /* 设置等待中断模式 */
    }

    /* 清除中断标志位 */
    CLRINTPEN0=0x0;
    CLRINTADC0=0x0;
}
```

10.6 本章小结

本章介绍了嵌入式系统的 A/D 转换方法。首先,介绍 ADC 的概念、转换过程、分类和指标,然后介绍了触摸屏的种类及优缺点。接下来,介绍 S5PV210 芯片中的 ADC 及触摸屏接口相关知识,包括特性、结构和功能,以及相关的寄存器。最后,通过实例介绍了 S5PV210 的 ADC 触摸屏驱动编程。

10.7 练　　习

1. 模拟量转换到数字量的过程是什么?

2. 在 A/D 转换过程中,模拟量和输出的数字量应该满足怎样的关系?

3. 什么是 A/D 转换的分辨率? 其与转换位数之间是什么关系?

4. ADC 有哪几种类型? 其优缺点分别是什么?

5. 触摸屏的种类有哪些,其优缺点是什么?

6. 编程实例中的 A/D 转换是多少位的? 如何改为其他位数的 A/D 转换?

7. 如果外部待测模拟信号电压数值超过 ADC 满量程电压,请问软件和硬件应该如何修改?

参考文献

[1] 李延鹏. 嵌入式开发工程入行手册[M]. 北京：中国铁道出版社，2013.

[2] 苏珂珂，郑俊珂，王中志，等. 嵌入式系统开发的关键技术[J]. 电子技术与软件工程，2018(11)：212.

[3] 王恒，林新华，桑元俊，等. 深入剖析 ARM Cortex-A8[M].北京：电子工业出版社，2016.

[4] 王青云，梁瑞宇，冯月芹. ARM Cortex-A8 嵌入式原理与系统设计[M]. 北京：机械工业出版社，2014.

[5] 刘洪涛，甘炜国. ARM 处理器开发详解：基于 Cortex-A8 处理器的开发设计[M]. 2 版. 北京：电子工业出版社，2014.

[6] James A Lagbridge. 嵌入式 ARM 开发实战[M]. 陈青华，张龙杰，司维超，译. 北京：清华大学出版社，2015.

[7] KAMAL R. 嵌入式系统体系结构、编程与设计[M]. 郭俊凤，译. 3 版. 北京：清华大学出版社，2020.

[8] 朱恺，吉逸，储昊明.嵌入式系统基础[M]. 北京：机械工业出版社，2012.

[9] 陈丽蓉，李际炜，于喜龙，等. 嵌入式微处理器系统及应用[M]. 北京：清华大学出版社，2010.

[10] 姜余祥，杨萍，邹莹，等. Cortex-A8 原理、实践及应用[M]. 北京：电子工业出版社，2018.

[11] 梁长垠，张明伯，张光，等. 嵌入式技术应用开发实战[M]. 西安：西安电子科技大学出版社，2020.

图书资源支持

感谢您一直以来对清华版图书的支持和爱护。为了配合本书的使用，本书提供配套的资源，有需求的读者请扫描下方的“书圈”微信公众号二维码，在图书专区下载，也可以拨打电话或发送电子邮件咨询。

如果您在使用本书的过程中遇到了什么问题，或者有相关图书出版计划，也请您发邮件告诉我们，以便我们更好地为您服务。

我们的联系方式：

清华大学出版社计算机与信息分社网站：https://www.shuimushuhui.com/

地　　址：北京市海淀区双清路学研大厦 A 座 714

邮　　编：100084

电　　话：010-83470236　010-83470237

客服邮箱：2301891038@qq.com

QQ：2301891038（请写明您的单位和姓名）

资源下载：关注公众号“书圈”下载配套资源。

资源下载、样书申请

书圈

图书案例

清华计算机学堂

观看课程直播